MAXI FICHES

Géologie

En 80 fiches

Laurent Emmanuel
Marc de Rafélis
Ariane Pasco

2e édition

DUNOD

ISBN 978-2-10-055401-0

Table des matières

Avant-propos

Cette seconde édition du MaxiFiches de Géologie tient à deux choses : la confiance de son éditeur et (surtout) celle de nos lecteurs. Par leur confiance, ces derniers, en grande partie des élèves ou étudiants, ont validé la pertinence de ce type d'ouvrage et nous ont confortés dans l'amélioration de cette nouvelle version.

La sensibilisation du citoyen aux manifestations naturelles de la planète et aux problèmes environnementaux ne cesse de se développer, notamment grâce aux médias. Cet intérêt croissant de notre société s'accompagne d'une pérennisation de l'enseignement des Sciences de la Terre dans les programmes du secondaire et des premières années universitaires. Dans le domaine de la géologie, les ouvrages généralistes et de spécialités se sont multipliés tout en garantissant aux lecteurs de tous niveaux un accès de qualité à une discipline située aux interfaces de la biologie, de la physique et de la chimie. Cet ouvrage se présente sous forme de fiches de deux à quatre pages couvrant un large spectre de thèmes : des géosciences, de la surface au noyau et de l'hydrosphère à l'atmosphère en passant par la biosphère et son évolution.

Cet ouvrage s'adresse principalement aux étudiants de la première année universitaire, mais le contenu intéressera également les élèves de classes Terminale et préparatoires et les personnes curieuses des phénomènes et manifestations de notre planète. Le lecteur trouvera, en fin d'ouvrage, quelques exercices, questions simples et à choix multiples (accompagnés de corrections) pour se familiariser avec les notions présentées dans les fiches. La liste des thèmes abordés est volontairement large et associe à la fois des notions fondamentales et des aspects plus spécialisés ou méthodologiques en Sciences de la Terre et de l'Univers.

Cette seconde édition est complétée par de nouvelles fiches notamment pour y intégrer des notions de géologie régionale (Alpes, Pyrénées) ou d'actualité (géologie martienne). Chacune des fiches peut être lue indépendamment des autres mais une attention particulière a été portée aux renvois vers les fiches associées. Détails des processus, approches historiques d'un concept ou critiques d'un modèle sont à chercher dans des ouvrages plus classiques tels que ceux —présentés dans la bibliographie. Pour renforcer ce caractère rassurant du format « fiche », les auteurs ont privilégié la présence de nombreuses figures et tableaux. De nombreuses illustrations utilisées dans cet ouvrage sont originales ou correspondent à des versions simplifiées de figures issues d'ouvrages généralistes en géologie.

Nous souhaitons à ce titre remercier les auteurs d'*Éléments de géologie* (Charles Pomerol, Maurice Renard et Yves Lagabrielle, Dunod) ainsi que le Professeur Éric Verrecchia (Université de Lausanne) de nous avoir permis d'utiliser leurs figures. Nous souhaitons également remercier Alexandre Lethiers (infographiste à l'Institut des Sciences la Terre de l'Université Pierre et Marie Curie) et Raymond Ghirardi pour leur aide précieuse à la réalisation de certaines illustrations. La révision de cette seconde édition n'aurait pu être tout à fait complète sans les remarques constructives de nombre de nos collègues des Sciences de la Terre de l'UPMC.

Nous remercions également les lecteurs qui ont su, par leur lecture critique, nous faire part de leurs commentaires et autres corrections. Qu'ils continuent à nous faire bénéficier de leurs remarques !

1 Le système solaire

Mots clés

Étoile, Galaxie, Planètes gazeuses, Planètes telluriques

Le système solaire est une communauté ordonnée comprenant **une étoile** (le Soleil), **huit planètes** (Pluton n'étant plus considérée comme une planète depuis le 24 août 2006), une centaine de milliers de satellites, des météorites, des astéroïdes et des comètes.

1. GÉNÉRALITÉS

Le système solaire est âgé d'environ **4,55 milliards d'années**. Sa formation rapide (de l'ordre de 200 Ma) s'est effectuée en trois étapes : **condensation** du nuage protosolaire puis **accrétion** et **différenciation**. Il est situé dans la galaxie de la **Voie Lactée**. Les distances y sont mesurées en unités astronomiques (U.A.), une U.A. correspondant à la distance Terre-Soleil.

La frontière de ce système correspond à un nuage de comètes (le nuage d'Oort), situé à plus de 60 000 U.A. du Soleil soit environ 2 000 fois plus éloigné que la plus lointaine des planètes (Neptune, 30 U.A.).

2. LE SOLEIL

Le Soleil est une étoile sphérique de taille modeste (695 000 km de rayon) constituée essentiellement d'hydrogène (73 %) et d'hélium (25 %) et qui représente 99 % de la masse totale du système solaire. Il tourne sur lui-même avec une période de 27 jours environ. Il est le siège de réactions nucléaires (**fusion**) très intenses qui libèrent l'énergie sous forme d'un rayonnement de photons et de neutrinos ou de vent solaire (plasma de protons et d'électrons).

Le Soleil n'étant pas « solide », il est difficile de déterminer ses limites exactes. On sépare donc sa structure interne de son « atmosphère » grâce à la diminution de densité de ses gaz.

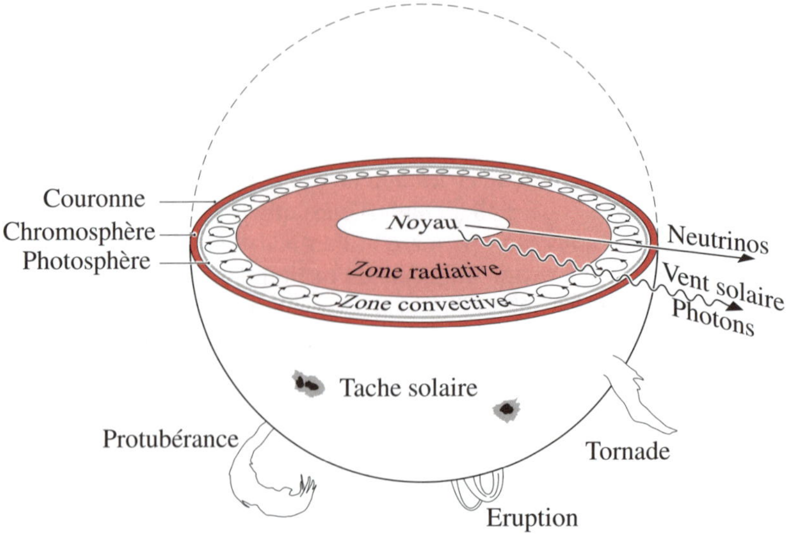

Figure 1.1 – La structure du Soleil.

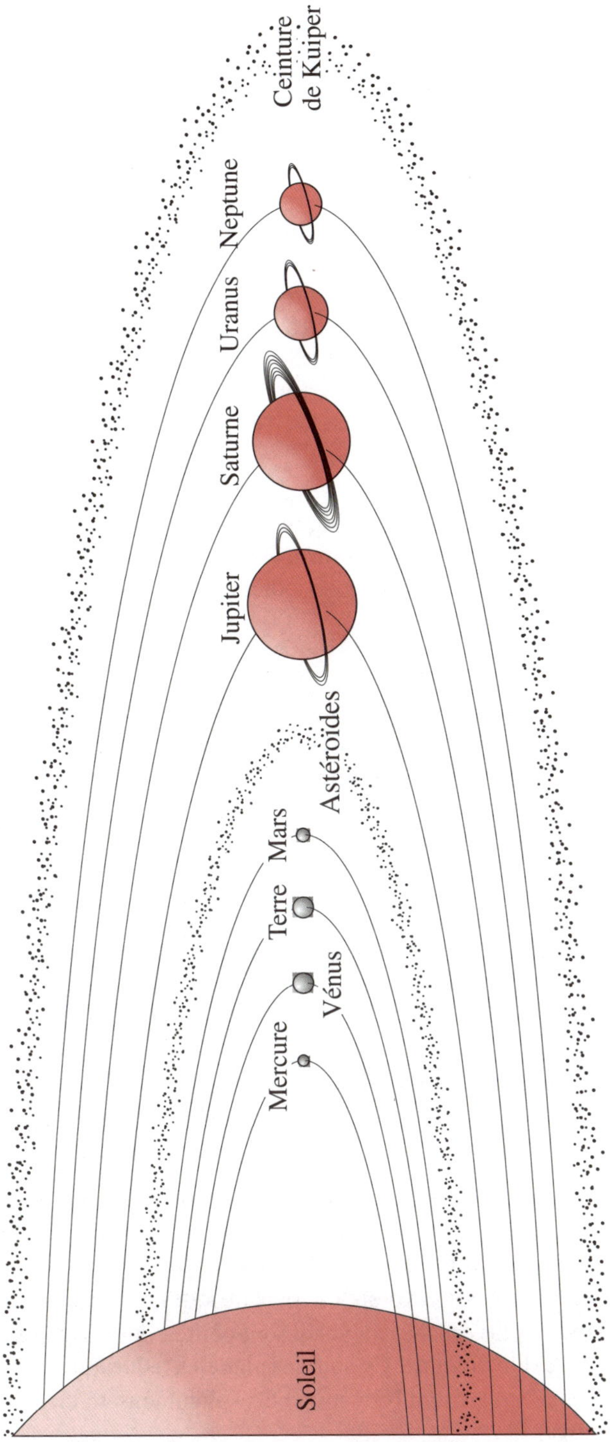

Figure 1.2 – Le système solaire (échelle non respectée).

Sa structure est donc :

	Enveloppes	Caractéristique	Rayon ou épaisseur
Structure interne	Noyau ou cœur	Très dense (d = 150) T° = 15.10^6 °C	R = 150 000 km
	Zone radiative	d = 15 T° = 10^6 °C Chaleur évacuée par radiation.	R = 350 000 km
	Zone convective	d et T° diminuent (T° d'environ 6-7 000 °C) Chaleur évacuée par convection.	R = 200 000 km
Atmosphère	Photosphère	T° varie de 8 000 °C à la base à 4 500 °C au sommet. Couleur blanc-jaune à l'œil.	Ep = 300 km
	Chromosphère	T° varie de 4 500 °C à la base à 10^6°C au sommet. Couleur rose vif visible lors d'éclipse totale.	Ep = 2 000 km
	Couronne	T° environ 3.10^6°C.	> 100 000 km

L'activité solaire (perturbations magnétiques, panaches de gaz…) se traduit au niveau de l'atmosphère solaire par des **taches**, des **tornades**, des **éruptions** ou encore des **protubérances**. Cette activité semble cyclique avec une périodicité de 11 ans.

3. LES PLANÈTES

a) Généralités

Les huit planètes (Mercure, Vénus, Terre, Mars, Jupiter, Saturne, Uranus et Neptune) tournent autour du Soleil en suivant des orbites elliptiques quasi-circulaires. Ces orbites sont globalement situées sur un même plan, l'écliptique.

	Mercure	Vénus	Terre	Mars	Jupiter	Saturne	Uranus	Neptune
Distance/Soleil (10^6 km)	58	107,9	149,6	227,7	777,9	1 427	2 869	4 497
Densité (eau = 1)	5,43	5,24	5,52	3,93	1,33	0,71	1,31	1,77
Révolution sidérale	88 j	224,7 j	365,26 j	687 j	11,86 a	29,46 a	84,01 a	164,8 a
Rotation (jours)	58,65	243,6	0,9973	1,026	0,41	0,427	0,45	0,67
Satellites	-	-	1	2	39	28	17	8

La répartition des planètes dans le système solaire obéit à une loi empirique très simple : chaque planète est deux fois plus éloignée du Soleil que sa voisine intérieure. Entre Mars et Jupiter, à l'endroit prévu par cette loi, il n'y a pas de planète mais une ceinture d'astéroïdes.

Elles sont toutes constituées d'enveloppes concentriques dont la densité croît vers le centre.

Les quatre planètes les plus proches du Soleil sont petites, denses et possèdent une atmosphère réduite et dépourvue d'hydrogène. Ce sont les **planètes telluriques**.

Les quatre planètes suivantes sont beaucoup plus volumineuses et légères. Ce sont les **planètes géantes (ou gazeuses)**.

Au-delà de l'orbite de Neptune, il existe une seconde ceinture de gros astéroïdes (la **ceinture de Kuiper**) dont serait issue Pluton.

b) Leur formation

Pour expliquer la formation de planètes globalement concentriques, deux hypothèses s'opposent :

- l'**accrétion homogène**, en **deux phases**, pendant laquelle un corps homogène se forme par l'accrétion de poussières puis se différencie en un noyau et un manteau, les produits volatils migrant vers la surface pour former l'atmosphère ;
- l'**accrétion hétérogène** pendant laquelle les matériaux se condensent par ordre de densité décroissante : les plus lourds comme le fer en premier pour former le noyau, puis les silicates pour le manteau et la croûte. Les matériaux gazeux sont ensuite capturés pour former l'atmosphère.

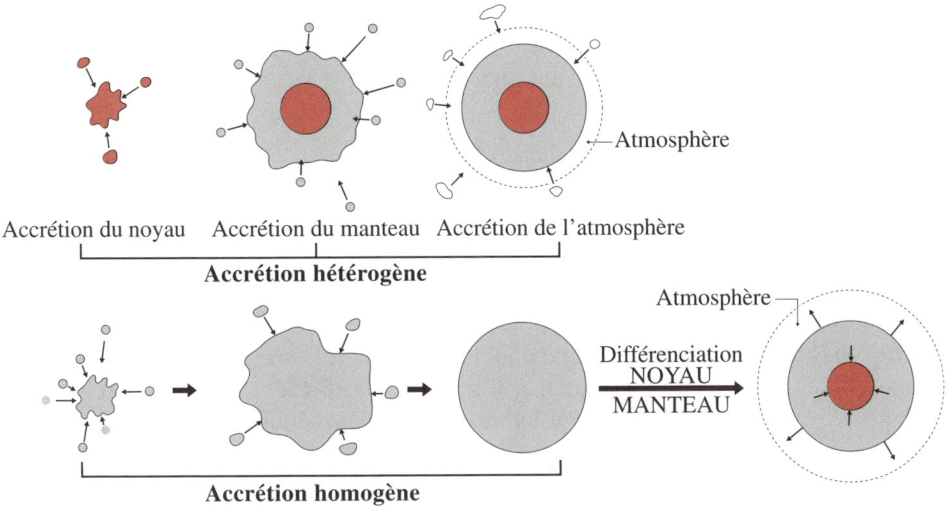

Figure 1.3 – Mécanismes de formation des planètes.

De plus, la ceinture d'astéroïdes, qui sépare les deux groupes de quatre planètes, marque la transition entre les planètes pour lesquelles dominent les phénomènes d'accrétion (planètes telluriques) et les planètes géantes formées par effondrement gravitationnel.

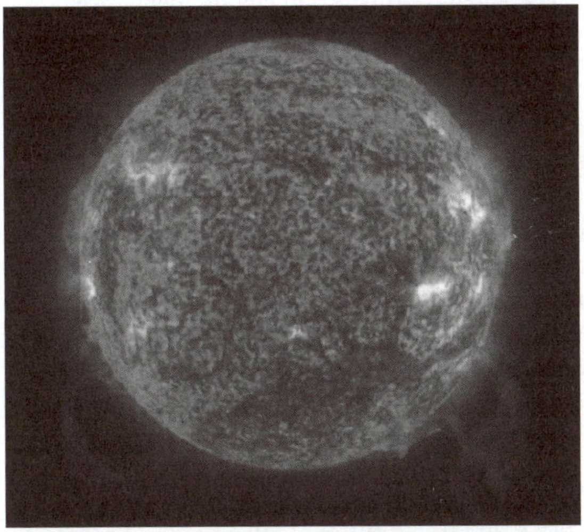

Figure 1.4 – Le Soleil vu par la sonde SOHO (NASA, ESA).

2 Le champ magnétique terrestre

Mots clés

Déclinaison, Inclinaison, Magnétopause, Magnétosphère, Pôles magnétiques

La Terre, comme la plupart des planètes du système solaire (excepté Vénus), possède un champ magnétique. Celui-ci est responsable, par exemple, de l'orientation des aiguilles aimantées présentes dans nos boussoles. Il peut donc, en simplifiant, s'apparenter à celui que créerait un aimant dipolaire placé au centre de la Terre.

1. GÉNÉRALITÉS

Le champ magnétique terrestre s'oriente par rapport à un axe magnétique composé d'un pôle Nord magnétique et d'un pôle Sud magnétique. Ces **pôles magnétiques** ne correspondent pas exactement aux pôles Nord et Sud géographiques et sont relativement mobiles. Le pôle Nord magnétique (au niveau du bouclier canadien) se déplace actuellement de 40 km/an vers le pôle Nord distant d'environ 1 000 km. Le pôle Sud magnétique (Terre Adélie) se trouve à plus de 2 000 km du pôle Sud géographique.

L'effet du champ magnétique s'étend dans l'espace : c'est la **magnétosphère**, qui débute après l'ionosphère (altitude de 1 000 km) et se termine par la **magnétopause**. Elle est fortement dissymétrique avec, du côté soleil, une limite externe bien définie du fait des vents solaires (à environ 10 rayons terrestres) et à l'opposé, une « queue » par laquelle s'échappent les lignes de force du champ sur des milliers de rayons terrestres.

2. L'ORIGINE DU CHAMP MAGNÉTIQUE TERRESTRE

99,5 % du champ magnétique est d'origine interne à la Terre, plus particulièrement au niveau du **noyau**. Ce dernier (composé de fer et de nickel) fonctionne comme une dynamo dont les compartiments seraient les parties externe (liquide) et interne (solide) (Fiche 15). De plus, l'orientation de l'axe magnétique est globalement alignée sur celui de rotation, comme cela est le cas sur toutes les planètes dotées d'un champ magnétique. Il est maintenant admis que le lien entre la rotation de la Terre et son champ magnétique est la force de Coriolis (Fiche 7).

3. LES PARAMÈTRES DU CHAMP MAGNÉTIQUE TERRESTRE

On définit le champ magnétique terrestre en tout point du globe par trois paramètres :

- son **intensité** F (en nannoTesla) qui varie en fonction de la latitude (60 000 nT au pôle Nord et 30 000 nT à l'équateur) ;
- son **inclinaison** I (en degré) qui est l'angle entre la composante horizontale du champ et la direction du champ. I est positif si la ligne de force rentre dans la Terre (hémisphère Nord) ;
- sa **déclinaison** D (en degré) qui est l'angle entre la composante horizontale du champ et le Nord géographique. Elle varie de 0 à 360° : 0 à 180° signifie que D se trouve à l'ouest du Nord géographique, 180 à 360° à l'Est.

L'inclinaison **I** du champ en un point est directement liée à la latitude **L** par la formule :

$$\mathbf{Tg(I) = 2Tg(L)}$$

Cette relation permet donc d'obtenir la paléolatitude d'un lieu à n'importe quelle époque à partir du moment où I peut être mesurée.

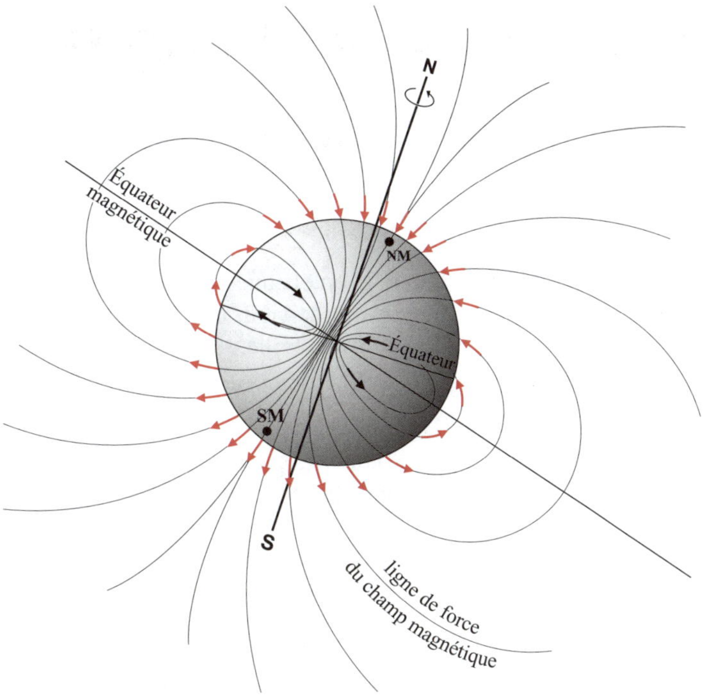

Figure 2.1 – Représentation schématique du champ magnétique terrestre actuel.

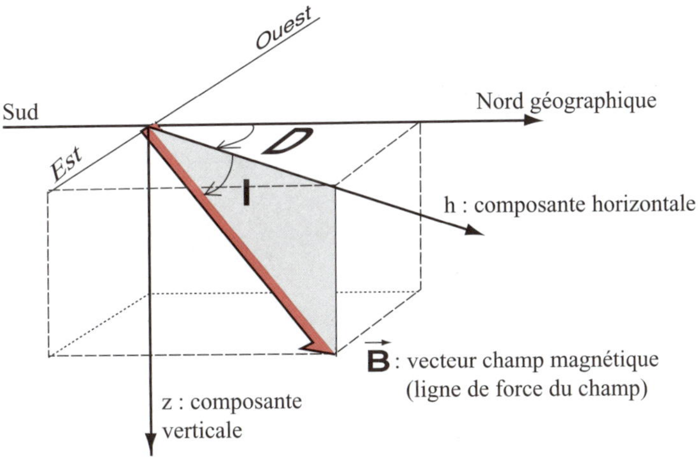

Figure 2.2 – Les paramètres du champ magnétique.

4. CONCLUSION

La magnétosphère, comme la couche d'ozone, constitue une barrière protectrice contre les rayonnements solaires ionisants. L'orientation du champ magnétique terrestre n'est pas une constante dans le temps : le champ magnétique s'inverse ou se « retourne » régulièrement. Ces inversions sont datées et à la base d'une échelle de référence (Fiche 73) dite magnétostratigraphique (0 à 150 Ma).

3 Les principes de la stratigraphie

Mots clés

Actualisme, Critère de polarité, Diachronisme, Discordance angulaire, Lacune, Niveaux repère

L'étude des roches et de leurs relations géométriques permet de reconstituer leur histoire dans le temps, et de mettre en relation des successions de strates ou de roches de même âge. La stratigraphie étudie la succession des strates. Elle permet de reconstituer l'évolution des dépôts dans l'espace et dans le temps.

1. PRINCIPES DE LA DATATION RELATIVE

Le principe de l'**actualisme** stipule que les mêmes causes ont les mêmes effets. S'appuyant sur ce postulat, ainsi que sur quelques principes simples, on peut dater des objets géologiques de façon relative, les uns par rapport aux autres. Ces principes sont à la base de l'établissement des premières échelles temporelles. On doit la définition des strates et les premières règles de la stratigraphie au géologue danois Nicolas Sténon (1638-1686).

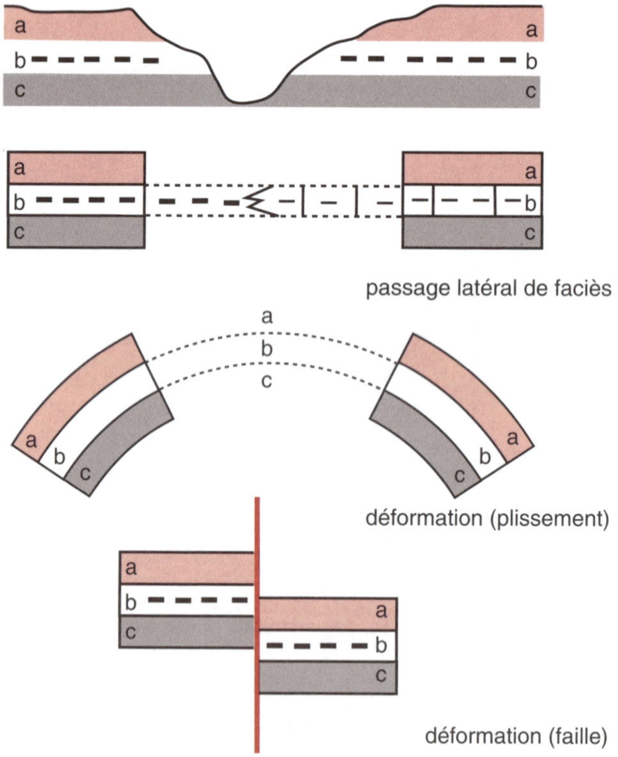

Figure 3.1 – Principe de la superposition : la couche a est plus récente que la couche b et c.
Selon le principe de la continuité, si une couche a le même âge sur toute son étendue, alors la couche b, comprise entre a et c a le même âge, malgré le changement de faciès ou les déformations qu'elle subit.

Les principes de la stratigraphie sont résumés dans le tableau suivant.

Principe de continuité	Une couche a le même âge sur toute son étendue.
Principe de la superposition	Les couches les plus basses sont les plus anciennes : si une couche a est sous une couche b, alors a est plus ancienne que b.
Principe de l'horizontalité	Les couches se déposent horizontalement.
Principe du recoupement	Lorsqu'une couche est recoupée par une faille ou un filon, alors cette couche est plus ancienne que la faille ou le filon.
Principe de l'inclusion	Un objet inclus dans une couche est antérieur à cette couche.

Il y a des exceptions notables à ces principes :

- les terrasses alluviales et les terrasses marines s'emboîtent, mais leur position reflète les variations du niveau marin et non leur succession chronologique ;
- des sills de roches volcaniques peuvent s'insinuer entre des strates et fausser la lecture de la succession stratigraphique (Fiche 23).

Pour que ces critères s'appliquent, les strates et les roches peuvent être en position normale, ce qui n'est pas le cas dans des zones tectonisées, dans le flanc inverse d'un pli coudé (Fiche 36), par exemple. Il existe des **critères de polarité** qui permettent de voir si la strate ou la roche analysée est en position normale ou inverse. Par exemple, les épanchements de lave en coussinet montrent des pédoncules à la base qui donnent la polarité de la coulée, les bioturbations, les empreintes de pas ou encore les fossiles en position de vie.

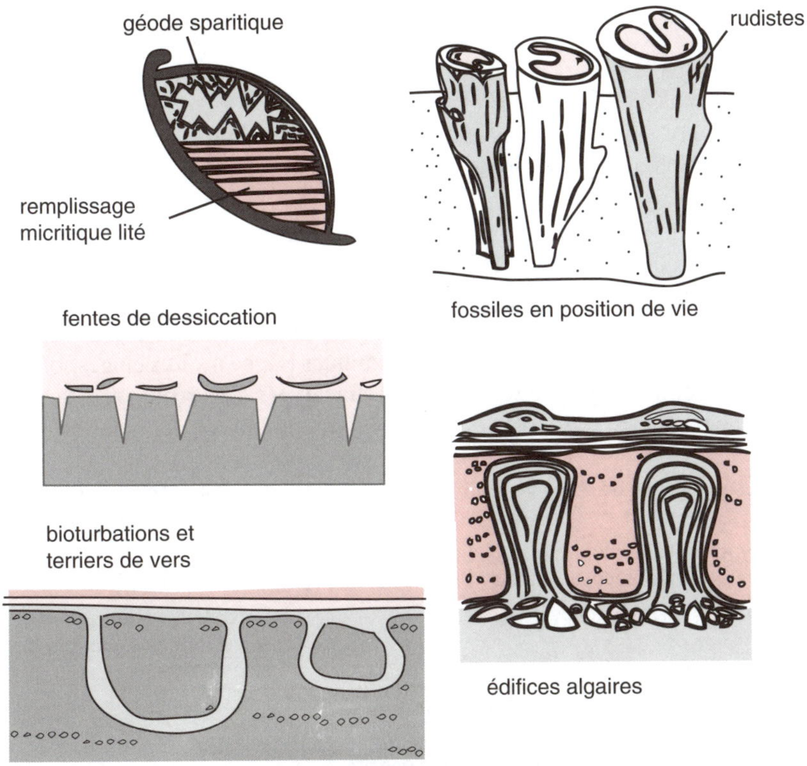

Figure 3.2 – Quelques critères de polarité.

Pour que les principes de la stratigraphie s'appliquent, il faut que les séries sédimentaires soient continues dans le temps. Dans une succession discontinue, la succession des strates montre des hiatus, ou **lacunes**. Les lacunes peuvent être sédimentaires, lorsque la sédimentation ne s'est pas faite, ou d'érosion (ablation des dépôts par des courants par exemple). Lorsque les séries ont été remontées et érodées, la surface d'érosion est scellée par de nouveaux dépôts sédimentaires : on parle de surface de **discordance**. Si les couches sous-jacentes ont été basculées, on parle de **discordance angulaire**.

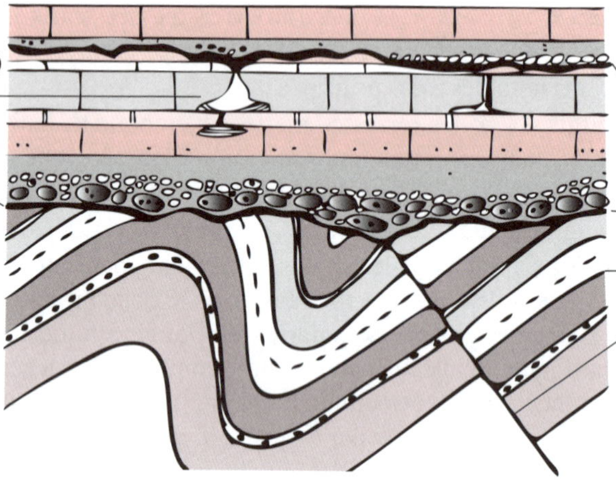

Figure 3.3 – Datation relative et discordances.

2. ÉCHELLES DE MESURE, ÉTAGES ET STRATOTYPES

L'étude de la succession des strates et des remplissages sédimentaires conduit à construire des colonnes stratigraphiques subdivisées en étages. Les étages à leur tour sont regroupés en séries puis en systèmes (Fiche 60).

L'étage, défini par A. d'Orbigny, a été longtemps considéré comme l'élément de base de la stratigraphie. Un étage doit avoir une valeur universelle, ce qui n'est pas le cas d'une formation, à valeur plus locale. La notion d'étage, qui correspondait à un cycle sédimentaire a beaucoup évolué depuis sa création, et s'appuie désormais sur les techniques modernes d'analyse paléontologique et sur les cycles eustatiques (Fiche 4). Les étages sont définis à partir d'affleurements et de coupes de référence, les **stratotypes**. Ces stratotypes sont régulièrement revisités, et peuvent être remplacés en cas de destruction ou de dégradation.

Holostratotype	Coupe de référence historique	Souvent perdue ou dégradée (urbanisation, pillage)
Lectostratotype	Coupe choisie parmi plusieurs proposées par l'auteur	
Neostratotype	Nouvelle coupe de référence	Disparition ou destruction de l'holostratotype, nouvelle découverte paléontologique
Parastratotype	Coupes complémentaires proposées par l'auteur	
Hypostratotype	Coupe appartenant à un autre domaine paleogéographique	

4 La datation relative

Mots clés

Biozone, Corrélations, Espace, Faciès, Stratigraphie, Temps

La mesure du temps géologique (géochronologie) ainsi que la reconstitution de l'histoire de notre planète se fait en interprétant des phénomènes géologiques et biologiques enregistrés dans les roches et les fossiles et nécessite des signaux globaux capables de corréler des événements sur de grandes surfaces géographiques (régional à planétaire). La datation relative permet d'organiser les structures et les événements géologiques les uns par rapport aux autres dans le temps, mais sans les dater précisément. Cette méthode repose sur les principes fondamentaux de la stratigraphie (Fiche 3) et de la chronologie relative qui ont permis d'établir l'échelle stratigraphique des temps géologiques (Fiche 75) à partir des données lithologiques (lithostratigraphie) et du contenu paléontologique (biostratigraphie) des différentes couches de terrain.

1. LA DÉMARCHE ET LES MÉTHODES STRATIGRAPHIQUES

a) De l'approche géométrique à l'approche chronométrique

La démarche stratigraphique repose sur trois phases fondamentales successives :

- *Phase 1 :* l'analyse des relations géométriques des ensembles géologiques dans les trois dimensions de l'espace sans estimation du temps, permettant d'établir des relations entre successions géologiques en deux points différents (corrélations stratigraphiques), est appelée **stratigraphie géométrique**. Des événements particuliers ayant des incidences régionales (éruptions volcaniques) ou planétaires (impacts de météorites, changements climatiques brutaux, brusque ouverture de communications entre bassins océaniques…) peuvent conduire à des corrélations précises entre les unités qui les enregistrent et ainsi définir une **stratigraphie événementielle**.
- *Phase 2 :* l'estimation de la **durée** relative des unités et phénomènes étudiés conduit à une zonation de l'échelle des temps, permettant des datations relatives des terrains et des corrélations **synchrones** entre les différentes unités géologiques, appelée **stratigraphie chronologique**.
- *Phase 3 :* la **stratigraphie chronométrique** (numérique) s'attache essentiellement à mesurer le temps des unités géologiques en faisant abstraction de leur nature, de leur épaisseur et de leurs rapports géométriques. Elle permet d'obtenir des datations numériques dites absolues (Fiche 5) sur une échelle de temps graduée du millier aux milliards d'années.

b) Les méthodes stratigraphiques

La démarche stratigraphique est fondée sur de nombreuses méthodes qui correspondent à autant d'approches analytiques dont certaines ne se sont développées qu'à partir de la seconde moitié du XXe siècle. Certaines de ces méthodes permettent de définir des unités descriptives (unités lithostratigraphiques, séquentielles, géochimiques, magnétostratigraphiques, biostratigraphiques) dans lequel le temps n'est pas directement pris en compte, ou bien n'est pas chiffré.

SCIENCES OU DISCIPLINES	MÉTHODES	PHÉNOMÈNES NATURELS ↳ SIGNAUX STRATIGRAPHIQUES					
		Discontinus réversibles/répétitifs	Continus réversibles	« Instantanés » répétitifs	Discontinus irréversibles	Continus Vitesse variable	Irréversibles Vitesse constante
Physique	Géochronologie isotopique						Radioactivité naturelle ↳ Géochronomètres
Paléontologie évolutive	Bio-stratigraphie				Crises biologiques ↳ Renouvellements fauniques	Évolution biologique ↳ Espèces fossiles	
Physique	Magnéto-stratigraphie			Inversions de polarité magnétique			
Chimie	Chimio-stratigraphie	Variations de l'environnement géochimique ↳ Tendances et événements géochimiques		Météorites ↳ Iridium			
Sédimentologie Minéralogie Pétrologie Paléoécologie Géophysique Astronomie	Stratigraphies génétiques – Stratigraphie faciologique – Stratigraphie séquentielle – Cyclostratigraphie	Variations de l'environnement sédimentaire ↳ Séquences et discontinuités séquentielles					
			Variations de paramètres orbitaux ↳ Cycles				
	Sismostratigraphie	Sédimentation ↳ Discontinuités lithologiques					
	Lithostratigraphie	Sédimentation ↳ Unités lithostratigraphiques et discontinuités sédimentaires		Éruptions volcaniques ↳ Tephra Météorites ↳ Tectites magnétites extra-terrestres			
DÉMARCHES		Stratigraphie géométrique		Stratigraphie événementielle	Stratigraphie chronologique		Stratigraphie chronométrique
APPLICATIONS		Définition d'unités descriptives corrélations locales à régionales	Estimation de durées Corrélations régionales à planétaires	Corrélations régionales à planétaires	Corrélations régionales à planétaires	Datations Relatives Corrélations régionales à planétaires	Numériques Corrélations planétaires

2. LA LITHOSTRATIGRAPHIE

La lithostratigraphie est l'étude des séries sédimentaires, de leur organisation et de l'enregistrement du temps à partir de données lithologiques. Cette approche stratigraphique s'appuie sur une **description analytique** du terrain au laboratoire et recouvrant de nombreux champs disciplinaires (pétrographie, minéralogie, géochimie, sédimentologie, paléontologie...). Elle permet la reconnaissance d'**unités lithostratigraphiques** définies par leur **faciès** et formant des ensembles lithologiques homogènes et hiérarchisés à différentes échelles : de l'affleurement à l'extension régionale en trois dimensions. L'évolution graduelle des éléments constitutifs d'une roche et de l'ensemble de ces caractères lithologiques, minéralogiques, géochimiques, paléontologiques, stratonomiques et diagénétiques caractérise une **séquence de faciès**. Elle correspond à la succession de différents faciès qui permet de définir l'environnement sédimentaire avec ses milieux et mécanismes de dépôt. L'identification des séquences de faciès est donc fondée sur l'analyse des **relations** entre les unités sédimentaires et sur la compréhension des facteurs qui contrôlent leur évolution dans l'espace tridimensionnel.

Les limites de ces séquences sont le plus souvent caractérisées par des **discontinuités** qui témoignent du changement brutal d'un caractère dans l'enregistrement sédimentaire ou d'un changement chronostratigraphique significatif. L'intégration des approches analytique et relationnelle a pour vocation de définir et de décrire les processus générateurs de la sédimentation et constitue la **stratigraphie génétique**. Enfin, l'identification de **cycles** lithologiques, dont on peut parfois déterminer la durée (variations des paramètres orbitaux – Fiche 10), est utilisable comme outil de corrélation et constitue une extension de la lithostratigraphie sous l'appellation de **cyclostratigraphie**.

3. LA BIOSTRATIGRAPHIE

La biostratigraphie est la discipline stratigraphique qui utilise les fossiles ou les traces d'activités biologiques contenus dans les couches géologiques afin de les organiser en unités définies par cet inventaire paléontologique et de les classer les uns par rapport aux autres en fonction du temps. L'unité de base de la biostratigraphie est la **biozone** (unité biostratigraphique) qui servira à fixer des limites et à établir des datations relatives et des corrélations régionales à globales. Une biozone est identifiable par son contenu paléontologique et par la place que ce contenu lui assigne dans la succession irréversible de l'évolution du monde animal et végétal. Pratiquement, elle peut correspondre, soit à l'**extension** spatio-temporelle d'un ou plusieurs **taxons**, soit à un **intervalle** compris entre une apparition (ou une disparition) et une autre apparition (disparition) du ou des taxons (figure 4.1). La notion de **chronozone** est à différencier de celle de biozone car elle se définit comme l'ensemble des couches sédimentaires déposées dans un temps débutant à la première apparition de l'espèce et se terminant avec sa dernière en s'affranchissant du caractère spatial. On peut localement se trouver dans une chronozone donnée en l'absence de l'espèce caractéristique. La **précision** de la datation biostratigraphique dépend de la finesse et de la fiabilité du découpage en biozones où chaque taxon-indice déterminera un intervalle de temps plus ou moins long (pouvoir de résolution).

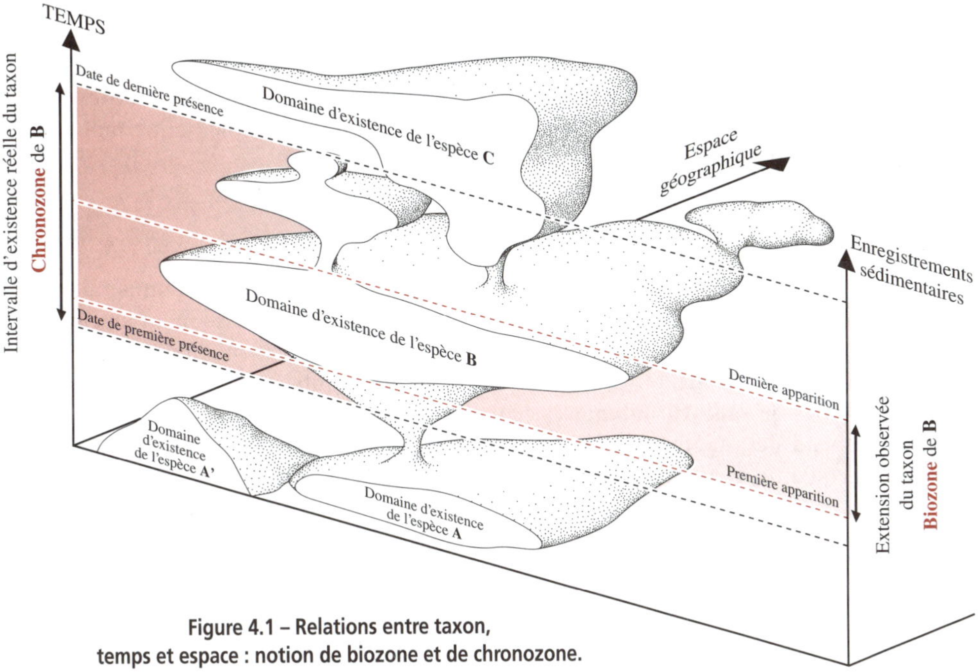

Figure 4.1 – Relations entre taxon, temps et espace : notion de biozone et de chronozone.

4. CONCLUSION

La description du contenu lithologique (lithostratigraphie) et paléontologique (biostratigraphie) des séries sédimentaires constitue la première démarche indispensable à la définition d'intervalle de temps de valeur universelle (chronostratigraphie) afin d'aboutir à l'élaboration d'un calendrier géologique (Fiche 75). En l'absence de repères chronologiques chiffrés (datation absolue – Fiche 5), les différentes méthodes de la stratigraphie permettront d'obtenir une **chronologie relative** des formations géologiques et des événements afin de reconstituer l'histoire de la Terre et son évolution dans l'espace et dans le temps.

5 La datation absolue

Mots clés

Âge, Constante de désintégration, Corrélations, Datation, Isochrone, Isotopes, Période, Radioactivité, Stratigraphie, Temps

Par opposition à la datation relative qui consiste à situer un événement par rapport à un autre, la datation absolue vise à obtenir des estimations quantitatives de l'âge des événements géologiques. Cela permet soit de situer cet événement par rapport au présent, c'est-à-dire de le dater, soit d'estimer la durée d'une période géologique. Les méthodes de datation absolue ont des domaines d'application extrêmement variables. La plus couramment utilisée, depuis l'avènement de la spectrométrie de masse au milieu du XXe siècle, est la **radiochronologie** basée sur le principe de la désintégration d'isotopes radioactifs contenus dans des minéraux de roches magmatiques, métamorphiques et sédimentaires. Ces méthodes couvrent pratiquement toute la durée d'existence de la Terre, mais sont surtout très utiles pour calibrer des séries géologiques qui ne contiennent ni fossiles, ni rythmes ou cycles sédimentaires facilement décelables comme cela est le cas pour les terrains et sédiments du Précambrien (Fiche 75). Néanmoins, la détermination analytique d'un âge dépend de nombreux critères physicochimiques qui font que les résultats ne sont pas totalement absolus ne permettant pas, dans la plupart des cas, de prétendre à la haute résolution.

1. PRINCIPES DE LA RADIOCHRONOLOGIE

a) La désintégration nucléaire

Un **élément père P** naturellement radioactif (**radiogène**), contenu dans un minéral au moment de sa cristallisation est instable, se désintègre au cours du temps en donnant un **élément fils F** (isotope **radiogénique**), généralement stable, ainsi que des rayonnements de particules α (noyau He), β^- (électron), β^+ (positron) et des rayonnements électromagnétiques γ. Il existe plusieurs types de **radiochronomètres** (couple d'atomes) à disposition des géologues, dont l'usage dépend des sujets étudiés. Le spectromètre de masse est l'instrument utilisé pour mesurer la quantité d'atomes étudiés P et F.

Chronomètres Isotopiques (P – F)	Formes de radioactivité	Constante radioactive λ en an^{-1}	Période T ($t_{1/2}$) en années
$^{147}Sm/^{143}Nd$	α	$6{,}54\ 10^{-12}$	$1{,}06\ 10^{11}$
$^{87}Rb/^{87}Sr$	β	$1{,}42\ 10^{-11}$	$4{,}88\ 10^{10}$
$^{232}Th/^{208}Pb$	He	$4{,}99\ 10^{-11}$	$1{,}39\ 10^{10}$
$^{40}K/^{40}Ar$	Capture e$^-$	$5{,}54\ 10^{-10}$	$1{,}19\ 10^{9}$
$^{238}U/^{206}Pb$	He	$1{,}55\ 10^{-10}$	$4{,}47\ 10^{9}$
$^{235}U/^{207}Pb$	He	$0{,}98\ 10^{-9}$	$0{,}704\ 10^{9}$
$^{230}Th/^{226}Ra$	–	$0{,}87\ 10^{-5}$	75 200
$^{14}C/^{14}N$	β	$1{,}21\ 10^{-4}$	5 568
^{210}Pb	–	$3{,}11\ 10^{-2}$	22,3
$^{3}T/^{2}H$	–	–	12,26

La désintégration d'un isotope radioactif est un phénomène irréversible qui correspond à la quantité de désintégration par unité de temps dans un système (minéral ou roche) de volume donné répondant à la relation :

$$dP / dt = -\lambda \cdot P(t) \qquad (1)$$

où λ est la **constante radioactive** (ou de désintégration) de l'isotope. Cette loi montre que la vitesse de désintégration (dP/dt) est proportionnelle à la quantité (P) d'isotopes radioactifs présents. Cela signifie également que pour un intervalle de temps donné, la quantité d'isotopes radioactifs diminuera toujours dans la même proportion. À un instant t donné, la quantité de l'isotope P considéré dans un système clos qui en contenait initialement une quantité P_0 s'exprime, après intégration de l'équation 1 par :

$$P(t) = P_0 \cdot e^{-\lambda t} \qquad (2)$$

Chaque isotope radioactif est également caractérisé par sa **période T** (ou demi-vie) qui est le temps nécessaire à la disparition de la moitié du stock initial et est liée à la constante de désintégration par la relation :

$$P_0 / 2 = P_0 \cdot e^{-\lambda t} \text{ ce qui équivaut à } T = \ln 2 / \lambda$$

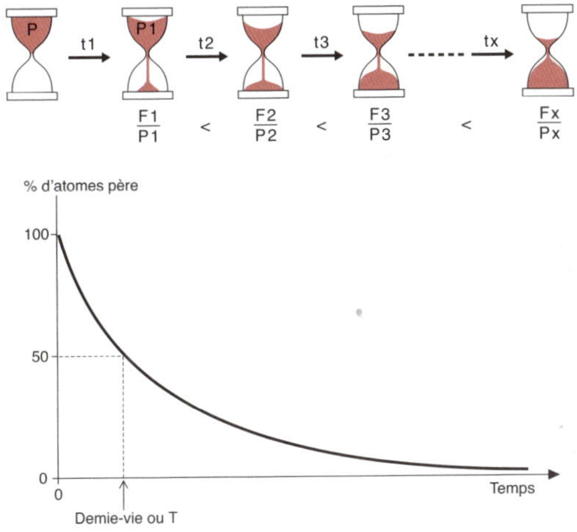

Figure 5.1 – Représentation de la période ou demi-vie.

b) Les équations de la radiochronologie

Pour dater un minéral ou une roche, on peut :

- mesurer le nombre d'isotopes P qui restent dans le système en connaissant P_0 (datation ^{14}C) ;
- mesurer la quantité d'isotopes F présents dans le système. Dans ce cas, il faut tenir compte du fait que des isotopes F_0 peuvent exister au départ dans la roche indépendamment de la désintégration de P. Cette quantité F est en fait la somme de la quantité de l'isotope fils radiogénique F_r produit par désintégration et de la quantité de ce même isotope F_0 contenu dans le minéral au début de son histoire. On peut alors écrire :

$$F = F_0 + F_r \quad \text{et} \quad F_r = P_0 - P$$

En combinant avec l'équation 2, on arrive à l'expression suivante $F_r = P\,(e^{-\lambda t} - 1)$.

$$\text{D'où on tire } F = F_0 + P\,(e^{-\lambda t} - 1) \qquad (3)$$

On peut alors mesurer P et F, les teneurs en éléments fils et père actuelles, et il reste deux inconnues : le temps t pendant lequel le système est resté fermé et F_0, la quantité initiale d'élément fils.

c) Les conditions de la géochronologie isotopique

Afin d'obtenir une mesure géochronologique correcte, il faut qu'un certain nombre de conditions soit réalisé :

- la constante de désintégration λ doit être connue avec précision ;
- P et F doivent être mesurables avec précision ;
- il faut connaître F_0 ;
- le système doit être resté thermodynamiquement clos.

On voit donc, à partir de l'équation 3, qu'une seule mesure ne suffit pas et pour pallier le problème, on devra réaliser des analyses sur plusieurs minéraux d'une même roche ou sur plusieurs fractions d'une roche.

2. MÉTHODES GÉOCHRONOLOGIQUES

- Le **couple $^{12}C/^{14}C$** est fréquemment utilisé pour dater les fossiles, les restes d'êtres vivants. Lorsqu'un individu meurt, il arrête les échanges de carbone avec son milieu (nourriture, respiration, photosynthèse). La quantité de ^{14}C diminue alors dans l'organisme, déclenchant ainsi le radiochronomètre. C'est la quantité initiale de ^{14}C par gramme de ^{12}C dans l'atmosphère qui sera considérée comme constante dans le calcul de la quantité initiale. La période du ^{14}C est de 5 570 ans et permet une datation jusqu'à 35 000 ans avec une bonne précision.
- Le **couple $^{40}K/^{40}Ar$** est utilisé pour dater des roches contenant des minéraux riches en potassium (comme la famille des silicates – Fiche 22). Ici pas de calcul de quantité initiale, l'argon élément-fils, s'échappe des magmas avant cristallisation. Le calcul est donc basé sur l'assertion suivante : $F_0 = 0$. Il suffit ensuite de déterminer l'importance de l'argon dans l'échantillon et de le mettre en équation avec la période T correspondant au potassium.
- Le **couple $^{87}Rb/^{87}Sr$** est fréquemment utilisé pour dater les roches magmatiques ou métamorphiques les plus anciennes. Les géologues s'en servent quand ils ne peuvent déterminer ni les quantités initiales de l'élément-père, ni celles de l'élément-fils. Ils font alors une analyse différentielle sur plusieurs échantillons d'une même roche. Si les échantillons ont une même composition isotopique (de même rapport $^{87}Sr/^{86}Sr$ au temps t = 0) et ont le même âge, alors les mesures s'alignent sur une droite appelée droite **isochrone**. La pente de cette droite permet ensuite de calculer l'âge de la roche.

Si on reprend l'équation 3 appliquée au couple radiochronométrique rubidium/strontium, on a alors :

$$^{87}Sr = {}^{87}Sr_0 + {}^{87}Rb\ (e^{-\lambda t} - 1)$$

Or nous avons vu que cette équation possédait deux inconnues, le temps t et la quantité initiale de $^{87}Sr_0$. On peut surmonter le problème de l'inconnue surnuméraire en divisant la dernière équation par la quantité d'un autre isotope de l'élément fils ni radiogénique ni radioactif présent dans le système (^{86}Sr), l'équation devient alors :

$$^{87}Sr\ /\ ^{86}Sr = {}^{87}Sr_0\ /\ ^{86}Sr + {}^{87}Rb/\ ^{86}Sr\ (e^{-\lambda t} - 1) \qquad (4)$$

Cette opération présente alors deux intérêts :

- on travaille maintenant avec des rapports d'abondance, que l'on peut mesurer au spectromètre de masse, et non avec des abondances absolues ;
- le rapport $(^{87}Sr\ /\ ^{86}Sr)_0$ est le même pour les différents points de mesure car il n'y a pas ou peu de fractionnement isotopique entre ces deux isotopes.

L'équation 4 est celle d'une droite de type $y = ax + b$ où $a = (e^{-\lambda t} - 1)$ et $b = {}^{87}Sr_0/{}^{86}Sr$. La pente de cette droite est égale à λt et connaissant la constante de désintégration du rubidium, on peut en déduire l'âge isochrone d'une roche c'est-à-dire le temps écoulé depuis sa formation. La figure 5.2 récapitule le principe des isochrones pour des échantillons **cogénétiques**.

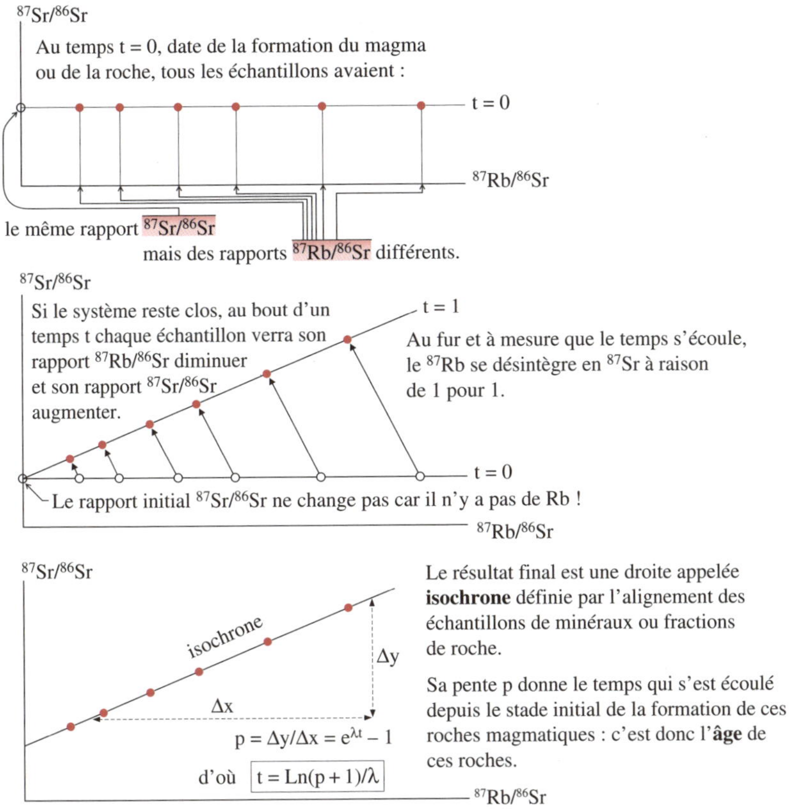

Figure 5.2 – Principe de construction d'une isochrone (exemple du couple rubidium–strontium).

Méthodes de datation	R. extraterrestres Météorites	R. volcaniques Laves	R. plutoniques et métamorphiques	R. sédimentaires	Restes organiques
$^{147}Sm/^{143}Nd$	10^9 ans	0,1-1 Ga	Grenat 0,1-1 Ga	Diagenèse	
$^{87}Rb/^{87}Sr$	10^9 ans	0,01-1 Ga	Micas 0,01-1 Ga	Diagenèse	
$^{40}K/^{40}Ar$	10^9 ans	0-1 Ga	Micas 0,01-0,11 Ma	Niveaux volcaniques	
$^{238}U/^{206}Pb$	10^9 ans	Zircon 10 Ma-Ga	Zircon âge source		
$^{235}U/^{207}Pb$	10^9 ans	Zircon 10 Ma-Ga	Zircon âge source		
U/Th		Isochrone 0-0,4 Ma		Carbonates 0,4 Ma	Ossements 0,4 Ma
$^{14}C/^{14}N$		Indirect-Végétaux 50 000 à 500 000 ans		Débris végétaux Carbonates 0-40 000 ans	Tous restes 0-40 000 ans

3. CONCLUSION

La datation absolue avec l'apport de la géochronologie (ou radiochronologie) isotopique contribue à l'établissement de l'échelle des temps géologiques initialement établie avec les outils de datation relative. Elle permet non seulement de fixer des repères numériques, mais aussi d'identifier et de dater des événements géologiques, ce qu'aucune autre approche stratigraphique (chimio-, magnéto-, litho- et biostratigraphie) ne permet d'envisager. Son apport est d'autant plus déterminant dans les cas où aucune biostratigraphie n'est utilisable.

6 Le bilan thermique de la Terre

Mots clés

Albédo, Atmosphère, Bilan radiatif, Effet de serre, Énergie solaire

De toutes les planètes du système solaire, la Terre semble être la seule planète où s'exercent, à sa surface, les influences de plusieurs milieux aux caractéristiques différentes. Ces milieux se répartissent sous forme d'enveloppes (atmosphère, hydrosphère) plus ou moins continues, qui interagissent les unes avec les autres et qui, en réaction directe aux modifications du bilan thermique de la Terre, sont le siège de circulations (Fiches 7 et 9) jouant un rôle capital dans la définition et la régulation du climat.

1. LE BILAN ÉNERGÉTIQUE DE LA TERRE

L'énergie à la surface de la Terre a une double origine :

	Interne	Externe
Composante	– La chaleur initiale (phase d'accrétion planétaire), – La radioactivité – La différenciation des assises (croissance du noyau externe par rapport au noyau interne) – Les mouvements différentiels de ces assises par rapport à la rotation terrestre (dynamo terrestre)	**Énergie solaire** Le Soleil, astre à très haute température (5 800 °K), émet un rayonnement électromagnétique de courtes longueurs d'onde ($\lambda < 4\ \mu m$) essentiellement dans le domaine du visible (42,4 %) et du proche infrarouge (48,4 %)
Puissance	**4,2.10^{13} W**	**7,1.10^{17} W**
Flux moyen	**0,05 W · m^{-2}** pouvant atteindre 0,6 W · m^{-2} au niveau des dorsales	**1 368 W · m^{-2}** **Constante solaire** = Énergie incidente, reçue par unité de temps, par un disque placé perpendiculairement au rayonnement solaire, à la distance moyenne Terre-Soleil. Compte tenu du rapport des surfaces entre un disque (πr^2) et une sphère ($4\pi r^2$), le flux moyen susceptible d'être disponible par unité de surface terrestre est alors de **342 W · m^{-2}**
Contrôle	Le géodynamisme terrestre et le mouvement des plaques lithosphériques	Le climat terrestre et par conséquent les circulations atmosphériques et océaniques

2. LE BILAN RADIATIF DE LA TERRE

Pour bien comprendre le climat de la Terre, il est nécessaire d'analyser son **bilan énergétique moyen**, en équilibre à court terme (une année). La presque totalité du rayonnement solaire (342 W · m^{-2}) entre dans le système terrestre, mais la totalité du flux solaire incident n'est pas absorbée car la surface terrestre et l'atmosphère possèdent un pouvoir réflecteur (**albédo**) de l'ordre de 30 % (107 W · m^{-2} sont réfléchis vers l'espace). Les 70 % restants sont absorbés par l'ozone dans la stratosphère, par la vapeur d'eau, les nuages et les aérosols de la troposphère (pour 67 W · m^{-2}) et par la surface terrestre (pour 168 W · m^{-2}). Pour maintenir la balance énergétique, le système terrestre réémet à son tour vers l'espace des radiations de plus grandes longueurs d'onde (infrarouge proche). Sur les 390 W·m^{-2} qui rayonnent depuis la surface terrestre, 40 traversent l'atmosphère et sur les 350 absorbés par l'atmosphère, 324 W·m^{-2} sont réémis vers la Terre (**effet de serre**). L'atmosphère réémet également vers l'espace environ 195 W·m^{-2}.

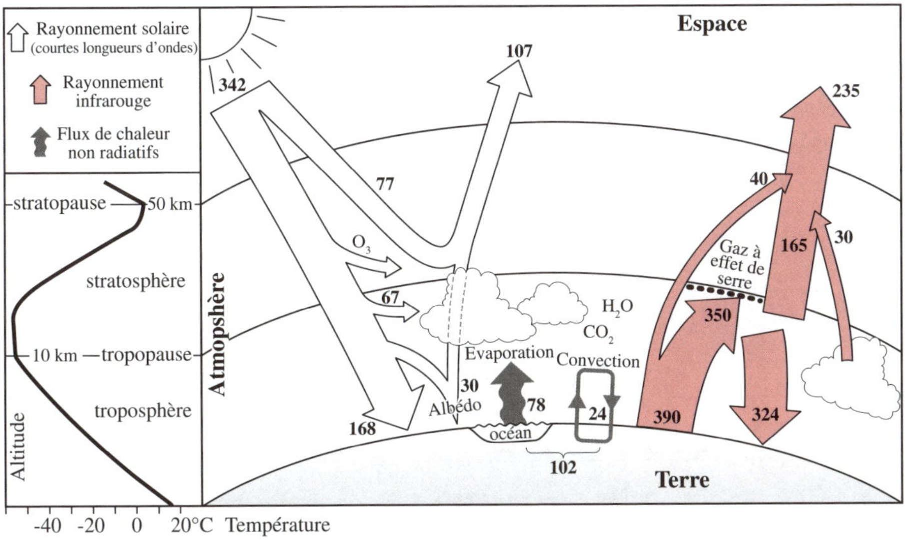

Figure 6.1 – Le bilan thermique du système Terre/atmosphère. Les valeurs des flux sont exprimées en W·m^{-2}.

Au total, le **bilan thermique** du système Terre/atmosphère est en équilibre. Le flux réfléchi et réémis est de 342 W·m^{-2} (107 W·m^{-2} pour les courtes longueurs d'onde et 235 W·m^{-2} pour les infrarouges). En revanche les sous-systèmes ne sont pas à l'équilibre du point de vue **radiatif**. La surface de la Terre reçoit plus de chaleur qu'elle n'en émet du fait de l'effet de serre et, au contraire, l'atmosphère est déficitaire puisqu'elle émet 519 W·m^{-2} (195 W·m^{-2} vers l'espace et 234 W·m^{-2} vers la Terre) alors qu'elle ne reçoit que 417 W·m^{-2} (67 W·m^{-2} du rayonnement solaire incident et 350 Wm.$^{-2}$ à partir de la Terre). Ce déficit d'une centaine de W·m^{-2} est comblé par des flux de chaleur non radiatifs correspondant à la conduction et surtout à la convection thermique (pour 24 W·m^{-2}) et aux processus des changements de phase : évaporation et condensation (pour 78 W·m^{-2}).

Ces flux de chaleur non radiatifs permettent alors de rétablir l'équilibre thermique entre les deux sous-systèmes.

3. L'EFFET DE SERRE

Ce phénomène est responsable du réchauffement de la basse atmosphère de la planète par absorption du rayonnement infrarouge. Ce piégeage est effectué par certains gaz : la vapeur d'eau, le dioxyde de carbone (CO_2), le méthane (CH_4) et les chlorofluorocarbures (CFC). L'abondance de ces gaz, parfois d'origine anthropique, dans les basses couches de l'atmosphère est la cause principale du réchauffement car le rayonnement infrarouge absorbé par les gaz est réémis vers la Terre. L'abondance et le potentiel relatif des principaux gaz à effet de serre sont reportés dans le tableau ci-après.

Gaz à effet de serre		Abondance (ppmv = 10^{-6} en volume ppbv = 10^{-9} en volume pptv = 10^{-12} en volume)	Capacité d'absorption du rayonnement infrarouge (par molécule par rapport au CO_2)
H_2O	Vapeur d'eau	Jusqu'à **4 %** (en fonction de la température)	–
CO_2	Gaz carbonique	365 ppmv	1
CH_4	Méthane	1,73 ppmv	20
NO_2	Protoxyde d'azote	310 ppbv	200
CFC	Chlorofluorocarbures	Entre **200 et 500 pptv**	Entre **12 000 et 16 000**
O_3	Ozone	Entre **70 pptv** (dans la troposphère) et **500 pptv** (dans la stratosphère)	–

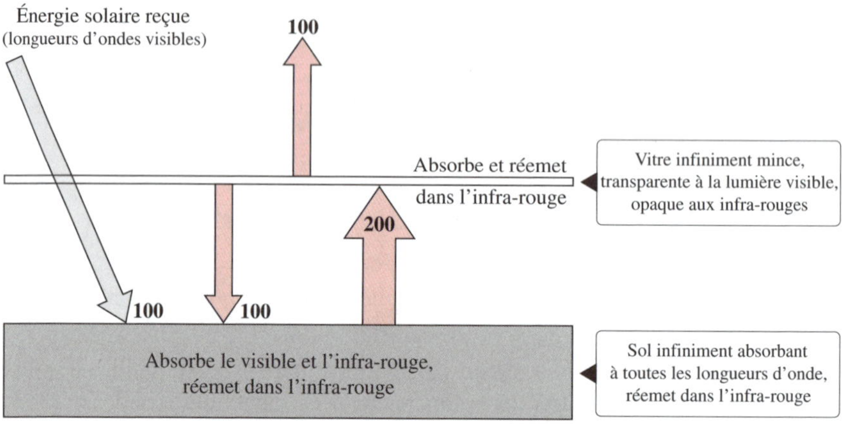

Figure 6.2 – Représentation schématique de l'effet de serre.

La **température effective** d'une planète (obtenue à partir de mesures satellitaires) est déterminée par la balance entre le rayonnement solaire absorbé (responsable de son réchauffement), et le rayonnement infrarouge émis vers l'espace (responsable de son refroidissement). La température effective de la Terre devrait être de 255 °K (– 18 °C), alors que la température moyenne réelle de notre planète est de + 15 °C (288 °K).

4. DÉSÉQUILIBRES ÉNERGÉTIQUES RÉGIONAUX

Au cours de l'année, le bilan radiatif, en un point géographique précis est généralement différent de zéro, créant ainsi des déséquilibres énergétiques régionaux. L'intensité de l'insolation et le pourcentage d'absorption du rayonnement solaire dépendent principalement de l'angle suivant lequel les rayons solaires atteignent la surface terrestre. Ainsi la distribution des températures à la surface du globe varie en fonction de la latitude et des saisons et il en résulte, globalement, une opposition entre les zones équatoriales où le bilan radiatif est excédentaire et les zones polaires où le bilan est déficitaire. Ce déséquilibre sera à l'origine des circulations atmosphériques et océaniques qui vont permettre une redistribution de l'énergie, en transférant l'excédent des régions de basses latitudes vers les pôles (Fiche 7 et 9).

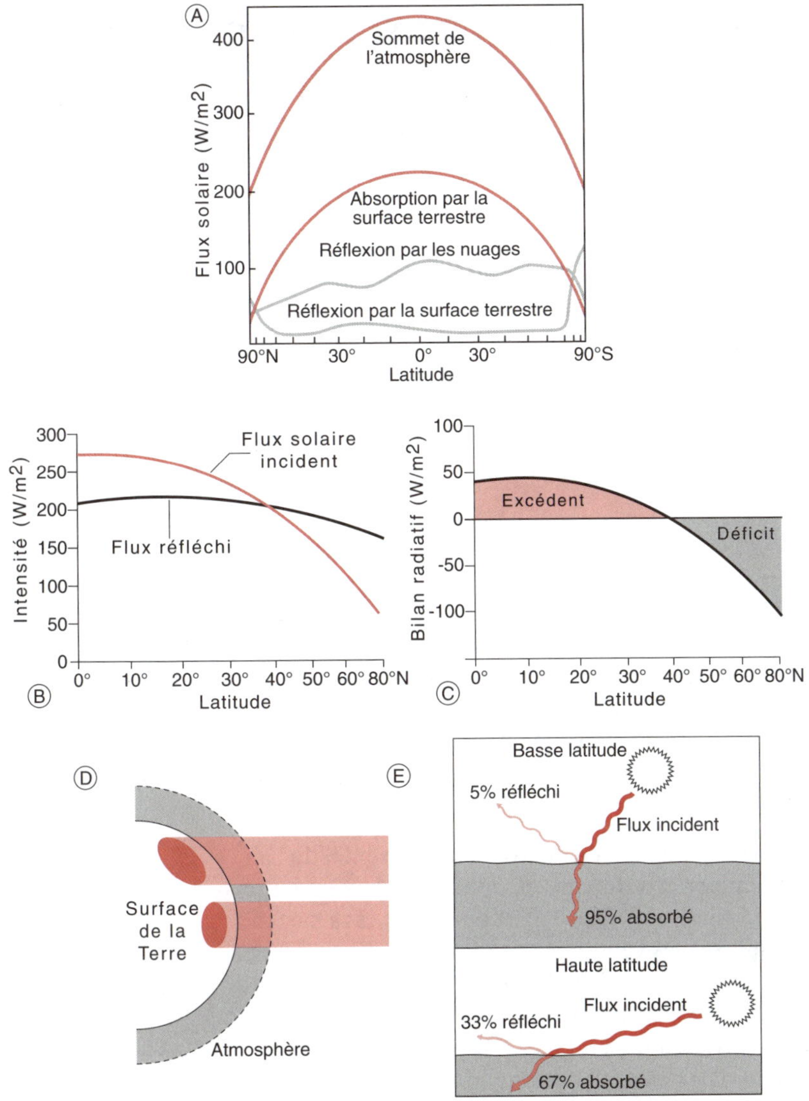

Figure 6.3 – Dissymétrie thermique régionale du système climatique terrestre et le transport d'énergie entre les basses et les hautes latitudes.

5. CONCLUSION

L'ensemble des processus de la géodynamique externe de la planète Terre est induit et piloté par l'énergie provenant du Soleil. Ce flux d'énergie maintient à la surface de la Terre une température moyenne (autour de +15 °C) permettant l'existence de l'eau sous différentes phases et contribue ainsi au développement de la Vie. Même si le bilan énergétique de la Terre est globalement à l'équilibre, dû à la présence d'une atmosphère qui joue un rôle de régulateur thermique, des déséquilibres locaux existent et sont à l'origine de transferts d'énergie qui se traduisent par le mouvement des fluides atmosphériques et océaniques.

7 Les circulations atmosphériques

Mots clés

Circulation atmosphérique, Coriolis, Latitude, Pression, Zonation climatique

L'atmosphère terrestre est une enveloppe gazeuse qui transporte et dissipe l'énergie solaire qui arrive inégalement à la surface de la Terre. Les interactions avec l'hydrosphère (et plus particulièrement avec l'océan) permettent le transfert de cette énergie de l'équateur aux pôles et forme alors un système dynamique qui joue un rôle important dans la définition et la régulation du climat. Ces deux enveloppes fluides ont aussi une grande importance lors des processus d'altération (Fiche 46 et 47) et de sédimentation (Fiche 48 et 50).

1. LA CIRCULATION ATMOSPHÉRIQUE

La circulation atmosphérique est un phénomène complexe qui obéit à des lois physiques qui dépendent essentiellement des gradients de pression engendrés par des déséquilibres thermiques latitudinaux (Fiche 6). Ces déséquilibres énergétiques sont liés à l'intensité de l'insolation et au pourcentage d'absorption du rayonnement solaire à la surface de la Terre en fonction de l'inclinaison de l'axe de rotation par rapport à l'écliptique. Globalement, il en résulte une opposition entre les zones équatoriales et les zones polaires en passant d'un bilan radiatif excédentaire à un bilan déficitaire. C'est ce déséquilibre qui est à l'origine des circulations atmosphériques et s'exprime par la mise en mouvement des masses d'air sous la forme des vents en permettant le transfert de l'excédent énergétique des régions de basses latitudes vers celles de hautes latitudes.

2. LE MODÈLE DE CIRCULATION ATMOSPHÉRIQUE

Les vents correspondent à un mouvement horizontal de l'air qui tend à éliminer la différence de pression qui existe entre deux régions. Ainsi, si la Terre était immobile et sa surface parfaitement lisse, des vents violents formeraient une simple et unique cellule convective de l'équateur vers les pôles (modèle de Hadley, 1735).

Mais comme la Terre est en rotation, la force de Coriolis dévie la direction initiale des vents (vents géostrophiques) et complique le système de circulation en fragmentant la cellule de convection unique. Il en résulte une **zonation latitudinale** de hautes et de basses pressions responsables des caractéristiques des différentes zones climatiques.

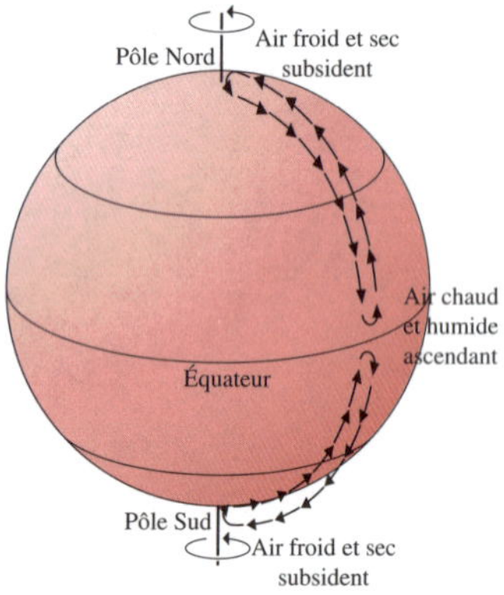

Figure. 7.1 – Modèle de circulation atmosphérique de Hadley.

Ainsi, aux basses latitudes nord et sud, les **cellules de Hadley** sont initiées, au niveau de l'équateur, par les remontées d'air (réchauffées par l'ensoleillement important) très chargées en vapeur d'eau. Une fois asséchées et refroidies en altitude, les masses d'air retombent au niveau des zones tropicales, créant une zone de hautes pressions anticycloniques. Aux hautes latitudes, l'ensoleillement est plus faible et les **cellules polaires** sont liées à la descente des masses d'air, due au refroidissement en altitude, en créant une zone de basses pressions dépressionnaire. Cette différence dans l'initiation du mouvement convectif de ces cellules explique la variation d'altitude de la tropopause (limite supérieure de la troposphère) entre les zones équatoriales et polaires. Enfin, aux latitudes moyennes, existe

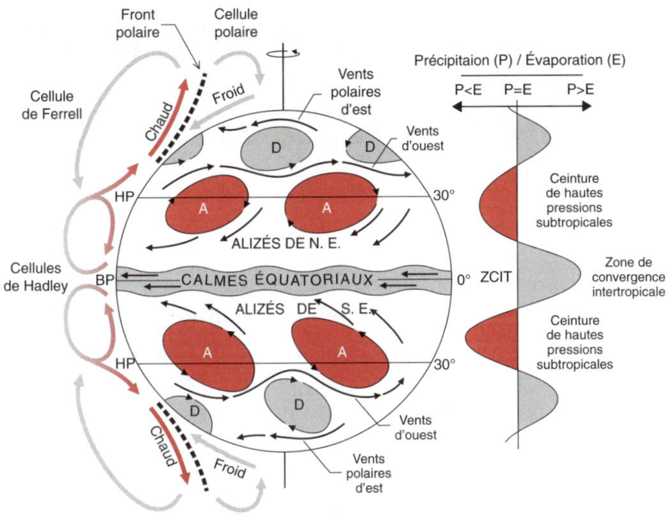

Figure 7.2 – Modèle de circulation convective atmosphérique, système de vents et zonation climatique associés et bilan précipitation/évaporation dans les différentes zones climatiques.

une cellule intermédiaire plus complexe : la **cellule de Ferrel** qui est séparée de la cellule polaire par une zone de très fort contraste thermique entre les masses d'air : le **front polaire**. L'affrontement des masses d'air chaud méridionales et des masses d'air froid polaires provoque une diminution d'altitude de la tropopause créant ainsi un très fort gradient de pression qui engendre des vents d'ouest violents : les « **jet streams** » qui peuvent atteindrent des vitesses dépassant 400 km/h.

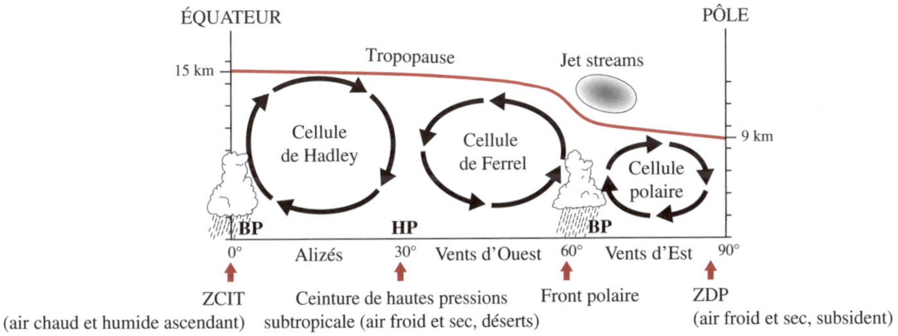

Figure 7.3 – Détail de la circulation générale atmosphérique et des systèmes de vents.

3. CONCLUSION

Sans une redistribution de l'énergie thermique par les circulations atmosphériques (et océaniques – Fiche 6), le climat terrestre serait beaucoup plus contrasté avec des variations saisonnières et géographiques plus importantes. Le climat terrestre, malgré ces circulations atmosphériques convectives, reste globalement dissymétrique du fait d'une répartition hétérogène des continents et des océans dans les deux hémisphères. Cependant, depuis quelques années, cette représentation de la circulation atmosphérique globale tend à être remplacée par un modèle de déplacement des structures atmosphériques prenant en compte la variabilité géographique des climats en intégrant le rôle des reliefs et applicable à toutes les échelles de temps : les **anticyclones mobiles polaires (AMP)**.

8 La structure physico-chimique des océans

Mots clés

Densité, Gaz dissous, Profondeur, Salinité, Température, Thermocline

L'hydrosphère correspond à la sphère liquide constituée en majorité (97,5 %) par l'eau de mer contenue dans la masse océanique mondiale qui représente 72 % de la surface de la Terre, soit environ 360 millions de km² pour un volume de 1 320 millions de km³. Même s'il existe une continuité de la masse océanique globale, chaque océan (Pacifique, Atlantique, Indien, Arctique et Antarctique) possède ses caractéristiques propres tant du point de vue structural (Fiches 28 à 32) que de celui de la composition, de l'origine et de la circulation des eaux (Fiche 9). Le milieu marin et donc l'eau de mer sont à la fois le lieu de production des sédiments et l'environnement principal du domaine externe de la Terre dont il est essentiel de connaître certaines propriétés et caractéristiques physico-chimiques. Ainsi, les paramètres les plus importants de l'eau de mer sont la température et la salinité, qui commandent la densité et sont à l'origine du déplacement des masses d'eau océaniques (circulation thermohaline – Fiche 9).

1. LA TEMPÉRATURE

a) Les températures de surface

Elles sont fonction de l'ensoleillement (Fiche 6) et s'étalent de 28/30 °C dans la zone équatoriale jusqu'au point de congélation (– 1,91 °C – Fiche 11) dans les régions polaires. Leur répartition présente donc une forte composante latitudinale qui peut être perturbée par la courantologie atmosphérique et océanique et par la distribution hétérogène des masses continentales.

b) Variations de la température en profondeur

► La thermocline permanente

La température moyenne des océans est basse (environ 3,5 °C) et est due à l'importante masse d'eau, à faible température, située en dessous de 3 000 m de profondeur. Le réchauffement des couches profondes de l'océan est peu important car la conduction est un phénomène lent et la turbulence, créée par le vent et les vagues, n'affecte que la partie très superficielle de la tranche d'eau. Ainsi, on définit un **niveau de mélange** où les températures varient peu en fonction de la profondeur et qui peut atteindre 200 à 300 m aux moyennes latitudes. Entre ce niveau et la profondeur de 1 000 m, existe une tranche d'eau, où le gradient de température est important (Δtp de 15 à 20 °C en fonction de la latitude) qui ne présente pas de variations saisonnières et se trouve pratiquement dans tous les océans : la **thermocline permanente** dont la répartition latitudinale est contrôlée par les eaux denses et froides originaires des régions polaires. Au-delà de 1 000 m, des températures basses et présentant peu de variations définissent la couche profonde ou **psychrosphère**.

► La thermocline saisonnière

La température et l'extension en profondeur du niveau de mélange montrent des variations saisonnières aux latitudes moyennes et induisent un fort gradient thermique en profondeur dû à l'établissement d'une stratification des masses d'eau par différence de densité entre l'été et l'hiver.

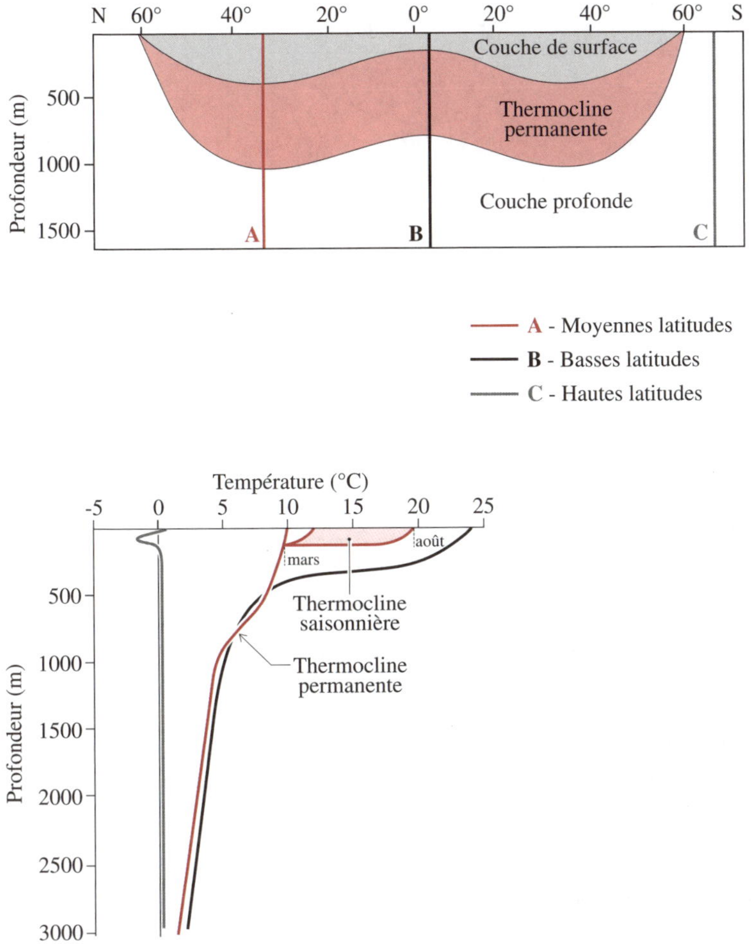

Figure 8.1 – Répartition schématique des différentes couches thermiques de l'océan en fonction de la latitude et profils associés de température en fonction de la profondeur.

2. LA SALINITÉ

La **salinité** est la masse en grammes des substances contenues dans un kg d'eau de mer. Elle s'exprime le plus souvent en ‰. Ce paramètre est difficilement mesurable (du fait du caractère hygroscopique des cristallisations obtenues après évaporation) et on utilise la **chlorinité**, plus facilement mesurable par conductivimétrie et dont la relation à la salinité s'écrit : S ‰ = 1,80655 Cl ‰. La chlorinité moyenne de l'eau de mer est de 19,37 ‰ soit une salinité de 34,72 ‰ qui présente une certaine variabilité en fonction des océans et ces différences minimes jouent un rôle majeur vis-à-vis de la circulation océanique générale.

La répartition des salinités de surface suit le bilan évaporation/précipitation au moins entre 40°N et 60°S. Au-delà, les divergences sont dues au stockage de l'eau des précipitations sous forme de neige ou de glace.

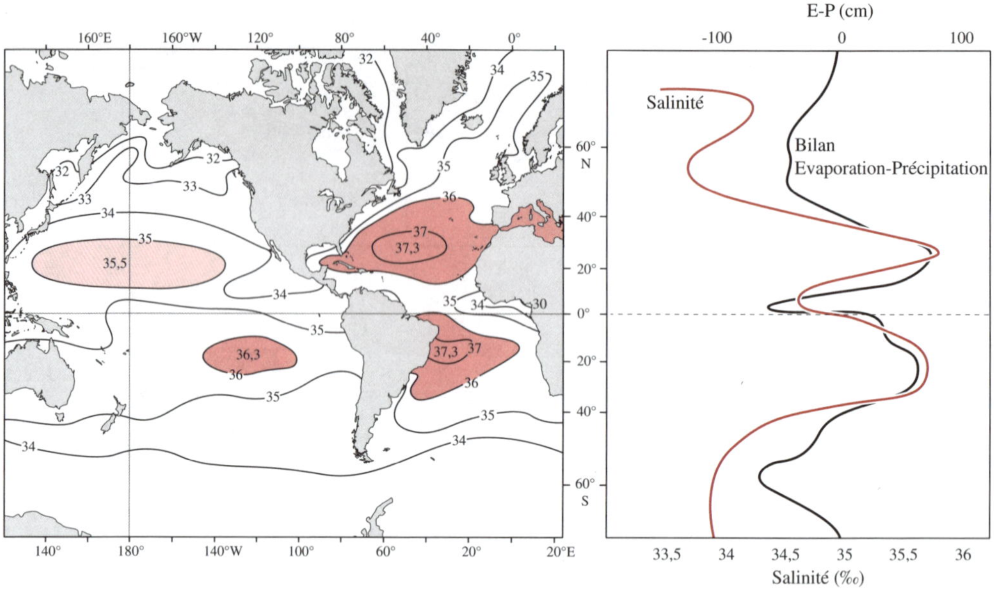

Figure 8.2 – Carte des isosalinités et comparaison entre la répartition des salinités et le bilan évaporation/précipitation (E-P) en fonction de la latitude.

Les variations de salinité en fonction de la profondeur ont une amplitude beaucoup moins importante que celles de la température (sauf pour les régions polaires) et sont avant tout régies par la circulation océanique générale (Fiche 9) et par la présence en profondeur d'une masse d'eau froide mais dessalée : l'eau antarctique intermédiaire (AAIW).

3. LA COMPOSITION CHIMIQUE DE L'EAU DE MER

De par ses propriétés physico-chimiques particulières, l'eau de mer est un milieu chimiquement complexe où se développent de nombreux équilibres et réactions chimiques. Elle contient de nombreuses substances, présentes sous différentes formes (gazeuse, ionique ou particulaire), nécessaires au cycle de la vie dans les océans et par conséquent essentielles pour la sédimentation océanique. Hormis les échanges atmosphère/océan, l'origine des éléments chimiques dans l'eau de mer est double et principalement liée aux apports continentaux par les fleuves et aux sources hydrothermales sous marines.

Dans l'eau de mer, les gaz présents dans l'atmosphère (N_2, O_2 et CO_2) se retrouvent généralement dissous et présente une solubilité qui diminue lorsque la température augmente et qui décroît avec la salinité.

Gaz	Atmosphère (% en volume)	Eau de mer (S = 35 ‰, Tp = 10 °C)
N_2	78,08 %	62,1 %
O_2	20,95 %	34,4 %
CO_2	0,03 %	1,8 %

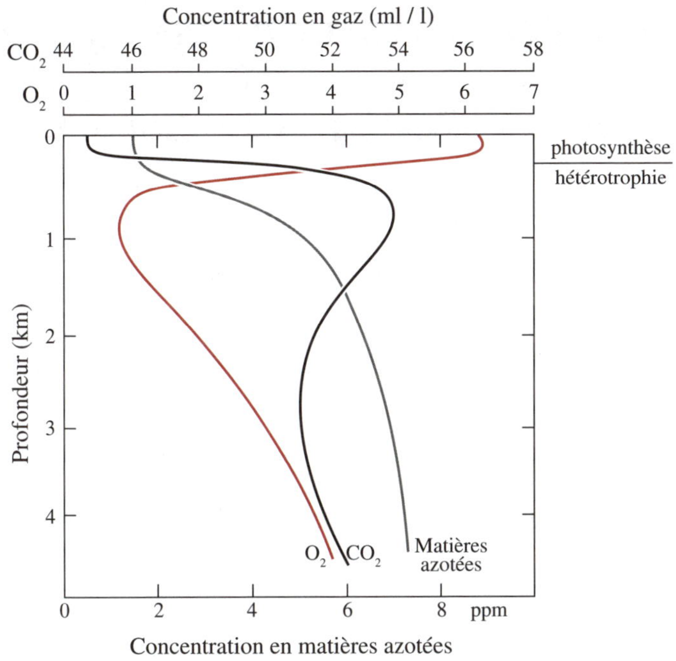

Figure 8.3 – Relation entre les teneurs en O_2, CO_2 et en matières azotées en fonction de la profondeur.

La comparaison des concentrations en gaz dans l'océan et dans l'atmosphère montre que l'eau de mer est enrichie en O_2 et en CO_2 (au détriment de l'azote) qui interviennent dans les métabolismes biologiques. La répartition en profondeur des gaz dissous est principalement commandée par la circulation océanique et surtout par l'activité biologique (via les processus photosynthétiques, la respiration, l'oxydation de la matière organique) qui peuvent générer des niveaux plus ou moins appauvris en certaines espèces gazeuses comme par exemple la **zone à oxygène minimum** ou **ZOM**.

4. CONCLUSION

Les fluctuations des paramètres physico-chimiques de l'océan (température, salinité, gaz dissous, nutriments) apparaissent comme le révélateur de l'activité interne (expansion océanique et hydrothermalisme sous-marin) et des conditions externes (climat, érosion, évolution biologique, sédimentation) prévalant à la surface de la planète Terre.

9 Les circulations océaniques

Mots clés

Circulation thermohaline, Courants, Densité, Force de Coriolis, Transport d'Ekman, Vents

Comme l'atmosphère, l'océan est une masse fluide en perpétuel mouvement et constitue un système dynamique parcouru par des courants créés par deux moteurs essentiels : la **densité** (en relation avec la température et la salinité des eaux) et l'**action des vents**. Les différents mouvements des eaux (verticaux ou horizontaux) qui en résultent sont modifiés par la force de Coriolis.

1. LA CIRCULATION DE SURFACE

Les courants de surface des océans sont de larges et lents déplacements des eaux de surface mis en mouvement par les vents. Ces vents qui soufflent à la surface des eaux océaniques les entraînent lentement, créant un courant dont la largeur est voisine de celle de la masse d'air qui les initialise, mais dont la profondeur excède rarement 50 à 100 mètres. La source d'énergie de ces mouvements d'eau est le Soleil, qui en réchauffant la Terre de façon inégale crée les vents (Fiche 6). C'est pourquoi la circulation de surface des océans résulte de l'interaction de plusieurs phénomènes :

- les radiations du Soleil fournissent de l'énergie à l'atmosphère ;
- l'ensoleillement inégal à la surface de la Terre est à l'origine des vents ;
- les vents entretiennent les courants de surface.

a) La spirale d'Ekman

Cependant, les courants de surface ne sont pas directement reliés aux vents mais sont, en général, déviés de 20 à 45° par rapport à la direction initiale du vent. En profondeur, l'eau est aussi entraînée par friction, mais la vitesse du courant ainsi créé décroît de façon exponentielle.

Ainsi, le transport moyen (transport d'Ekman) dans la couche de l'océan soumise à l'action du vent est perpendiculaire à la direction initiale du vent. Dans les régions de basses latitudes, les alizés qui soufflent du nord-est ou du sud-est, établissent ainsi les courants équatoriaux nord et sud. Ces puissants courants équatoriaux accumulent de l'eau sur la bordure occidentale des océans, où l'on enregistre quelques dizaines de centimètres de différence d'altitude de la surface de l'océan (par exemple environ 50 cm pour le Pacifique occidental).

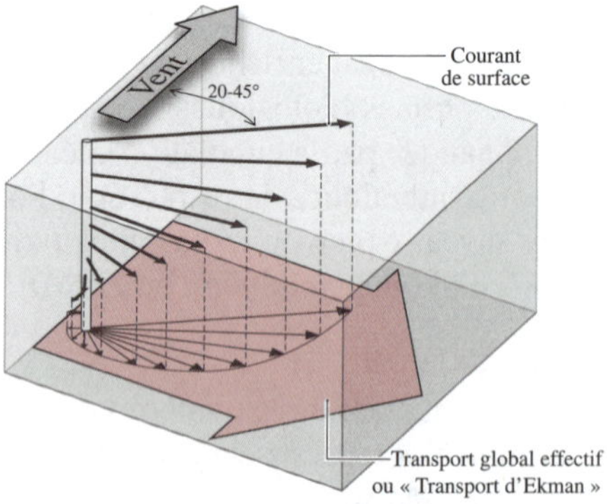

Figure 9.1 – La spirale d'Ekman.

b) Les principaux courants de surface

Chacun de ces grands courants équatoriaux, sous l'influence de la **force de Coriolis**, voit une partie de ses eaux défléchie et entraînée dans de grands **tourbillons océaniques giratoires** de plusieurs milliers de kilomètres de diamètre. Au sein de chaque tourbillon giratoire, il est possible d'identifier des segments : ainsi, le Gulf Stream est la branche occidentale du tourbillon giratoire de l'Atlantique nord.

La géométrie des continents à la surface de la Terre modifie quelque peu le schéma théorique de la figure 9.1. On distingue cinq grands tourbillons giratoires, deux dans l'océan Pacifique, deux dans l'océan Atlantique et un dans l'océan Indien. Les courants des tourbillons giratoires boréaux (hémisphère Nord) circulent dans le sens horaire ; ceux des tourbillons giratoires austraux (hémisphère Sud) dans le sens inverse. À partir d'une certaine latitude, ces courants sont soumis aux vents d'ouest et prennent une direction ouest-est : par exemple, le Kuroshio se transforme ainsi en courant nord-Pacifique, tandis que dans l'océan Atlantique le Gulf Stream se transforme en courant nord-Atlantique. Dans l'hémisphère austral, les courants australiens, du Mozambique et du Brésil, rejoignent le courant circumpolaire antarctique qui s'écoule d'Ouest en Est sans aucun obstacle. La force des vents et la puissance de ce courant circumpolaire lui valent les dénominations de « quarantièmes rugissants » et de « cinquantièmes hurlants ». À l'extrémité Sud-Est des tourbillons giratoires austraux, des courants froids remontent le long des façades occidentales des continents : courant de Humboldt sur la côte occidentale de l'Amérique du Sud, courant du Benguala sur la côte occidentale de l'Afrique du Sud, courant ouest-australien sur la côte occidentale de l'Australie. Schématiquement, des courants chauds qui naissent dans la zone équatoriale transportent de la chaleur vers les hautes latitudes, tandis que des courants froids de hautes latitudes s'écoulent vers le Sud.

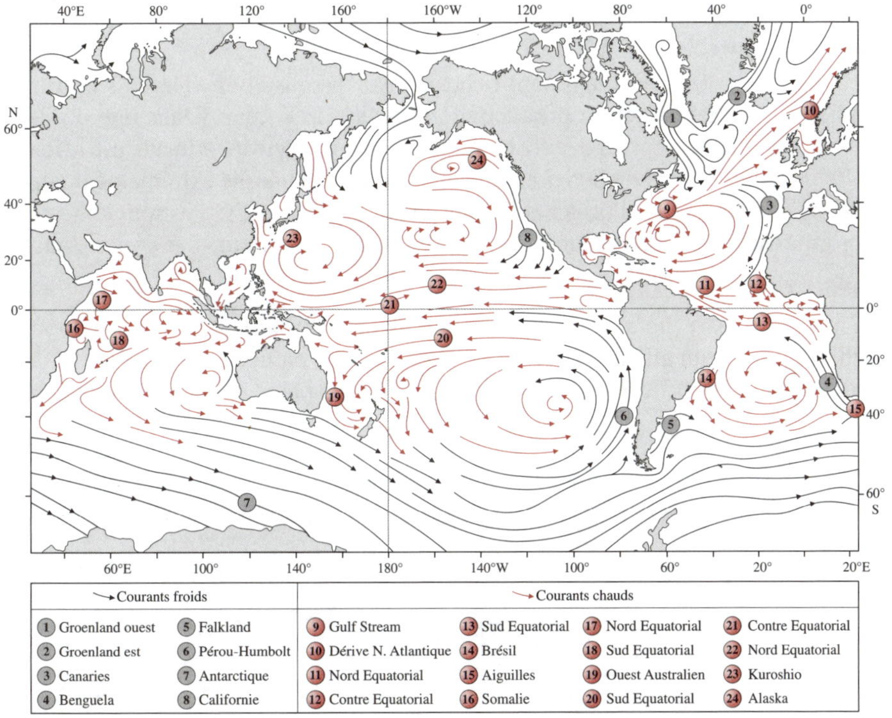

Figure 9.2 – Carte des principaux courants océaniques de surface.

2. LES DÉPLACEMENTS VERTICAUX : UPWELLINGS ET DOWNWELLINGS

Le mouvement de subsidence des eaux froides de l'Atlantique Nord est compensé par des mouvements de remontée, les **upwellings**. La zone intertropicale est le domaine d'une intense évaporation et le siège de dépressions permanentes (le « pot-au-noir »). Ces deux phénomènes entretiennent des mouvements d'eaux verticaux appelés upwellings.

- L'évaporation, qui transfère quotidiennement une certaine quantité d'eau de l'océan vers l'atmosphère, est compensée par des remontées d'eaux profondes.

- Les zones cycloniques ou dépressionnaires sont un deuxième moteur. Dans l'hémisphère nord, les vents tournent dans le sens inverse des aiguilles d'une montre et induisent, par le biais de la force de Coriolis, un transport centrifuge des masses d'eau. Les eaux de surface divergent et sont remplacées par des upwellings (figure 9.3A). À la différence du phénomène précédent, les upwellings sont ici locaux et circonscrits. Au niveau des cellules anticycloniques, on observe au contraire une convergence des masses d'eaux en surface provoquant une descente vers le fond des eaux chaudes appelée **downwelling**.

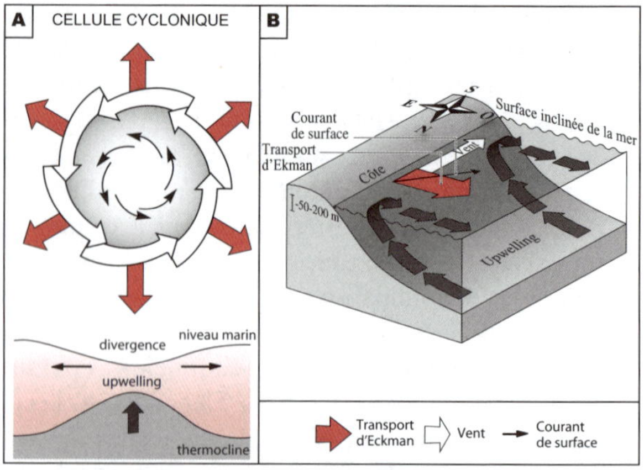

Figure 9.3 – Relation entre la cellule atmosphérique, le niveau marin et la présence d'upwelling (A) et mécanismes de mise en place des upwellings côtiers (B).

Les eaux froides des upwellings sont riches en gaz dissous et en éléments nutritifs (nitrates, phosphates…) et favorisent la productivité primaire de l'océan. Dans une étroite bande de 10 degrés de latitude de part et d'autre de l'équateur, la productivité primaire est 40 fois plus élevée qu'à 40° de latitude Nord ou Sud. Les upwellings ont aussi un rôle extrêmement important dans les échanges gazeux entre l'océan et l'atmosphère. Riches en CO_2, ils sont le lieu de dégazage le plus efficace de l'océan et leur intensité est l'un des régulateurs des cycles climatiques.

3. LA CIRCULATION PROFONDE

La figure 9.4 illustre un second type de circulation (exemple de la circulation océanique Atlantique), celui qui affecte l'océan en profondeur. La plongée des eaux de surface polaires, froides et sursalées (Fiche 8), établit un lien entre l'atmosphère et l'océan profond. Elle est aussi

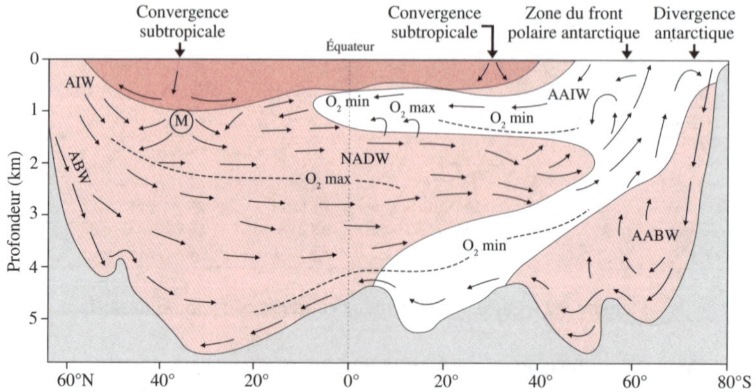

Figure 9.4 – Coupe N-S de l'océan Atlantique mettant en évidence les différentes masses d'eau et leurs mouvements.

AABW = Antarctic Bottom Water ou eau de fond antarctique, AAIW = Antarctic Intermediate Water ou eau antarctique intermédiaire (à salinité inférieure à 34,9 ‰), ABW = Arctic Bottom Water ou eau de fond arctique, AIW = Arctic Intermediate Water ou eau arctique intermédiaire, NADW = North Atlantic Deep Water ou eau profonde nord-atlantique et M = indique la zone d'injection des eaux salées méditérranéennes.

le moteur d'une circulation globale appelée la **circulation thermohaline** (figure 9.5) car initiée par le double mécanisme de refroidissement et de sursalure par congélation de l'eau de mer.

L'initiation de cette circulation s'effectue dans les mers de Norvège et du Groenland, où des eaux de surface relativement chaudes et salées en provenance de l'océan Atlantique nord-ouest, sont refroidies, deviennent plus denses, et s'enfoncent dans un bassin confiné au nord d'une ride sous-marine joignant l'Écosse au Groenland. Ces eaux denses et sursalées débordent du bassin et s'écoulent dans les profondeurs de l'océan en direction de l'hémisphère Sud, et rejoignent le courant circumpolaire antarctique qui tourne dans le sens horaire autour de l'Antarctique. On estime que le flux de la circulation thermohaline est de 15 à 20 millions de $m^3 \cdot s^{-1}$ (c'est-à-dire cent fois le débit de l'Amazone, le plus puissant des fleuves à la surface de la Terre). Le temps de résidence de ces eaux de fond avoisine le millier d'années.

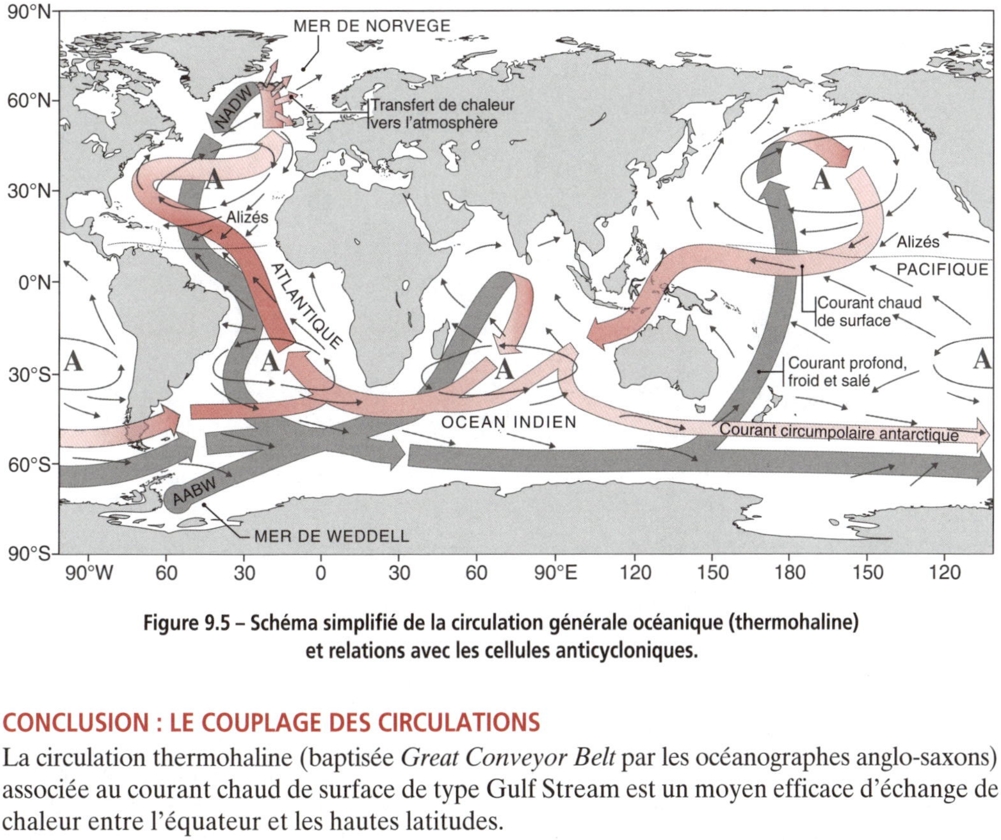

Figure 9.5 – Schéma simplifié de la circulation générale océanique (thermohaline) et relations avec les cellules anticycloniques.

4. CONCLUSION : LE COUPLAGE DES CIRCULATIONS

La circulation thermohaline (baptisée *Great Conveyor Belt* par les océanographes anglo-saxons) associée au courant chaud de surface de type Gulf Stream est un moyen efficace d'échange de chaleur entre l'équateur et les hautes latitudes.

Si les courants chauds de surface transportent de la chaleur des basses vers les hautes latitudes, la circulation thermohaline prélève des eaux froides de surface pour les entraîner durant plusieurs milliers d'années au fond des océans. La présence à la surface de la Terre de l'eau sous ses phases gazeuse, solide et surtout liquide est dans le système solaire une spécificité de notre planète. Aux transports méridiens réalisés par le déplacement des masses d'air s'ajoutent des transferts sous forme de chaleur latente par évaporation et précipitation, mais aussi et surtout des transferts par le déplacement des masses d'eau liquide de l'océan global. Le cycle de l'eau et l'océan sont donc des composants majeurs du système climatique terrestre.

10 La théorie astronomique du climat

Mots clés

Contrastes saisonniers, Fluctuations climatiques, Orbite terrestre, Paramètres orbitaux

Les climats sont avant tout contrôlés par la position de la Terre par rapport au Soleil. De cette position découle la quantité d'insolation reçue sur Terre qui est alors fonction de la latitude (Fiche 6). Les vents, comme les courants marins, interviennent ensuite comme des « modulateurs » de ces climats (Fiche 7 ; Fiche 9). À l'échelle de l'année, les contrastes saisonniers observés sont donc directement liés à l'inclinaison de l'axe de rotation de la Terre par rapport au plan de l'écliptique.

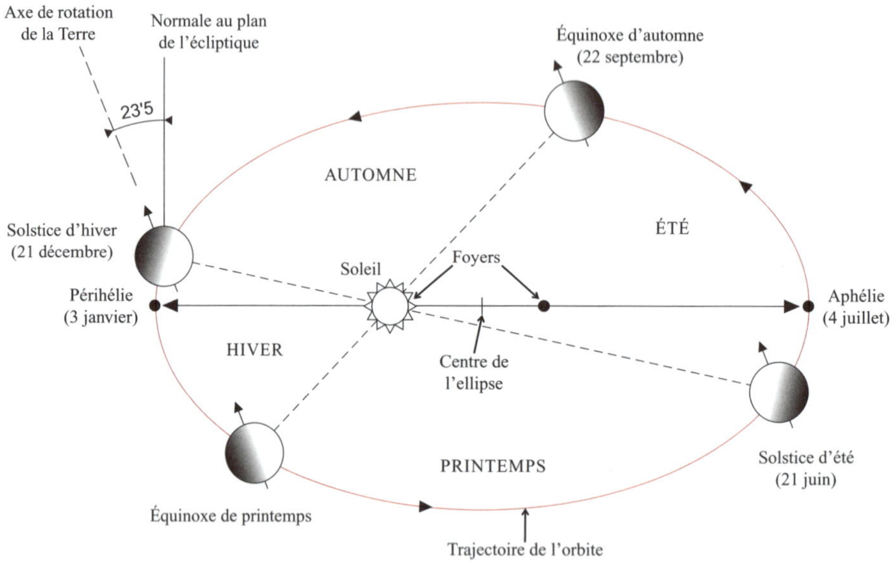

Figure 10.1 – La position de la Terre aux différentes saisons et solstices et équinoxes.

1. LA THÉORIE DE MILANKOVITCH

Adhémar (1842) et Croll (1875) sont précurseurs de la théorie astronomique du climat mais c'est **Milankovitch**, dans les années vingt, qui a le premier formalisé, par ses calculs des variations de l'insolation en fonction du temps, cette théorie du climat. Cette dernière concerne à l'origine les périodes glaciaires récentes. Ainsi, Milankovitch détermine que les glaciations se déclenchent au périhélie. À cette position de la Terre par rapport au soleil, alternent des saisons « froides », courtes, peu rigoureuses et des périodes « chaudes » longues et fraîches. Ainsi, aux hautes latitudes, la neige accumulée pendant les hivers ne peut fondre complètement pendant les étés et s'accumule pour se transformer progressivement en glace par compaction. Cette **glace** aura pour effet de **réfléchir** plus le **rayonnement solaire** (notion d'albédo, Fiche 6) et donc de **diminuer** l'énergie lumineuse totale reçue chaque année : le froid s'installe et la glaciation s'amorce (Fiche 55). L'originalité de cette théorie réside dans le fait que les étés longs sont responsables des glaciations du Quaternaire.

2. L'INFLUENCE DE LA POSITION DES CONTINENTS

D'après la théorie astronomique dite de Milankovitch, le **climat est donc commandé par l'insolation reçue l'été aux hautes latitudes (60°) de l'hémisphère Nord**. C'est en effet dans l'hémisphère Nord qu'est présente la majorité des surfaces continentales considérées comme des lieux privilégiés pour l'accumulation des glaces. Mais la répartition actuelle n'est pas une constante dans les temps géologiques (Fiche 44). En effet, la dérive des continents (essentiellement Nord-Sud ou Sud-Nord) a fortement modifié un certain nombre de paramètres importants dans la dynamique climatique de la Terre expliquant, par exemple, pourquoi il y eut une glaciation au Sahara il y a 450 millions d'années.

Modifications paléogéographiques	Influence sur le climat
Répartition des masses continentales	Modification du bilan radiatif
Formation de reliefs	Modification des circulations atmosphériques
Évolution des océans	Modification des circulations océaniques

3. LES PARAMÈTRES ORBITAUX

Les variations d'intensité de l'insolation, latitudinales et saisonnières, sont sous le contrôle de trois paramètres orbitaux de la Terre : l'**excentricité**, l'**obliquité** et la **précession des équinoxes**.

Paramètre	Description	Amplitude	Périodicité	Effet sur le climat
Excentricité	Modification de la forme de l'écliptique.	Elle varie de 0 quand l'écliptique est un cercle, à 7 % max. (ellipse) Actuel = 1,67 %	100 000 ans	Peu d'impact quand elle est prise seule.
Obliquité	Angle entre l'axe de rotation de la Terre et le plan de l'écliptique.	Actuel = 23°25' Variation d'amplitude de ± 1°30'	41 000 ans	Quand l'angle est maximum, saisons et climat contrastés.
Précession des équinoxes	Cône que décrit l'axe de rotation de la Terre dû à l'attraction des astres.	On parle plutôt de position angulaire sur l'écliptique par rapport aux étoiles.	21 700 ans	Rôle sur la durée des saisons (surtout quand l'excentricité est maximale).

4. CONCLUSION

Les paramètres astronomiques influencent le climat terrestre de façon cyclique, leurs périodes variant au cours des temps géologiques. Les variations climatiques se traduisent au niveau géologique par des variations des taux d'érosion, de transport particulaire vers les bassins et de production primaire dans les océans.

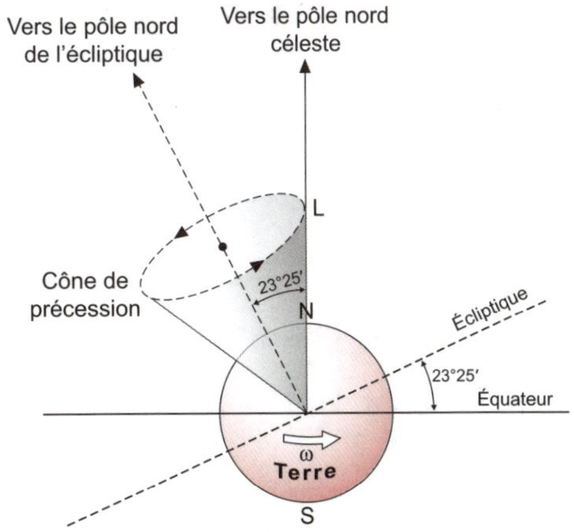

Figure 10.2 – Obliquité et précession.

11 Les propriétés de l'eau

Mots clés

Densité, Liaisons hydrogènes, Molécule polaire, Température

L'eau est l'un des composés les plus essentiels à la vie sur Terre. Molécule d'apparence simple, l'eau possède des propriétés singulières à l'origine de nombreux processus naturels comme l'altération (Fiche 46) ou la circulation océanique (Fiche 9). Nous regarderons ici quelques-unes de ses nombreuses particularités.

1. UNE MOLÉCULE POLAIRE

La molécule d'eau (H_2O) a la forme d'un triangle isocèle dont les sommets sont occupés par un atome d'oxygène (O) et deux atomes d'hydrogène (H). Ces atomes sont reliés par des **liaisons chimiques ou de covalence**. Ces liaisons sont assurées par la mise en commun des électrons de chacun des atomes. L'oxygène « captant » plus d'électrons (chargés négativement) que l'hydrogène, il se crée un déséquilibre de charges. La molécule d'eau se comporte alors comme un **dipôle électrique** : positif côté H et négatif côté O.

2. LIAISONS HYDROGÈNES

Plusieurs molécules d'eau peuvent se regrouper notamment grâce au caractère polaire de ces molécules. Un atome d'O se lie avec un atome d'H par ce que l'on appelle une **liaison hydrogène ou électrostatique**. Ces liaisons sont **directionnelles** et permettent aux atomes O-H…O d'être alignés. Elles sont souples contrairement aux liaisons de covalence qui, à température ambiante, sont complètement rigides. Quand la température est inférieure à 0 °C, les liaisons hydrogène se rigidifient et l'eau devient glace.

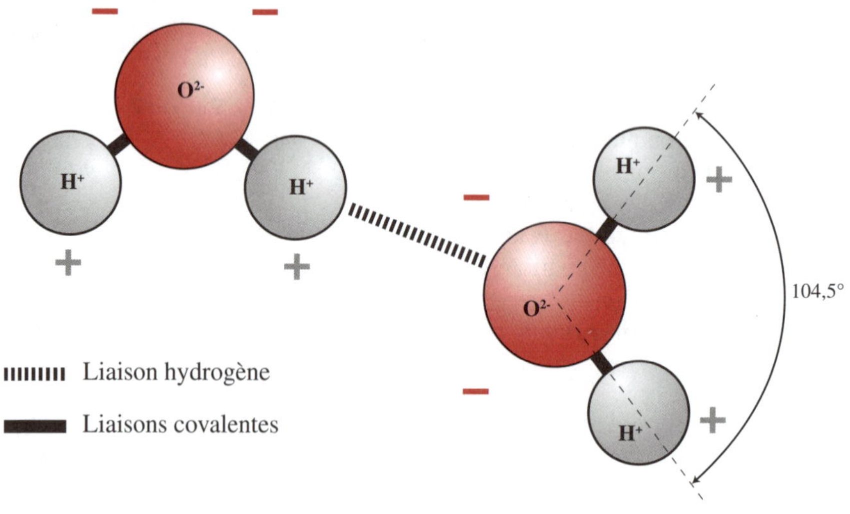

Figure 11.1 – Molécule d'eau et liaison hydrogène.

3. PARTICULARITÉS DE L'EAU

Molécules dipolaires et nombreuses liaisons hydrogène donnent à l'eau un certain nombre de propriétés étonnantes.

- En théorie, et par comparaison avec des composés de structures semblables, l'eau devrait sur Terre geler à – 100 °C et bouillir à – 80 °C (contre 0 °C et 100 °C en réalité).
- Quand la glace fond, les molécules d'eau se « tassent » car les liaisons hydrogène se tordent. Le volume occupé par de l'eau liquide est donc plus faible que celui de la glace. Autrement dit, la densité de l'eau liquide est supérieure à celle de l'eau solide. À la pression atmosphérique, l'eau pure (non salée) présente une densité maximale pour une température de 4 °C et les glaçons flottent dans un verre d'eau.
- Dans l'eau de mer (salinité = 35 ‰), le maximum de densité est atteint à T° = – 1,91 °C. Cette particularité est fondamentale dans le système de circulation des masses d'eau océaniques (Fiche 7), les eaux polaires froides et donc denses plongeant en profondeur.
- L'eau est un excellent solvant dont les molécules polaires se lient aux ions et autres molécules polaires de l'environnement favorisant ainsi leur isolement et empêchant toute nouvelle formation.
- L'eau possède la plus forte chaleur spécifique de tous les corps (excepté NH_3). Ceci veut dire qu'il faut beaucoup d'énergie pour élever sa température du fait de l'existence des liaisons hydrogène. Cette propriété est fondamentale dans la régulation des climats : la journée, les océans emmagasinent de l'énergie pour la restituer la nuit sans pour autant que leur température soit modifiée.

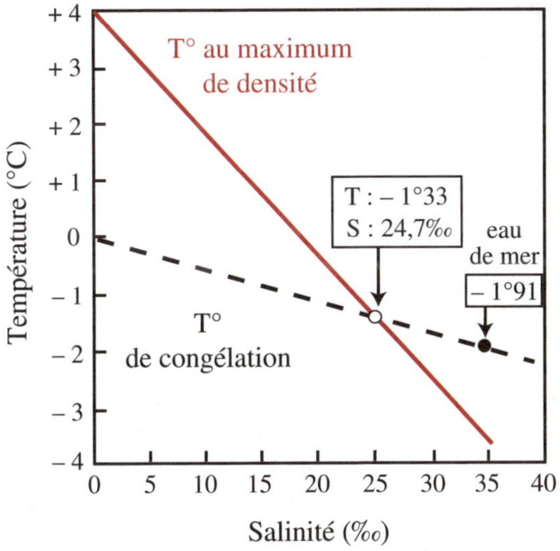

Figure 11.2 – Température de congélation et de densité maximale de l'eau.

12 Le cycle de l'eau

Mots clés

Eau, Évaporation, Précipitation, Recyclage, Réservoirs, Ruissellement, Temps de résidence

La spécificité de notre planète est de maintenir à sa surface de l'eau sous différents états : gazeux, solide et surtout liquide, constituant ainsi la condition essentielle pour l'apparition et le maintien de la vie sur Terre. Le cycle de l'eau (ou cycle hydrologique) est l'un des grands **cycles biogéochimiques** qui interviennent dans le système complexe et particulier que constitue la planète Terre. Ce cycle consiste en un échange d'eau, à travers de grands systèmes naturels de recyclage, entre les différents réservoirs (ou enveloppes) du système Terre : atmosphère, hydrosphère, lithosphère/asthénosphère et biosphère.

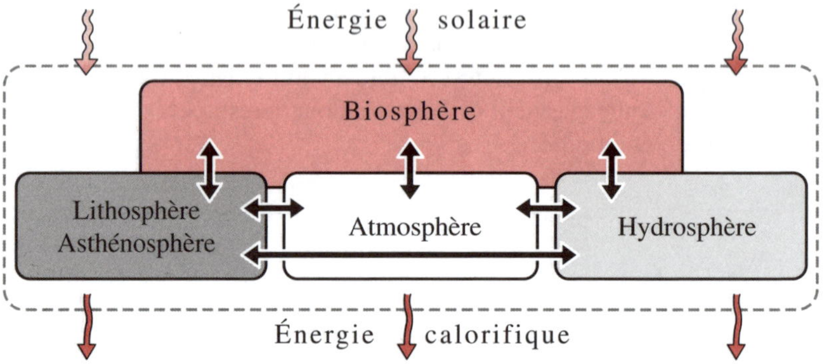

Figure 12.1 – Le système Terre et les interactions entre ses différentes composantes.

1. LE CYCLE DE L'EAU

a) L'eau sur la Terre

La manière dont l'eau de la Terre aurait été libérée sous forme de vapeur d'eau dans son atmosphère divise astronomes et géologues : les premiers estiment que cela s'est produit lors de l'intense bombardement extraterrestre de météorites et de comètes que la planète a dû subir au cours de sa formation, pendant la phase d'accrétion, il y a environ 4,5 milliards d'années, et les seconds, suite au dégazage brutal dû à une intense activité volcanique.

Aussi longtemps que la température terrestre s'est maintenue au-dessus de 100 °C, cette vapeur d'eau fut gardée dans l'atmosphère, créant un effet de serre important. La Terre s'est progressivement refroidie et lorsque la température est descendue sous les 100 °C, la vapeur d'eau atmosphérique s'est condensée et des pluies torrentielles se sont alors abattues durant des millions d'années pour former les océans (à partir de 3,8 milliards d'années) comme en témoignent la formation des premières roches sédimentaires et l'apparition des premiers micro-organismes vivants (bactéries, algues, etc.). Une faible, mais suffisante, quantité de vapeur d'eau est demeurée dans l'atmosphère pour maintenir un certain niveau d'effet de serre (avec le CO_2 provenant des volcans) sans lequel notre planète serait une « boule de glace » (Fiche 6). Cela explique aussi que la lithosphère et l'asthénosphère contiennent un immense volume d'eau.

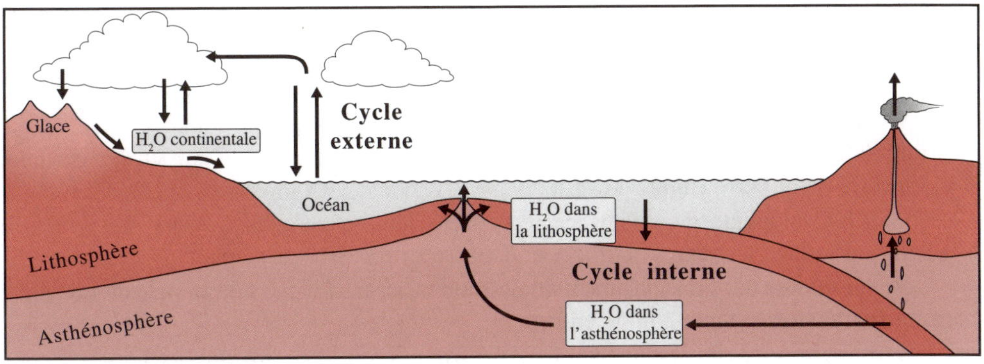

Figure 12.2 – Cycle complet (interne et externe) de l'eau à l'échelle du globe terrestre.

Aujourd'hui, si l'on pouvait éroder tous les reliefs de notre planète, l'eau liquide recouvrirait toute sa surface formant une couche de presque 3 kilomètres d'épaisseur, une situation très différente de celle des autres planètes du système solaire.

b) La répartition des stocks d'eau

L'hydrosphère comprend l'ensemble de l'eau à la surface et dans la partie superficielle de la croûte terrestre : océans, eau souterraine, sols, rivières et lacs, glaciers…

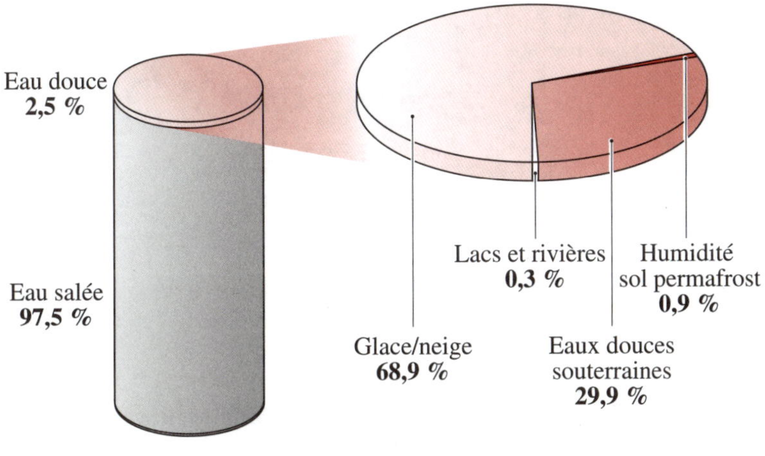

Figure 12.3 – Les stocks d'eau sur la planète Terre (exprimés en pourcentage).

c) Le cycle interne

Le cycle interne est celui qui concerne la circulation de l'eau entre l'océan, la lithosphère et l'asthénosphère (figure 12.2). Un important volume d'eau ($330 \cdot 10^6$ km^3) s'infiltre dans les pores et les fractures de la couverture sédimentaire sur la lithosphère océanique. Un autre volume important d'eau s'infiltre dans les fractures de la lithosphère au niveau des dorsales médio-océaniques. L'eau, qui réapparaît au niveau de l'exutoire que constituent les sources hydrothermales, est un agent efficace de l'altération chimique des basaltes océaniques, modifiant ainsi les propriétés physico-chimiques et la composition de la croûte océanique et contribuant à la composition chimique de l'eau de mer (Fiche 53). La subduction de la lithosphère introduit aussi de l'eau dans l'asthénosphère (Fiche 28) et les minéraux du manteau contiennent une énorme quantité d'eau. Ensemble, lithosphère et asthénosphère contiennent un volume d'eau évalué à $400 \cdot 10^6$ km^3.

d) Le cycle externe

La circulation annuelle de l'eau constitue le plus grand déplacement d'une substance chimique à la surface de la Terre (figure 12.4).

Le bilan hydrologique de la surface terrestre se divise en deux parties intimement liées (atmosphérique et terrestre) où interviennent trois processus principaux.

- L'**évaporation** se fait principalement au-dessus des océans (85 %) où l'énergie du rayonnement solaire transforme l'eau liquide en vapeur.
- Les **précipitations** qui se déversent, sous forme de pluie, au niveau des continents et des océans après redistribution de la vapeur d'eau par les vents et les autres mouvements atmosphériques.
- L'eau douce captée sur les continents, sous forme liquide (rivières et lacs) ou solide (glace) participe au **ruissellement**, superficiel ou souterrain, qui retourne à l'océan.

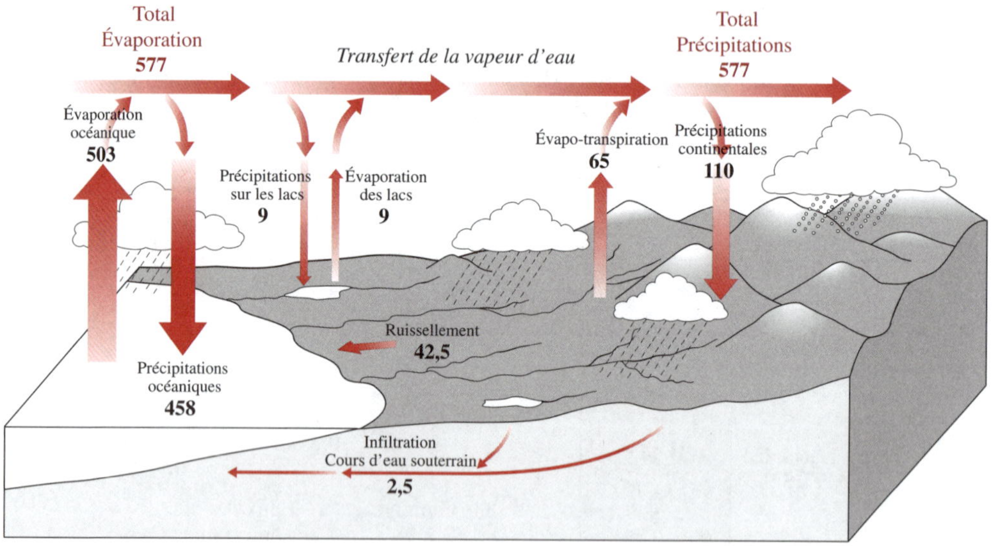

Figure 12.4 – Cycle externe de l'eau et bilan des flux hydriques (exprimés en $10^3 \cdot$ km^3).

- Ces déplacements d'eau agissent comme l'agent régulateur des climats terrestres à travers les processus d'évaporation/précipitation et la circulation océanique qui transfère l'énergie solaire reçue par la Terre de l'équateur jusqu'aux pôles (Fiche 9). Enfin l'eau (liquide et solide) constitue l'agent essentiel de l'altération des roches de la croûte terrestre et contribue au recyclage de nombreux éléments (Fiche 46).

2. CYCLE DE L'EAU, RÉSERVOIRS ET TRANSFERTS

En première approximation, on peut considérer que le cycle de l'eau est stationnaire, c'est-à-dire que toute perte d'eau par l'une ou par l'autre de ses parties atmosphérique ou terrestre, est compensée par un gain d'eau par l'autre partie (figure 12.2). Néanmoins, d'importantes perturbations, dans l'état stationnaire du cycle de l'eau, peuvent être enregistrées, par exemple, lors des périodes de glaciation continentale et ainsi engendrer de profondes variations de la productivité primaire océanique mais aussi par la position et la distribution des aires continentales (Fiche 10).

Les quantités d'eau, qu'il est possible d'estimer, sont celles contenues dans les quatre grands réservoirs du cycle externe : atmosphère, hydrosphère, lithosphère et biosphère. En revanche aucune estimation fiable n'est disponible pour l'eau contenue dans l'asthénosphère.

Au cours du cycle de l'eau, des transferts incessants, plus ou moins rapides, d'importantes masses d'eau se produisent entre les différents réservoirs de surface (figure 12.3). Mais, toute l'eau ne participe pas en permanence au cycle et est fonction du temps de résidence des molécules d'eau dans chaque réservoir considéré.

Réservoirs	Volumes (10^6. km^3)	Temps de résidence
OCÉANS	1350	2 500 à 4 000 ans
EAUX CONTINENTALES	36	
Glaciers	28	1 600 à 9 700 ans
Eaux souterraines	8	1 400 ans
Mers intérieures	0,11	250 ans
Lacs d'eau douce	0,10	1 à 17 ans
Humidité des sols	0,07	1 an
Rivières	0,002	16 jours
ATMOSPHÈRE	0,013	8 jours
BIOSPHÈRE	0,001	Quelques heures à 8 jours
Total	1 422	

3. CONCLUSION

Le cycle biogéochimique de l'eau est le moteur indispensable du transport de nombreux éléments (C, N, P, S et O) à la surface de la Terre et permet, grâce à un recyclage permanent et à l'équilibre, de rendre possible le développement de la vie sur Terre et de contribuer à la régulation du climat terrestre.

13 Le cycle du carbone

Mots clés

Carbone, Carbonates, CO_2, Cycle, Flux, Réservoirs

Parmi tous les éléments présents à la surface de la Terre, le carbone (C) n'est pas le plus abondant, loin derrière l'oxygène et le silicium, mais il correspond à l'un des paramètres essentiel impliqué dans l'apparition et le maintien de la vie sur notre planète. Il est surtout le constituant majeur de deux gaz carbonés à effet de serre (le CO_2 et le CH_4) qui contrôlent le fonctionnement du système climatique terrestre à travers un système de recyclage naturel entre les quatre grands réservoirs de carbone que sont : l'atmosphère, l'hydrosphère (principalement océanique), la lithosphère et la biosphère (Fiche 6). Le cycle du carbone implique des processus géologiques qui agissent en milieu terrestre et océanique où interviennent des réactions biochimiques et chimiques inorganiques.

Il est souvent utile de faire la distinction entre les deux différentes formes de carbone présentes dans la nature :

- le carbone organique (C_{org}), produit par les organismes vivants et qui présente des liaisons avec d'autres carbones ou d'autres éléments comme l'hydrogène (H), l'azote (N) ou le phosphore (P) dans le cas des molécules organiques ;
- le carbone inorganique (C_{inorg}), associé à des composés inorganiques qui ne contiennent pas de liaisons C-C ou C-H et présent sous différents états : gazeux comme dans le cas du CO_2 atmosphérique, solide dans les carbonates $CaCO_3$ ou encore sous forme ionique dissoute (HCO_3^-) dans les océans.

1. LE CYCLE DU CARBONE

a) Le cycle global du carbone

Le cycle naturel du carbone dans le système Terre peut être évalué en analysant la dimension de ses réservoirs (exprimée en Gt_c = gigatonnes de carbone équivalent à 10^{12} kg), les flux d'échange, ainsi que les temps de résidence d'un atome de carbone dans les différents réservoirs impliqués (figure 13.1). Par ordre de taille décroissante, on distingue :

- un immense réservoir (> à $50 \cdot 10^6$ Gt_c) correspondant aux sédiments et aux roches sédimentaires de la lithosphère océanique ;
- un réservoir de taille moyenne (39 000 Gt_c) constitué par les masses d'eaux océaniques superficielles (1 000 Gt_c) et profondes (38 000 Gt_c) ;
- des réservoirs de petite taille (< à 2000 Gt_c) comprenant l'atmosphère et la biosphère continentale et marine à travers le développement des animaux, des plantes et des sols.

	Lithosphère	Hydrosphère	Biosphère	Atmosphère
Temps de résidence = Taille du réservoir /Flux d'échange	> à 1 Ma et jusqu'à 200 Ma	Environ 380 ans dans les eaux superficielles à plus de 100 Ka pour l'océan profond	Entre 5 et 50 ans pour la biosphère continentale et seulement 1 mois à 1 an pour la biosphère marine	3 à 5 ans

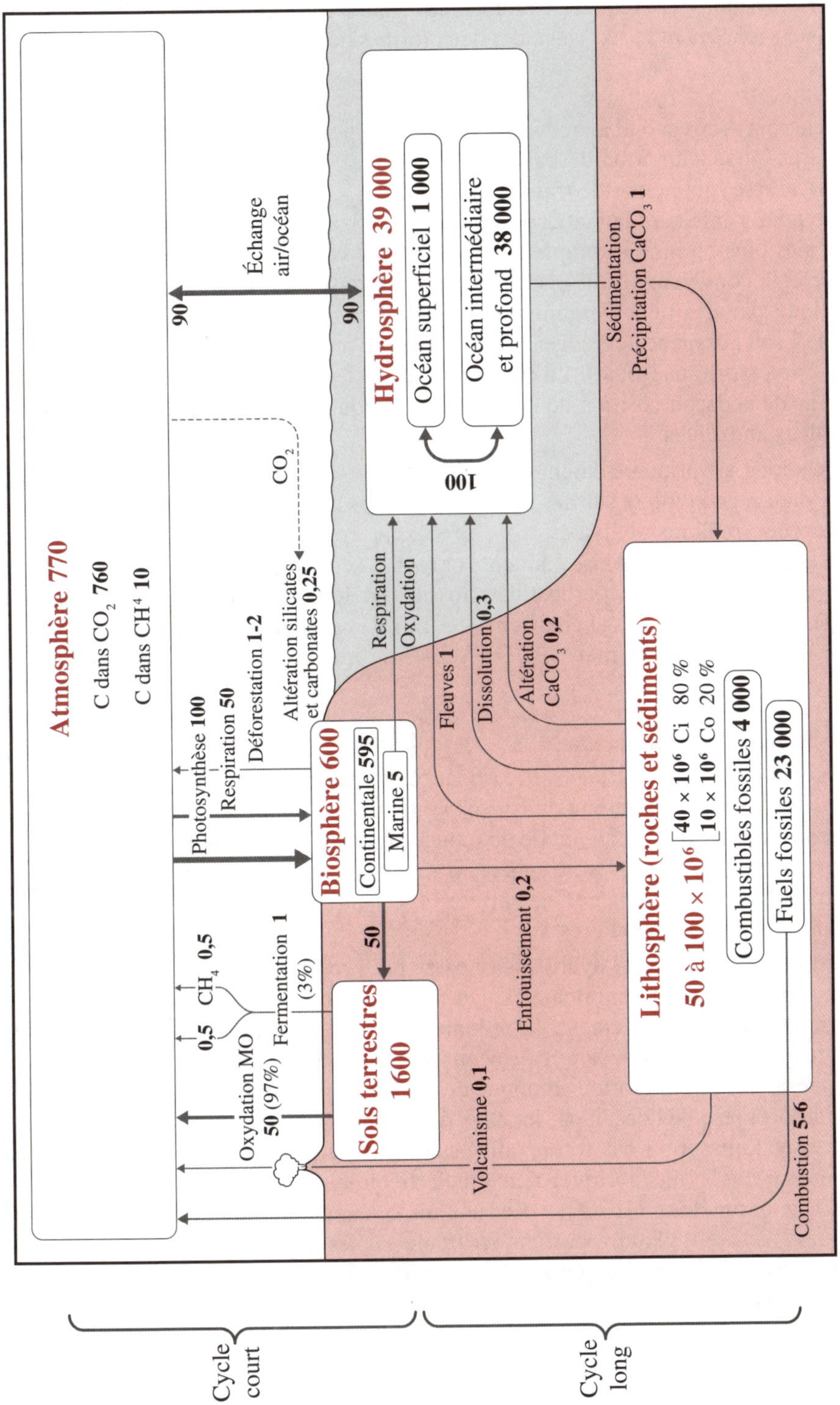

Figure 13.1 – Le cycle global du carbone.
La taille des réservoirs (en rouge) et les flux sont exprimés en gigatonne (10^{12} kg) de carbone (Gt_C).

Le cycle global du carbone est donc un système de recyclage extrêmement complexe où les processus physiques, chimiques et biologiques sont si intimement liés qu'il devient difficile d'examiner séparément le recyclage des deux formes de carbone ($\mathbf{C_{org}}$ et $\mathbf{C_{inorg}}$).

b) Le cycle du carbone organique

- Le cycle court correspond au recyclage du carbone pour des durées inférieures au siècle. Le processus biogéochimique de base de ce recyclage à court terme correspond au couple **photosynthèse** (qui permet la transformation du C_{inorg} du CO_2 en C_{org} en utilisant l'énergie solaire pour synthétiser la matière organique par fixation des atomes de carbone dans des molécules plus ou moins complexes d'hydrate de carbone) – **respiration** (qui permet, à l'inverse, la conversion du C_{org} en C_{inorg} par oxydation ou décomposition de la matière organique par des micro-organismes qui utilisent soit l'oxygène libre O_2 – processus aérobie – soit l'oxygène des molécules de la matière organique même en l'absence d'oxygène libre – processus anaérobie). La **fermentation** est le processus qui produit du CO_2 et du CH_4 lors de la décomposition de la matière organique par des organismes anaérobies dans les milieux anoxiques.
- Le cycle long est principalement caractérisé par le recyclage du carbone par des processus de nature géologique sur des échelles de temps plus longues comprises entre des milliers et des millions d'années. Ces processus correspondent à l'enfouissement des matières organiques dans les sédiments et roches sédimentaires, la transformation de ces matières organiques en combustibles fossiles et leur altération (par oxygénation) en kérogènes, hydrocarbures et charbons. Les flux de carbone reliés à ces processus sont faibles (environ 0,1 Gt/an), mais les réservoirs sont immenses et le temps impliqué est par conséquent très long.

c) Le cycle du carbone inorganique

D'autres processus de recyclage du carbone impliquent le carbone inorganique C_{inorg} et notamment celui qui est contenu dans le CO_2 atmosphérique et dans les roches carbonatées (sous forme de calcaires, $CaCO_3$ et de dolomies, $MgCa(CO_3)_2$. Les grands réservoirs de C_{inorg} sont dans l'ordre croissant : l'atmosphère, le domaine océanique (qui comprend deux sous-réservoirs composés par les eaux de surface et les eaux intermédiaires et profondes) et les sédiments et roches sédimentaires.

La répartition du CO_2 dans l'hydrosphère passe par la compréhension de la chimie du C_{inorg} dans les eaux marines et continentales. Du fait de sa forte solubilité dans l'eau, le CO_2 se transforme presque intégralement (99 %) en ions hydrogénocarbonate (HCO_3^-) puis en ions carbonate (CO_3^{2-}) dans l'océan et provient soit des échanges directs (à l'équilibre) avec l'atmosphère, soit de l'altération chimique des roches continentales par les eaux météoriques et son transport jusqu'à l'océan par les eaux de ruissellement sous forme ionique. Ce cycle se poursuit avec l'utilisation des formes dissociées de CO_2 par les organismes marins qui les combinent au Ca^{2+} pour fabriquer leur squelette ou leur coquille en $CaCO_3$ (aragonite ou calcite). Une partie de ce $CaCO_3$ se dissout dans la colonne d'eau (Fiche 49) et sur les fonds océaniques (Fiche 50) ; l'autre partie s'accumule sur les planchers océaniques pour former, après enfouissement, les **roches sédimentaires carbonatées**. Après plusieurs dizaines de millions d'années, ces carbonates peuvent être ramenés à la surface par des mouvements tectoniques ou être en partie recyclés, au niveau des zones de subduction, et retournés à l'atmosphère sous forme de CO_2 émis par les volcans.

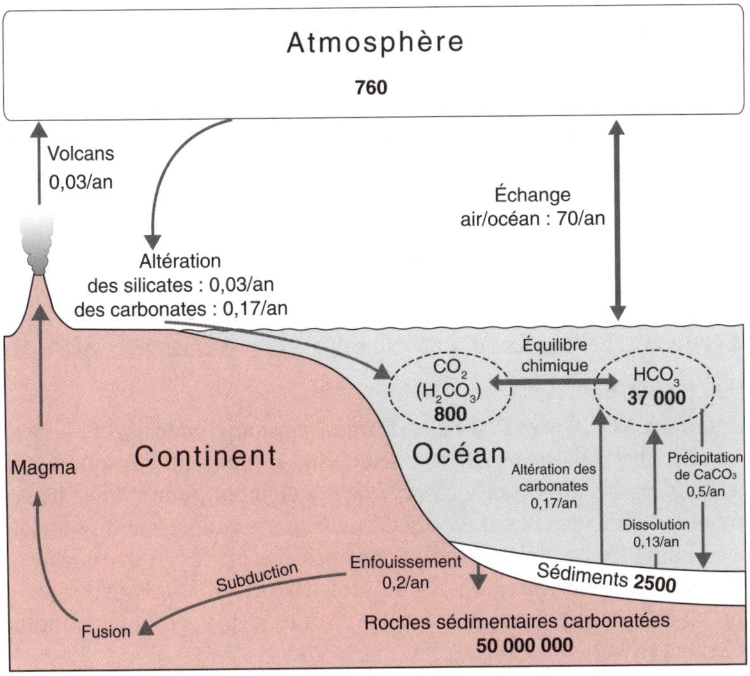

Figure 13.2 – Le cycle du carbone inorganique (C_{inorg}).
Valeurs et flux exprimés en gigatonne (10^{12} kg).

2. CYCLE DU CARBONE : SOURCES, TRANSFERTS ET PUITS DE CO_2

Le puit principal à long terme pour le carbone est l'enfouissement (séquestration) dans les sédiments marins profonds. Le déplacement annuel d'une petite partie (0,1 %) de la productivité primaire est responsable de la présence d'oxygène dans l'atmosphère terrestre. La préservation du carbone organique, fixé par photosynthèse grâce aux processus d'oxydation (respiration), a permis l'accumulation de l'oxygène dans l'atmosphère et dans l'océan au cours des temps géologiques. Le cycle de carbone est complété par le lessivage des sédiments marins mis à l'érosion ou par la combustion des combustibles fossiles.

3. CONCLUSION : IMPORTANCE DU CYCLE DU CARBONE ET DE CES RÉTROACTIONS

Si le cycle du carbone semble équilibré sur des échelles de temps géologiques, il arrive souvent que les quantités et les flux de carbone varient de façon assez conséquente entre les différents réservoirs et ont ainsi des implications climatiques majeures.

14 Le cycle de l'azote

Mots clés

Azote, Bactéries, Dénitrification, Fixation biologique, Nitrification, Photosynthèse

Le cycle de l'azote est l'un des plus complexes des cycles biogéochimiques qui décrit la succession des transformations subies par les différentes formes de l'azote, composé essentiel de nombreux processus biologiques et indispensable à la présence de la vie sur Terre.

1. LE CYCLE DE L'AZOTE

Contrairement au CO_2, l'azote (sous sa forme diatomique de diazote – N_2) est le principal constituant de l'atmosphère terrestre puisqu'elle en contient presque 80 % en volume et représente donc la plus importante réserve de cet élément pour la biosphère. Or cet élément ne peut être utilisé directement par les organismes car ses atomes sont très fortement liés par une liaison triple. Pour être assimilé par les organismes, des processus de transformation de l'azote atmosphérique sont nécessaires où les atomes d'azote se combinent avec d'autres atomes (hydrogène ou oxygène) pour se présenter sous une forme réduite : ammoniaque (NH_4^+) ou oxydée : nitrates (NO_3^-).

Ainsi, le recyclage de l'azote atmosphérique moléculaire se fait en domaine terrestre comme en milieu marin par l'interaction de trois processus majeurs : la **fixation biologique** de l'azote atmosphérique, la **nitrification** qui transforme les produits de la fixation biologique et la **dénitrification**.

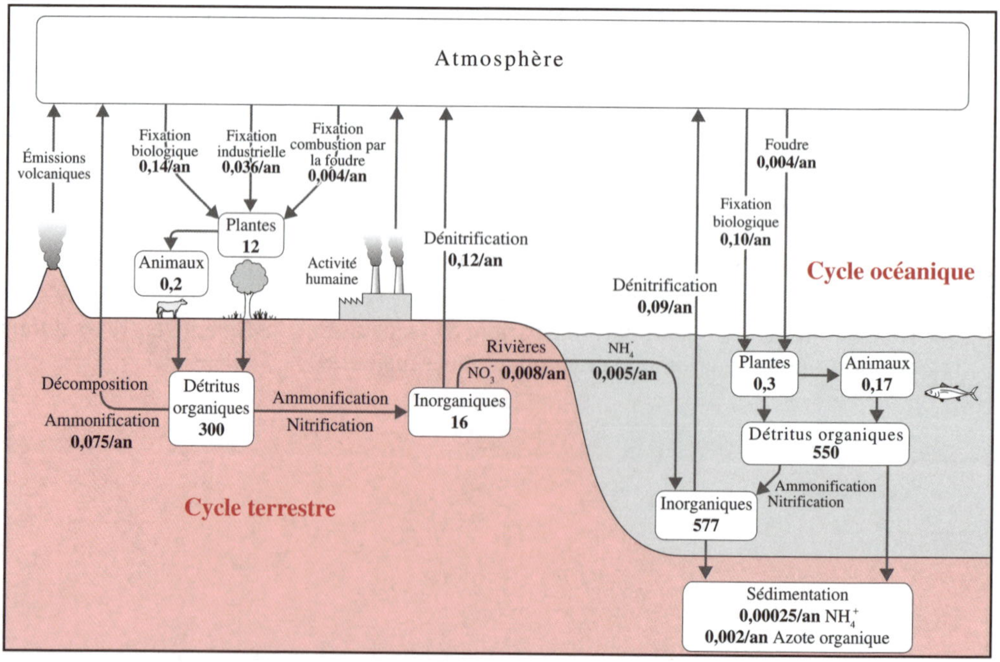

Figure 14.1 – Le cycle de l'azote. Valeurs exprimées en gigatonne.

a) La fixation biologique

La **fixation de l'azote** correspond à la conversion de l'azote atmosphérique (N_2) en azote utilisable par les organismes végétaux ou animaux (NH_4^+, ammonium). Cette fixation est réalisée par certaines bactéries (en particulier des cyanobactéries et d'autres bactéries vivant en symbiose avec des plantes, par exemple, des légumineuses) qui vivent dans les sols ou dans l'eau et qui réussissent à assimiler l'azote diatomique. La réaction chimique type est :

$$2N_2\,(g) + 3\{CH_2O\} + 3H_2O \rightarrow 4\,NH_4^+ + 3\,CO_2$$

La réaction nécessite un apport d'énergie de la **photosynthèse** (cyanobactéries et symbiotes de légumineuses). Cette fixation tend à produire des composés ammoniaqués tels l'ammonium NH_4^+ et son acide conjugué l'ammoniac NH_3 (notamment dans les sols où le pH est élevé). Il s'agit ici d'une réaction de réduction qui se fait par l'intermédiaire de substances organiques.

b) La nitrification

La **nitrification** transforme les produits initiaux de la fixation (NH_4^+, NH_3) le plus souvent en nitrites et nitrates (soit respectivement NO_2^- et NO_3^-) grâce à une réaction d'oxydation qui se fait par catalyse enzymatique reliée à des bactéries dans les sols et dans l'eau. La réaction en chaîne est de type :

$$2NH_4^+ + 3O_2 \rightarrow 2NO_2^-\ (\text{Nitrite}) + 2H_2O + 4H^+ \quad \text{et} \quad 2NO_2^- + O_2 \rightarrow 2NO_3^-\ (\text{Nitrate})$$

c) La dénitrification

La **dénitrification** correspond à un retour vers l'atmosphère de l'azote sous sa forme moléculaire N_2, avec comme produits secondaires du CO_2 et de l'oxyde d'azote N_2O (gaz à effet de serre qui contribuent à détruire la couche d'ozone dans la stratosphère). Ce processus est commandé par une réaction de réduction de NO_3^- par l'intermédiaire des bactéries qui transforment la matière organique selon la réaction suivante :

$$2NO_3^- + 5\{CH_2O\} + 4H^+ \rightarrow 2N_2\,(g) + 5CO_2 + 7H_2O$$

2. CYCLE DE L'AZOTE : TAILLE DES RÉSERVOIRS ET TEMPS DE RÉSIDENCE

Réservoirs	Taille (en gigatonnes = 10^{12}kg)		Temps de résidence
	N_2	N_2O	
ATMOSPHÈRE	3 800 000	1,4	100 ans (N_2O) à 10 Ma (N_2)
OCÉANS	22000	20	1 000 ans (pour N_2)
LITHOSPHÈRE			
Manteau	170 000 000		–
Croûte	10 000 000		–
Sédiments	400 000		>> 1 Ma
Sols	100		2 000 ans
BIOSPHÈRE			
Biomasse continentale	350		50 ans
Biomasse marine	0,5		< 1 an

3. CONCLUSION : IMPORTANCE DU CYCLE DE L'AZOTE

L'activité humaine contribue à l'augmentation de la dénitrification, entre autres, par l'utilisation des engrais qui ajoutent aux sols des composés ammoniaqués (NH_4^+, NH_3) et des nitrates (NO_3^-). L'utilisation des combustibles fossiles dans les moteurs ou les centrales thermiques transforme l'azote en oxyde NO_2^-. Avec N_2 et CO_2, la dénitrification émet dans l'atmosphère une faible quantité de N_2O. La concentration de ce gaz est faible (300 ppb), mais une molécule de N_2O est 200 fois plus efficace qu'une molécule de CO_2 pour créer un effet de serre (Fiche 6). L'azote est un constituant essentiel des enzymes qui règlent le cycle du carbone.

15 La structure interne de la Terre

Mots clés

Discontinuités, Enveloppes, Ondes sismiques, Pression, Température

Le globe terrestre correspond à un **ellipsoïde** de révolution dont le rayon moyen est proche de **6 370 km** et dont le plan équatorial est quasiment un cercle. La différence entre le rayon polaire et le rayon équatorial est d'environ 20 km, ce qui traduit un aplatissement suivant la ligne des pôles de 1/300. Il est composé, en première approximation, d'une succession d'enveloppes sphériques dont les limites correspondent à des changements de propriétés physico-chimiques.

1. LES DONNÉES DE LA SISMIQUE

Les ondes sismiques sont de trois types : les ondes P de pression, les ondes S de cisaillement et les ondes L de surface. L'analyse du trajet des ondes sismiques P et S, à l'intérieur du globe, a permis de mettre en évidence la structure en enveloppes de la Terre. Si le globe terrestre était isotrope (propriétés physiques identiques en tout point), toutes les ondes suivraient le même chemin et à vitesse constante. En enregistrant l'arrivée des ondes à différents points du globe (en surface), on s'aperçoit que les temps d'arrivée des ondes P diffèrent : vitesses plus lentes et trajets différents.

a) Les discontinuités de la Terre

La Terre est donc **anisotrope** et les différences de parcours traduisent le phénomène de réfraction sur des **discontinuités** (lorsqu'une onde passe d'un milieu 1 à un milieu 2). On caractérise ainsi la **discontinuité de Lehman** (5 150 km) entre le noyau interne (ou graine) et le noyau externe, la **discontinuité de Gutenberg** (2 900 km) entre le noyau et le manteau, et la **discontinuité de Mohorovicic** (ou Moho) entre le manteau supérieur et la croûte. La profondeur du Moho est variable et fonction de la nature de la croûte sus-jacente : 10 km sous un océan à 50 km sous une chaîne de montagne (Fiche 28).

b) La *Low Velocity Zone* (LVZ)

L'étude de la propagation des ondes sismiques permet également de mettre en évidence une zone dite de faible vitesse de propagation (**LVZ** pour *Low Velocity Zone*) entre 125 et 235 km de profondeur. Cette zone correspond à une partie du manteau (l'**asthénosphère**[1]), dont une petite partie (~ 1 %), est en fusion et qui sépare deux enveloppes plus rigides : la **lithosphère** (croûte et manteau supérieur) et la **mésosphère** (manteau « profond »).

2. LA STRUCTURE THERMIQUE ET MINÉRALOGIQUE DE LA TERRE

Le gradient géothermique « classique » de 2 à 3 °C/100 m de profondeur n'est valable que dans la croûte. Au-delà, la chaleur (toujours croissante avec la profondeur) est essentiellement due à la chaleur résiduelle emmagasinée lors de la formation de la Terre (Fiche 1 et 6). Dans le manteau, au voisinage de la discontinuité de Gutenberg, une zone d'une centaine de km d'épaisseur se caractérise par un fort gradient thermique : c'est la **couche D''**.

1. Pour certains auteurs, l'asthénosphère correspond à la LVZ et à la zone de transition, soit l'équivalent du manteau supérieur.

a) Nature minéralogique de la croûte

L'enveloppe solide la plus superficielle ou **croûte** (connue à partir de données directes telles que les affleurements, les sondages ou le volcanisme) est composée de granite (croûte continentale) ou de basalte (croûte océanique). Au-delà, seules les données de la sismique expérimentale permettent d'estimer par comparaison les compositions minéralogiques des enveloppes.

b) Nature minéralogique du manteau

Le sommet du manteau (et jusqu'à 400 km de profondeur) serait de nature péridotitique de type **olivine**. Entre 400 et 2 900 km, la pression augmentant, les minéraux vont prendre une structure cristalline de plus en plus dense (sans modification de la composition chimique) sous forme d'abord de **spinelle** (jusqu'à 650-700 km, limite manteau inférieur/supérieur) puis de **pérovskite** à la base du manteau. L'intervalle 400 km – limite manteau inférieur/supérieur correspond au premier gradient positif des vitesses des ondes sismiques : c'est la **zone de transition**.

c) Nature minéralogique du noyau

En accord avec la relation vitesse sismique/densité et la nature minéralogique de certaines météorites (les sidérites), le noyau doit être constitué essentiellement de **fer** et de **nickel** dans sa partie externe liquide. Le passage au noyau interne s'accompagne de la cristallisation du fer et du nickel expulsant les éléments légers vers le noyau externe.

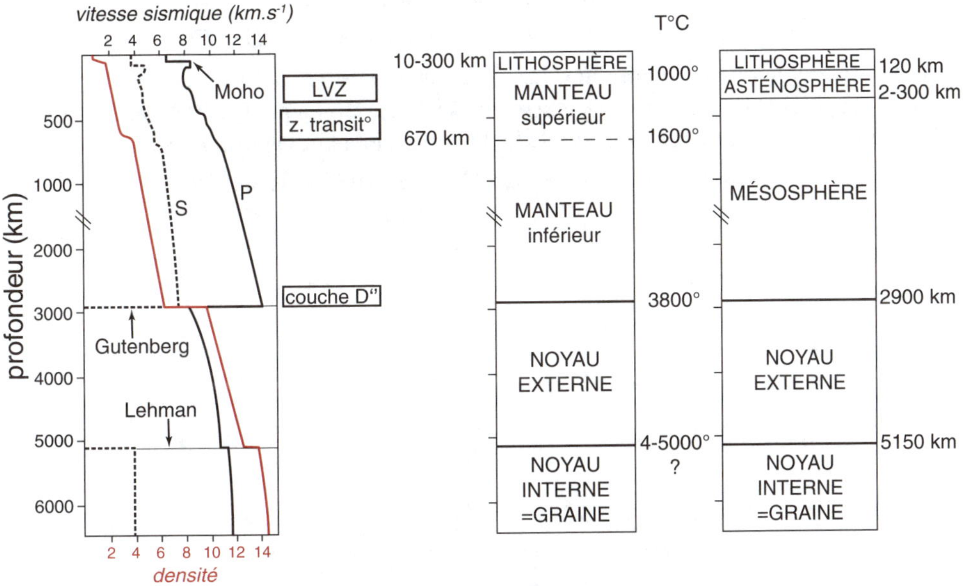

Figure 15.1 – La structure interne de la Terre.

3. CONCLUSION

La caractérisation des différentes enveloppes de la terre se fait par la combinaison de données traduisant des variations de propriétés physiques et chimiques de la matière. Il est important de remarquer que des variations continues de certains paramètres (pression et température) peuvent correspondre à des variations discontinues de l'état de la matière (solide ou liquide). De plus, les discontinuités sismiques n'ont pas toujours la même signification (Moho = changement de la composition chimique ; LVZ = fusion partielle du matériel ; Lehman = passage d'un noyau solide à un noyau liquide).

16 Le géoïde

Mots clés

Anomalies gravimétriques, Équipotentielle, Pesanteur, Surface de référence

Le géoïde est une représentation de la surface de la Terre déterminée à partir des variations d'une grandeur physique : la **pesanteur** (classiquement notée ***g***). Cette **surface** sert de **référence** et ne correspond pas à la surface réelle de la Terre.

1. L'ELLIPSOÏDE DE RÉFÉRENCE

La Terre n'étant ni homogène (Fiche 15), ni immobile (Fiche 1), sa surface ne peut se réduire à une enveloppe sphérique parfaite. En première approximation, la forme du globe est un ellipsoïde de révolution aplati aux pôles. En faisant abstraction des irrégularités de surface du globe, on peut déduire une surface « simplifiée » et théorique de la planète : l'**ellipsoïde de référence**. D'une manière simple, on peut définir cet ellipsoïde par son demi grand axe ***a*** (ou le rayon équatorial = 6 378 136 m) et son **aplatissement *f***. Celui-ci s'exprime par :

$$f = (a - b) / a \quad \text{où } b \text{ est le rayon polaire } (f = 1/298{,}257).$$

De plus, le rayon polaire étant inférieur au rayon équatorial, la force de gravitation est supérieure aux pôles et la vitesse axifuge maximale à l'équateur. La pesanteur varie donc en fonction de la latitude (α) et une relation simple lie l'aplatissement et la pesanteur :

$$g = 978{,}0318\,(1 + 0{,}0053024 \sin^2 \alpha - 0{,}0000058 \sin^2 2\alpha)$$

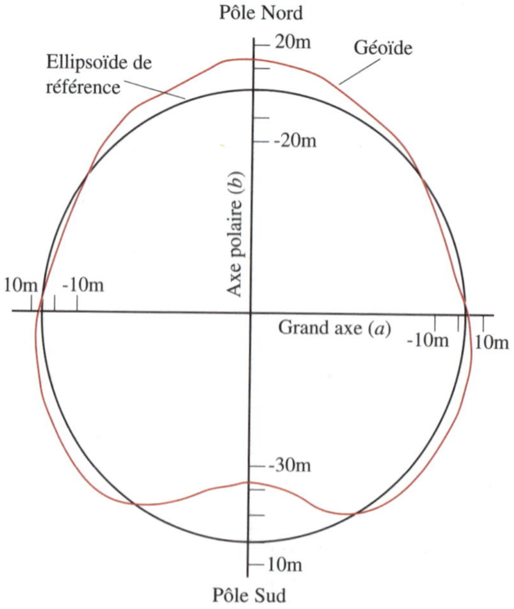

Figure 16.1 – Comparaison du géoïde (en rouge) et de l'ellipsoïde de référence (en noir) en coupe méridienne.

2. LE GÉOÏDE

Il s'agit d'une surface fictive déduite de l'étude de la pesanteur en chaque point du globe terrestre. On définit la verticale en ces points par la direction locale de la pesanteur (grâce par exemple à un fil à plomb). Ces verticales ne sont pas toutes parallèles du fait de l'existence des reliefs qui « attirent » (ou dévient) la composante verticale de la pesanteur. Pour chacune de ces verticales, il est possible de définir une direction perpendiculaire : l'horizontale. De proche en proche, on peut donc suivre une ligne composée d'horizontales successives : c'est la **surface équipotentielle de pesanteur**. Il existe par définition une infinité de surfaces de ce type en fonction de la distance au centre de la Terre. Le **géoïde correspond, à un instant donné, à la surface équipotentielle de pesanteur la plus proche de la surface moyenne des océans**. Il s'agit en fait de la forme gravimétrique de la Terre.

Le globe étant hétérogène, la surface du géoïde ne correspond pas forcément à celle de l'ellipsoïde de référence. Les différences, positives ou négatives, entre ces deux surfaces peuvent se représenter sur une carte et sont appelées **ondulations du géoïde**. Elles reflètent les différences de masse à l'intérieur du globe. Plus ces différences sont localisées profondément, plus la longueur d'onde de l'ondulation est grande.

Longueur d'onde de l'ondulation	Amplitude	Cause
10 000 km	Pluri décamétrique	Les convections actives dans le manteau inférieur.
Environ 1 000 km	Pluri métrique	La convection du manteau supérieur (100 à 200 km de profondeur) permettant les déplacements lithosphériques.
De l'ordre du kilomètre	Métrique	Le relief des fonds sous-marins. Relief positif (ex : ride) = bombement du géoïde.

3. LES MÉTHODES DE DÉTERMINATION DU GÉOÏDE

Les méthodes satellitaires couplées aux réseaux de balises terrestres sont classiquement utilisées pour déterminer le géoïde. On utilise par exemple la modification des orbites des satellites. Les forces agissantes sur un satellite, comme le champ de gravité, déforment la trajectoire suivie autour de la Terre. L'altimétrie spatiale (Fiche 70) permet également de définir le géoïde marin en comparant l'altitude du satellite (définie par rapport à l'ellipsoïde de référence) à celle du niveau moyen des océans.

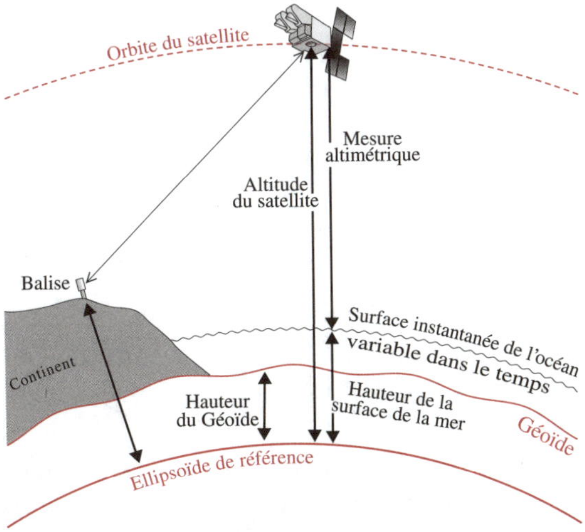

Figure 16.2 – Géoïde, ellipsoïde de référence et mesure satellitaire.

17 Les anomalies gravimétriques

Mots clés

Altitude, Correction et anomalie de Bouguer, Géoïde, Pesanteur

En surface, les mesures de la pesanteur sont difficilement exploitables puisque fortement dépendantes de l'endroit de mesure (altitude, topographie…). Il est par contre possible de calculer la pesanteur au niveau du géoïde ou, plus facilement encore, au niveau de l'ellipsoïde de référence (**g théorique** notée g_{Th}). La notion d'**anomalie gravimétrique** consiste en fait à **comparer** la valeur théorique (à laquelle on applique des corrections) à la valeur mesurée (notée g_M) à la surface de la Terre.

1. PESANTEUR MESURÉE ET PESANTEUR THÉORIQUE

En tout point de la surface du globe, la pesanteur peut être **mesurée** (g_M) à l'aide d'appareils : les gravimètres. Il s'agit d'appareil de type pendule basé sur le principe du peson à ressort. La valeur moyenne de g_M à la surface du globe est de 981 gals.

La valeur de la pesanteur théorique (g_{Th}) peut être **calculée** au niveau de l'ellipsoïde de référence à la latitude α par la formule (Fiche 16) :

$$g_{Th} = 978{,}0318\ (1 + 0{,}0053024 \sin^2\alpha - 0{,}0000058 \sin^2 2\alpha) \text{ en Gals}$$

2. LES CORRECTIONS DE BOUGUER

Afin d'estimer une anomalie gravimétrique, il faut apporter un certain nombre de corrections (notées δg) à la pesanteur théorique.

a) La correction d'altitude dite à « l'air libre »

Elle permet d'estimer la variation verticale de pesanteur entre le point de mesure en surface et l'ellipsoïde de référence en supposant la Terre sphérique.

$$\delta g \text{ (altitude)} = 2\ (K \cdot M/r^2) \cdot (h/r)$$

où K = constante de gravitation universelle, M = masse de la Terre, r = rayon terrestre moyen et h = variation de hauteur entre la surface et l'ellipsoïde.

Souvent faibles, ces corrections sont de l'ordre de 50 mGals, positives ou négatives.

b) La correction de plateau

Cette correction tient compte de la densité des matériaux rencontrés entre l'ellipsoïde de référence et le point de mesure en surface (négligée dans la correction d'altitude). La surface terrestre est par contre considérée comme horizontale, les vides étant « remplis » par un matériau homogène de densité ρ.

$$\delta g \text{ (plateau)} = 2\ p\ k\ \rho\ h$$

Pour une densité ρ = 2,67 (classiquement utilisée), la correction entraîne une augmentation de +11,18 mGals pour une élévation de 100 m.

c) La correction de topographie

Elle corrige les irrégularités de topographie de la surface (montagnes ou vallée) qui jouent sur la pesanteur par rapport au plateau. Elle est estimée grâce à des abaques et est d'autant plus forte que les reliefs locaux sont contrastés. Elle est notée **δg (topo)**.

La correction de Bouguer s'écrit donc :

$$\delta g\ \textbf{(Bouguer)} = \delta g\ \textbf{(altitude)} + \delta g\ \textbf{(plateau)} + \delta g\ \textbf{(topo)}$$

3. LES ANOMALIES GRAVIMÉTRIQUES

Elles correspondent donc à la différence entre les mesures de la pesanteur et les valeurs calculées auxquelles sont appliquées les corrections de Bouguer. En un point donné, une anomalie de gravité (Δ) ou **anomalie de Bouguer** s'écrit donc :

$$\Delta\ \textbf{(Bouguer)} = g_M - g_{Th} - \delta g\ \textbf{(Bouguer)}$$

En simplifiant, les anomalies de Bouguer sont :

- Faibles au niveau des plaines ;
- Positives au niveau des océans ;
- Négatives au niveau des chaînes de montagnes.

L'existence d'anomalies non nulles (Δ(Bouguer) ≠ 0) laisse supposer que les corrections sont inutiles. En effet, tout se passe comme si g_M était en fait déjà « corrigée » ou plutôt comme si, en profondeur, un excès (ou un déficit) de matériaux compensait la présence en surface d'un relief (ou d'une dépression).

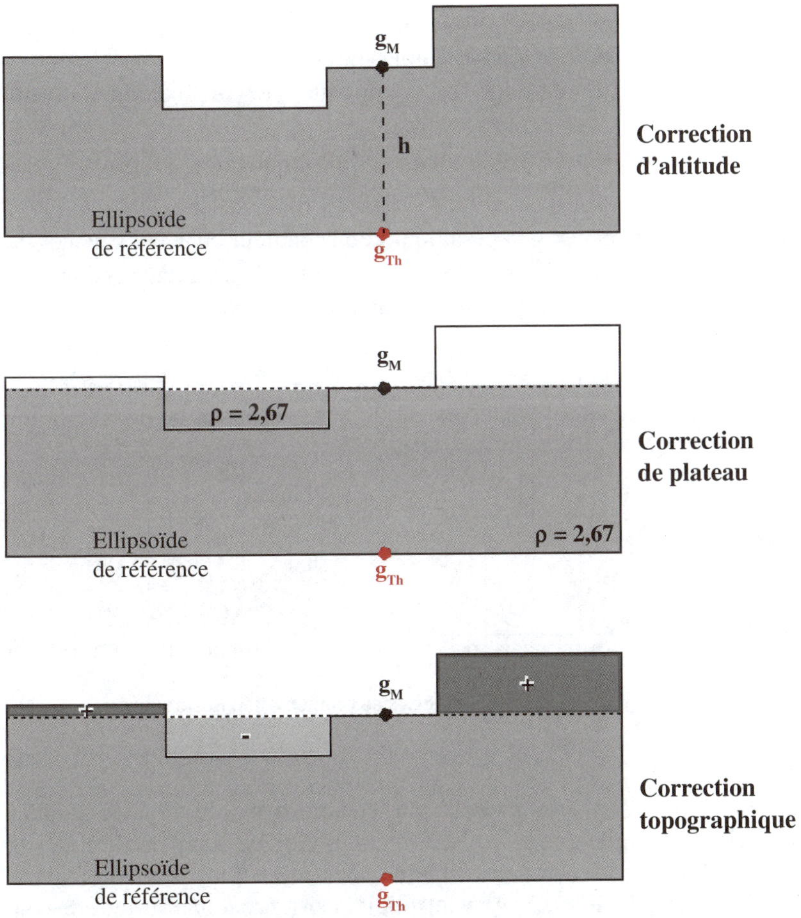

Figure 17.1 – Corrections gravimétriques.

18 L'isostasie

Mots clés

Anomalies gravimétriques, Compensation, Croûte, Densité, Lithosphère

Le caractère « inutile » des corrections gravimétriques (Fiche 17) implique qu'elles sont, d'une manière ou d'une autre, déjà effectuées naturellement. Tout se passe en effet comme si les roches étaient moins denses sous une montagne (pour compenser l'excès de matériel dû au relief) et plus denses sous un océan (pour compenser la dépression) : c'est la notion de **compensation** à l'échelle de la **croûte** ou **théorie de l'isostasie**.

1. LE MODÈLE DE PRATT

Dès 1854, Pratt propose un modèle de compensation dans lequel :

- il définit un niveau en profondeur où la pression lithostatique est identique en tout point appelé plus tard **surface de compensation** ;
- il suppose qu'au-dessus de ce niveau, la partie superficielle de la lithosphère peut être découpée en « colonnes » de **masses équivalentes** ;
- la présence de reliefs ou de dépressions implique que ces « colonnes » aient des **volumes différents**.

On rappelle que la pression lithostatique s'exprime en un point donné de la croûte par :

$$P = \rho \cdot g \cdot h$$

où ρ est la densité des roches, **g** la pesanteur et **h** la hauteur de la colonne considérée.

Si les colonnes ont la même masse mais des volumes différents, la pression sera constante en profondeur si la **densité de chacune des colonnes est différente**.

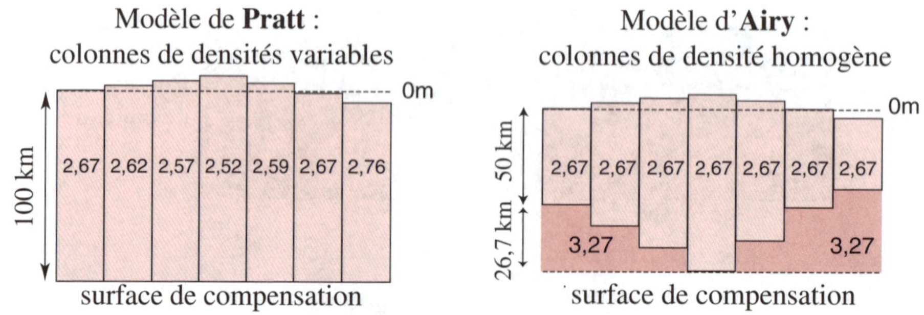

Figure 18.1 – Les modèles de compensation isostatique.

2. LE MODÈLE D'AIRY

En 1855, Airy propose un autre modèle, plus en accord avec les données géologiques (altération du relief par exemple), pour expliquer cette notion de compensation. Il suggère, à partir du principe d'Archimède, que l'ensemble de la croûte « flotte » sur du matériel plus dense. Comme dans le modèle de Pratt, Airy introduit l'existence d'une surface de compensation en profondeur, à partir de laquelle, les effets du relief ne se font plus sentir. Dans ce modèle :

- la croûte est légère et possède une **densité homogène** (d = 2,67) ;
- la croûte flotte sur du matériel plus dense (d = 3,27) : le manteau lithosphérique.

L'équilibre isostatique est obtenu par la **superposition d'épaisseurs variables** de **croûte** (peu dense) et de **manteau supérieur** (plus dense). Il se traduit par la présence de racine de matériel peu dense sous les chaînes de montagne ou de remontée de matériel dense sous les océans par exemple.

3. LES ANOMALIES ET RÉAJUSTEMENTS ISOSTATIQUES

L'**anomalie isostatique** correspond à la différence entre la valeur de pesanteur mesurée ($\mathbf{g_M}$) et la valeur théorique ($\mathbf{g_{Th}}$) corrigée de la compensation de l'effet isostatique. Elles sont souvent très faibles ce qui traduit l'**équilibre isostatique**.

Lorsque l'anomalie isostatique n'est pas négligeable, c'est que l'équilibre n'est pas atteint. Elle sera **positive** dans le cas d'un excès de matière de **forte densité** en profondeur et **négative** dans le cas d'un excès de matière de **faible densité**. Dans ces cas, les régions concernées sont animées de mouvements verticaux afin de retrouver l'équilibre isostatique : c'est la notion de **réajustement isostatique**.

Anomalie	Mouvement vertical	Exemple
Positive	Affaissement	**Antarctique** sous le poids de l'inlandsis. Profondeur du plateau continental actuellement à – 500 m contre – 200 m classiquement observée en bordure continentale.
Négative	Soulèvement	**Scandinavie** (+ 9 mm/an). Au cours de la dernière glaciation, elle était recouverte par une calotte de glace dont le poids provoquait son enfoncement (comme l'Antarctique). Depuis, le retrait de la calotte, la Scandinavie remonte pour retrouver son équilibre isostatique.

4. CONCLUSION

Il est important de garder à l'esprit que tous les mouvements verticaux observables à la surface du globe ne sont pas dus à l'isostasie. D'autres phénomènes géologiques peuvent engendrer de tels mouvements : la **subsidence** tectonique ou thermique et la collision au cours des mouvements en convergence (Fiche 34).

19 Les minéraux : généralités

Mots clés

Chimie, Maille élémentaire, Réseaux et systèmes cristallins, Symétrie

Les minéraux, constituants élémentaires des roches, sont définis à la fois par une composition chimique et une structure (ou géométrie) donnée. Les atomes qui les composent sont donc arrangés dans un ordre bien défini afin de former un solide homogène limité par des plans orientés.

1. LA NOTION DE MAILLE

C'est l'unité de base d'un cristal ou plus petit parallélépipède de matière cristallisée conservant toutes les propriétés (géométriques, physiques, chimiques) du cristal. Le contenu atomique de la maille est appelé **motif** et ses sommets, les **nœuds**. Sa géométrie est définie par trois vecteurs **a**, **b** et **c** issus d'un même nœud, de direction Ox-Oy-Oz, et par trois angles α, β et γ. On définit également la **rangée** comme toute droite passant par deux nœuds quelconques. Les **plans réticulaires** correspondent quant à eux à des surfaces limitées par trois nœuds situés sur plus d'une rangée. Un cristal contient donc une infinité de ces plans. Ils sont identifiés en utilisant les indices de Miller ***h, k, l*** (entiers positifs, négatifs ou nuls, premiers entre eux). Lorsqu'un plan est parallèle à un axe, l'indice correspondant sera nul. Tous les plans parallèles et équidistants forment une **famille de plans** réticulaires et l'équidistance est appelée **distance inter réticulaire** (notée d_{hkl}).

2. SYMÉTRIE ET SYSTÈMES CRISTALLINS

Les cristaux sont donc des **polyèdres** qui peuvent être caractérisés par différents niveaux (ou classes) de **symétrie**. On définit par symétrie la présence dans un objet en 3D d'**axes** (notés A), de **centres** (notés C) ou de **plans** (notés M) de symétrie. Ces éléments de symétrie (ou opérateurs) peuvent exister seuls ou être combinés afin de déterminer la symétrie d'un objet. De ce fait, on définit **trente deux classes** de symétrie (ou « combinaisons ») regroupées en **sept systèmes cristallins** :

Systèmes cristallins	Exemple
Cubique	Halite ($NaCl$)
Quadratique	Zircon ($ZrSiO_4$)
Hexagonal	Quartz (SiO_2)
Rhomboédrique	Calcite ($CaCO_3$)
Orthorhombique	Olivines ($(Mg,Fe)_2SiO_4$)
Monoclinique	Gypse ($CaSO_4$, $2H_2O$)
Triclinique	Albite ($NaAlSi_3O_8$)

3. AUTRES CARACTÉRISTIQUES

Au-delà des systèmes cristallins dans lesquels s'expriment les minéraux, d'autres particularités permettent de distinguer les cristaux (Fiche 21).

- Les **macles** sont des associations de deux ou plusieurs cristaux de même espèce orientés suivant des lois cristallographiques rigoureuses. On distingue les **macles simples** lorsque deux individus cristallins composent le groupe (ex : orthose, gypse) et les **macles multiples** si l'ensemble comporte plus de deux individus (ex : aragonite, albite).

- Les **plans de clivages** sont des plans parallèles aux plans réticulaires et correspondent à des zones de faiblesse (fractures) du minéral (ex : plan (001) des micas sodi-potassiques).
- La **densité**, qui dépend de la composition chimique et de la structure, est en moyenne comprise entre 2 et 3,5 mais l'échelle de tous les minéraux s'étend de 1 à 22.
- La **dureté** d'un minéral mesure en réalité la résistance à la rayure et s'exprime par l'échelle non linéaire de Mohs, graduée de 1 (talc, peu résistant) à 10 (diamant, très résistant).

Les minéraux peuvent également présenter un **éclat métallique** au fort pouvoir réflecteur par opposition à l'**éclat pierreux**. La **couleur**, bien que potentiellement spectaculaire, n'est pas un critère de reconnaissance fiable. Elle dépend de la composition chimique et de la structure mais aussi de la présence d'impuretés ou d'inclusions (Fiche 20).

D'autres critères propres aux minéraux peuvent servir à leur identification mais ils nécessitent l'utilisation de matériel de laboratoire pour être mis en évidence : la luminescence (photo-, thermo-, ou cathodoluminescence), les propriétés optiques, la piézoélectricité, le magnétisme...

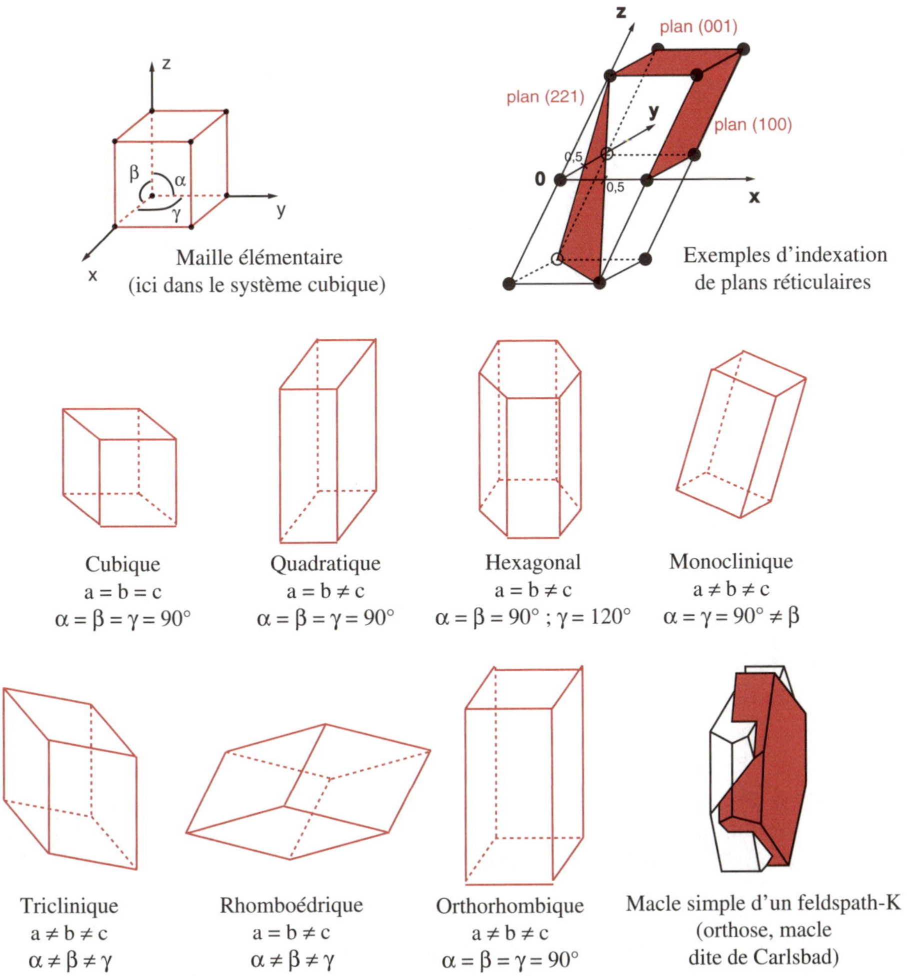

Figure 19.1 – La maille, les plans réticulaires, les systèmes cristallins et la macle simple.

20 Les critères de reconnaissance des minéraux

Mots clés

Cathodoluminescence, Clivages, Densité, Diffraction X, Dureté, Éclat, Échelle de Mohs, Microscope, Microsonde

La première étape de la reconnaissance des minéraux se fait sur le terrain, à l'œil nu ou à la loupe, et fait appel à des critères simples. Elle sera confortée et complétée ultérieurement en laboratoire, par des techniques plus coûteuses et souvent destructives.

1. LES TECHNIQUES « DE TERRAIN »

a) Dureté

Les minéraux se classent en fonction d'une échelle de dureté, ou **échelle de Mohs**, allant de 1 (le talc) à 10 (diamant). Sur le terrain, on utilisera une plaque de verre (le quartz raye le verre) ou bien le marteau (en acier) et la dureté de l'ongle (le gypse se raye à l'ongle). Il ne faut pas confondre la dureté et la résistance au choc : le diamant (dureté 10) est très fragile au choc.

1	2	3	4	5	6	7	8	9	10
TALC	GYPSE	CALCITE	FLUORINE	APATITE	ORTHOSE	QUARTZ	TOPAZE	CORINDON	DIAMANT
	ONGLE 2.2				VERRE	ACIER			

b) Densité

Chaque minéral a une densité qui lui est propre. L'or, très dense (19,3), est séparé des autres minéraux en « lavant » les roches (séparation gravitaire). On peut donc séparer les minéraux par un système de liqueurs denses comme le bromoforme où les minéraux flottent plus ou moins selon leur densité. Ces séparations se font en laboratoire, en raison de la toxicité élevée des liqueurs utilisées.

c) Couleur, trait et fluorescence

Certains minéraux présentent des couleurs caractéristiques et vives (carbonates de cuivre vert ou bleu, rhodochrosite rose), mais il faut être prudent car la coloration provient souvent d'impuretés (Fiche 69) et change avec l'altération. Ainsi la barytine $BaSO_4$ est un minéral blanc qui peut prendre des teintes bleutées, jaunes ou roses selon la teneur en Sr ou en Fe. La couleur du trait (poudre) sur une plaque de porcelaine est utilisée pour identifier la pyrite (trait noir) ou l'hématite (trait rouge). Le phénomène de fluorescence naturelle ou provoquée (réemission d'un rayonnement par les atomes excités) est caractéristique des minéraux radioactifs et de certains minéraux comme la fluorine (CaF_2) ou encore la scheelite ($CaWO_4$). Cette propriété est utilisée pour la prospection de surface.

d) Réactifs de terrain

Des tests très simples permettent de dégrossir la reconnaissance d'un minéral : l'effervescence à l'acide dilué à froid est caractéristique de la calcite, alors que la dolomie [$CaMg(CO_3)_2$] ne réagit pas. L'alizarine est un colorant des dolomies.

e) Propriétés organoleptiques

Il est préférable de ne pas chercher à goûter des minéraux inconnus, certains arséniates ou certains minerais de plomb pouvant être très toxiques. Néanmoins, les propriétés organoleptiques jouent un rôle important dans la reconnaissance : l'arsenic a une odeur aillée à la cassure alors que les roches siliceuses ont une odeur de pierre à fusil, les argiles happent la langue et les chlorures (NaCl, KCl) ont un goût salé ou amer très prononcé.

f) Autres critères de reconnaissance

Le géologue peut utiliser de nombreuses autres caractéristiques, comme l'allure de la cassure (simple, franche, conchoïdale, esquilleuse) qui révèle les clivages du minéral, l'éclat (métallique, gras, résineux, adamantin ou soyeux), la biréfringence (calcite) ou encore la couleur de la flamme.

2. TECHNIQUES DE LABORATOIRE

Le minéral est soumis à des traitements souvent destructifs pour être analysé et identifié : microscopies en transmission ou réflexion (Fiche 21), analyses chimiques ou par diffraction X, microsonde ionique ou microscopie électronique.

	Appareillage	Traitement du minéral/roche	Résultat attendu
Microscope	Polarisant	Lame mince	Identification (teintes de polarisation, clivages, extinction)
	Métallographique	Lame polie	Identification (réflectance, polarisation, macles)
	Cathodoluminescence	Lame mince polie	Couleurs de cathodoluminescence
	Électronique	Échantillon ou esquille métallisée	Morphologie, altération, zonation
Microsonde ionique		Lame polie	Composition chimique
Diffraction X		Poudre	Phases minéralogiques
Spectrométrie	Torche à plasma	Poudre	Composition chimique

21 Le microscope polarisant

Mots clés
Anisotropie, Biréfringence, Cristal, Lumière naturelle (LPNA), Lumière polarisée (LPA), Microscope

En sciences de la Terre, une des premières approches (hormis l'observation macroscopique) pour la détermination et la caractérisation des espèces minérales constitutives des roches plutoniques, volcaniques (Fiche 23) ou sédimentaires (Fiche 25) est l'examen d'une lame mince à l'aide d'un microscope polarisant.

1. QU'EST-CE QUE LA LUMIÈRE ?

a) Caractéristiques de la lumière

La lumière est un phénomène ondulatoire avec un plan de vibration normal à la direction de propagation. Elle possède les propriétés d'un mouvement **ondulatoire** et **corpusculaire** car elle est constituée de photons. La vitesse de la lumière est proportionnelle à la longueur d'onde et son intensité est en rapport avec l'amplitude de la vibration.

b) Propagation de la lumière dans les cristaux

La lumière qui se propage dans le vide, dans l'air, dans un corps amorphe ou dans un cristal **isotrope** (cubique) vibre simultanément dans une infinité de directions normales à la direction de propagation. Ces milieux sont alors considérés comme des milieux **monoréfringents**.

Lorsque la lumière traverse un cristal appartenant à un système autre que le système cubique, elle vibre dans deux directions perpendiculaires entre elles et à la direction de propagation. Le rayon lumineux incident donne deux rayons réfractés et le cristal est dit alors **biréfringent**. Les deux faisceaux sont polarisés rectilignement et possèdent la même intensité lumineuse. Cette caractéristique fondamentale permet donc la caractérisation des minéraux en microscopie optique.

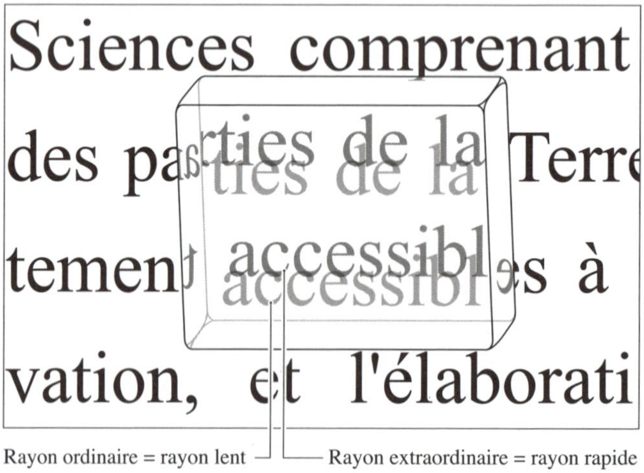

Figure 21.1 – Mise en évidence du trajet de la lumière à travers un cristal de calcite.

2. STRUCTURE DU MICROSCOPE POLARISANT

Le microscope polarisant est l'outil indispensable pour la détermination des minéraux constitutifs des roches grâce à l'observation de critères microscopiques à travers une lame mince dont l'épaisseur est d'environ 30 µm. Ce type de microscope diffère du microscope biologique par la présence d'un double système de polarisation, permettant une observation des préparations en **lumière « naturelle »** (**LPNA** – lumière polarisée non analysée) et en **lumière « polarisée »** (**LPA** – lumière polarisée et analysée) et d'une platine porte-échantillon tournante et graduée pour mesurer certains angles caractéristiques. Schématiquement, un microscope polarisant est composé des éléments suivants :

- la **source lumineuse** généralement intégrée à la base du microscope et contrôlée par un rhéostat ;
- le **polariseur** situé sous la platine porte-échantillon est fixe et ne transmet qu'une vibration polarisée (orientée Nord-Sud) de la lumière (LPNA ou lumière naturelle) qui ne modifie en rien la qualité de l'observation ;
- la **lame mince** est constituée, dans la plupart des cas, par une association de cristaux biréfringents. Grâce à cette propriété, chaque minéral double le faisceau lumineux qui le traverse pour donner deux rayons qui se propagent dans la même direction, mais à des vitesses différentes puisque les cristaux sont anisotropes ;
- l'**analyseur** est un polariseur (identique au système précédent) qui sert à analyser les vibrations qui sortent des minéraux présents dans la lame mince. Lorsque ce système est en place (avec une orientation Est-Ouest, donc à la perpendiculaire du polariseur), l'observation sera faite en LPA.

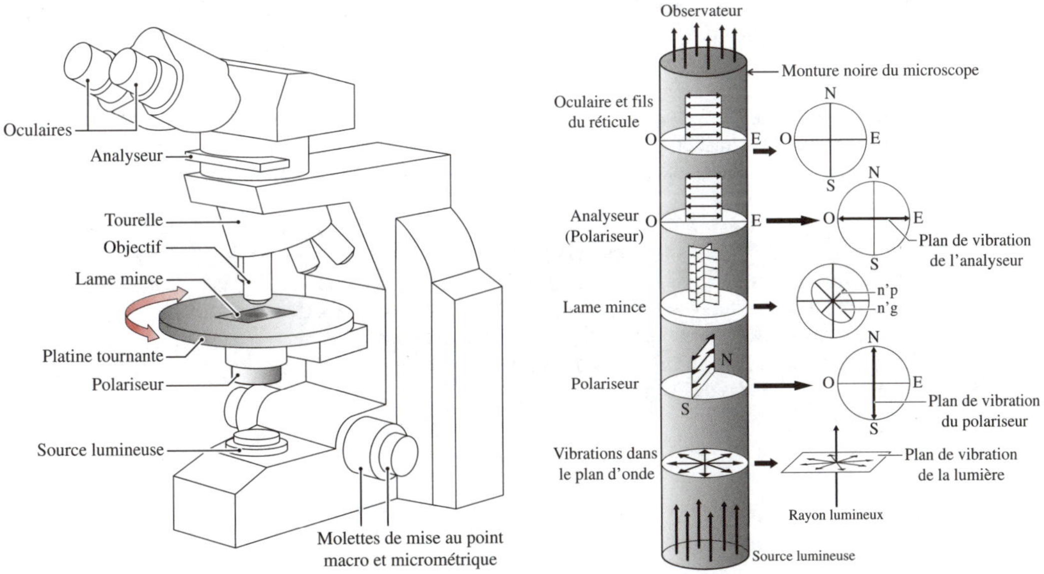

Figure 21.2 – Structure et principe de fonctionnement du microscope polarisant.

3. LES CRITÈRES MICROSCOPIQUES DE DÉTERMINATION

L'ensemble des observations en LPNA et LPA permettant de déterminer la nature, les conditions de genèse et l'histoire des minéraux et des roches, est reporté dans le tableau ci-dessous.

Lumière naturelle (LPNA)
La forme Dépend du système cristallin et du contexte dans lequel les minéraux cristallisent. On distingue trois catégories : • les cristaux **automorphes**, caractérisés par des limites rectilignes qui déterminent des formes géométriques régulières ; • les cristaux **subautomorphes** qui dérivent des précédents par disparition (dissolution) plus ou moins complète de certaines faces du cristal initial ; • les cristaux **xénomorphes** qui présentent une forme quelconque.
La taille Les cristaux d'une même espèce minérale (ou non) qui se forment avec des tailles différentes permettent d'établir une chronologie dans l'ordre de leur apparition (roches magmatiques) ou de comprendre leur mode de fabrication (roches sédimentaires).
La couleur et le pléochroïsme En lame mince, les minéraux transparents sont soit incolores, soit colorés. Parmi ces derniers, certains présentent la particularité de changer de couleur (dû à une anisotropie d'absorption variable en fonction de l'orientation du minéral par rapport aux plans de vibration du polariseur et de l'analyseur) qui varie en intensité au cours de la rotation de la platine. Les minéraux qui cristallisent dans les différents systèmes cristallins, hormis le système cubique (isotrope), présentent un pléochroïsme qui peut varier en fonction de la composition chimique ou de l'altération du minéral primaire.
Le relief (réfringence) Lorsque la lumière passe de l'air à un milieu plus **réfringent** (cristal), sa vitesse diminue en changeant de direction déterminant un indice de réfraction du minéral traversé. La conséquence de cette différence d'indices entre l'air et les minéraux, ou les minéraux entre eux, est que ceux qui ont l'indice le plus élevé apparaissent avec le plus fort relief.
Les clivages et les inclusions Dans un cristal, l'orientation particulière des plans atomiques du réseau cristallin peut conduire à des anisotropies mécaniques formant des fractures que l'on appelle des plans de clivages. Ceux-ci sont caractéristiques de certains minéraux et permettent le débit particulier de certaines espèces minérales. Tout corps étranger piégé dans un cristal lors de sa formation est appelé **inclusion**. Il peut s'agir d'inclusions d'autres minéraux, de liquides ou de gaz.

Lumière polarisée (LPA)

La biréfringence ou teinte de polarisation

Les minéraux ne réagissent pas de façon identique à la lumière polarisée et une même espèce minérale peut présenter des teintes de polarisation différentes en fonction de l'orientation du plan de section. Les teintes de polarisation résultent de la modification du spectre de longueurs d'ondes variables de la lumière blanche lorsque celle-ci traverse un cristal donné.

L'extinction

Hormis les minéraux du système cubique qui sont isotropes et donc toujours éteints quelle que soit la section, les autres minéraux s'éteignent et s'éclairent quatre fois par tour de platine et se comportent, lorsqu'ils sont éteints, comme s'ils étaient isotropes. L'extinction d'un minéral doit être repérée par rapport à un critère cristallographique apparent (face cristalline, allongement, clivage ou plan de macle). Si le minéral est éteint en position N-S (et E-W), l'extinction est dite droite. Lorsqu'en position N-S, le minéral est biréfringent, alors l'extinction sera oblique avec un angle qui pourra être mesuré et qui permettra de déterminer le système cristallin.

Les macles et la zonation

Une **macle** correspond à une association de cristaux de même espèce selon des lois géométriques précises liées aux éléments de symétrie de l'espèce considérée. Elle peut être simple ou multiple (macles polysynthétiques).
Elle peut être initiale et se réaliser par accolement suivant une face ou par interpénétration de cristaux (macle de Carlsbad de l'orthose), ou mécanique. Elle est alors due à des déformations du cristal postérieurement à sa formation.
La **zonation** d'un minéral correspond à la formation, lors de sa croissance cristalline, de zones par variation de composition chimique ou par recristallisation.

Caractéristiques de quelques minéraux au microscope polarisant

	Quartz	Orthose/ microcline	Plagioclases	Biotite	Muscovite
Section basale – Clivages	± hexagonale – Aucun	± rectangulaire – Deux clivages à 90° peu visibles	Deux clivages à 90° peu visibles	± hexagonale – Aucun	Aucun clivage
Section allongée – Clivages			En baguettes – Clivages // allongement	En lamelles – Clivages // allongement	En lamelles – Clivages // allongement
Couleurs (LPNA)	Incolore et limpide	Incolore	Incolore	Pléochroïque : brun rouge à brun jaune	Incolore ou jaune-vert pâle et limpide
Teintes de polarisation – Biréfringence (LPA)	Gris clair à blanc – Faible	Gris clair – Faible	Blanc, gris clair, jaune pâle – Faible	Teintes vives atténuées par la couleur du minéral – Forte	Teintes vives de 2nd ordre – Forte
Extinction (LPA)	Souvent onduleuse	Droite sur les plans de la macle (orthose)	Oblique sur les plans de la macle	Droite sur le plan de clivage	Quasi-droite sur le plan de clivage
Macles (LPA)	Aucune	De Carlsbad (orthose) – En quadrillage (microcline)	Polysynthétique	Aucune	Aucune

22 Les principales familles de minéraux

Mots clés

Carbonates, Oxydes, Phosphates, Silicates, Sulfates, Sulfures

Qu'ils soient sédimentaires ou issus de la cristallisation d'un magma, les minéraux peuvent être regroupés en « classes » dont la dénomination découle essentiellement de leur principale caractéristique chimique : élément ou groupement chimique. Pour simplifier, on peut les séparer en deux grands groupes en fonction de la présence ou l'absence de silicium (Si) dans la formule chimique des minéraux.

1. LES MINÉRAUX CONTENANT DU SILICIUM : SILICE ET SILICATES

Ils représentent près de 95 % de tous les minéraux composant l'écorce de la Terre.

a) La famille de la silice : SiO_2

Essentiellement sous forme de **quartz** mais lorsque la température de formation augmente on distingue successivement la **tridymite** (870 à 1 470 °C) et la **cristobalite**. À partir de 1 710 °C, la silice, quelle que soit sa forme, fond. À très haute pression (supérieure à 20 ou 30 kilobars), on trouvera de la **coésite** puis de la **stishovite**. Lorsqu'elle est d'origine biologique, la silice est hydratée et amorphe : c'est l'**opale-A**.

b) La famille des silicates : $(SiO_4)^{4-}$

Ils ont comme point commun d'être composés de tétraèdres $(SiO_4)^{4-}$ et sont classés en fonction du mode d'assemblage de ces tétraèdres.

- Les **nésosilicates** sont composés de tétraèdres isolés réunis par l'intermédiaire de cations comme le fer, le magnésium ou le zirconium.
- Les **sorosilicates** où les tétraèdres sont regroupés par deux en mettant en commun un atome d'oxygène.
- Les **cyclosilicates** pour lesquels les tétraèdres (au nombre de 3, 4 ou 6) se groupent, toujours par les atomes d'oxygène, en formant un anneau.
- Les **inosilicates** qui sont des silicates en chaînes simples ou doubles. Les tétraèdres forment les chaînes en mettant en commun deux sommets (donc deux oxygènes).
- Les **phyllosilicates** ou silicates en feuillets. Ils sont formés de la superposition de couches de tétraèdres réunis par trois de leurs atomes d'oxygène.

2. LES MINÉRAUX NE CONTENANT PAS DE SILICIUM

Certains minéraux (**éléments natifs**) ne sont formés que d'un seul élément chimique comme les métaux, ou formés exclusivement de carbone ou de soufre (cuivre, or, argent, diamant…). D'autres sont plus complexes.

- Les **oxydes** formés donc de quantité importante d'oxygène associée à des éléments chimiques comme l'aluminium, le fer, le titane, le manganèse…
- Les **sulfures** composés de soufre (S), les fluorures composés de fluor (F) et les chlorures composés de chlore (Cl) ont la particularité de ne jamais avoir d'oxygène dans leur formule. Chlorures et fluorures sont regroupés au sein de la classe des **halogénures**.

- Les **sulfates** (groupement $(SO_4)^{2-}$), les **carbonates** (groupement $(CO_3)^{2-}$) et les **phosphates** (groupement $(PO_4)^{3-}$) sont très fréquents dans les systèmes sédimentaires et peuvent être synthétisés par des organismes vivants comme les acantaires, les mollusques et les mammifères (respectivement).

Familles	Exemples	Formules chimiques
Nésosilicates	Olivine	$(Mg, Fe)SiO_4$
	Grenat	$(Ca, Mg, Fe, Mn)_3(Al, Fe, Ti, Cr)_2Si_3O_{12}$
	Zircon	$ZrSiO_4$
Sorosilicates	Épidote	$(Ca, Ce, Mg, Mn, La)(Fe, Al, Mn)(SiO_4)_3OH$
Cyclosilicates	Tourmaline	$(Al, Mg, Cr, Mn, Fe)\ (BO_3)_3(Si_6O_{18})\ (OH)_4$
	Beryl	$Be_3Al_2(Si_6O_{18})$
Inosilicates à chaînes simples	Orthopyroxènes	Enstatite : $Mg_2Si_2O_6$ Ferrosilite : $Fe_2Si_2O_6$
	Clinopyroxènes	Diopside : $CaMgSi_2O_6$ Hedenbergite : $CaFeSi_2O_6$
Inosilicates à chaînes doubles	Amphiboles : hornblende	$NaCa_2(Mg, Fe, Al)_5[(Si, Al)_8O_{22}]\ (OH)_2$
Phyllosilicates	Micas	Biotite : $K(Mg, Fe)_3(Al_3Si_3O_{10})(OH)_2$ Muscovite : $KAl_2(AlSi_3O_{10})(OH, F)_2$
	Minéraux argileux	Kaolinite : $Al_2\ Si_2O_5\ (OH)_4$ Smectite : $(Al, Mg)\ Si_4O_{10}\ (OH)_2$ Illite : $(K, Al_2)\ (Si_3, Al)O_{10}\ (OH)_2$
	Feldspaths calco-sodique (plagioclases)	Albite : $Na(AlSi_3O_8)$ Anorthite : $Ca(Al_2Si_2O_8)$
	Feldspaths potassiques	Orthose : $K(AlSi_3O_8)$
Oxydes	Magnétite Hématite Rutile	Fe_3O_4 Fe_2O_3 TiO_2
Sulfates	Gypse	$CaSO_4, 2H_2O$
Sulfures	Pyrite	FeS_2
Carbonates	Calcite, aragonite Dolomite	$CaCO_3$ $CaMg(CO_3)_2$
Halogénures	Chlorures (halite) Fluorite	$NaCl$ CaF_2
Phosphates	Apatite Bio-apatite (os, dent)	$Ca(PO_4)_3(OH, F, Cl)$ $Ca_{10}(PO_4)_{6-x}(CO_3)_x(OH)_2$

3. CONCLUSION

Les minéraux (seuls ou en association) sont les constituants des roches, qu'elles soient endogènes ou exogènes. Ils résultent de la cristallisation à partir d'une solution (ou un magma) ou se forment par l'intervention d'un organisme vivant processus de biominéralisation fabriquant (les tests, squelette, dents...). Leur identification peut se faire de plusieurs manières : analyse macroscopique (Fiche 20), étude de lames minces au microscope polarisant (Fiche 21), diffraction des rayons X, analyses chimiques...

23 Les roches volcaniques et plutoniques

Mots clés

Analyse modale, Magma, Norme, Pluton, Structure, Texture, Diagramme triangulaire

Les roches magmatiques se mettent en place par cristallisation d'un magma : selon la vitesse de refroidissement, la roche sera entièrement cristallisée ou comportera une fraction vitreuse métastable avec une part variable de phénocristaux et de microlites.

1. LES GISEMENTS DES ROCHES MAGMATIQUES

En profondeur, le magma cristallise pour donner des plutons de roches grenues alors qu'en surface, les magmas poussés par les gaz donneront des roches volcaniques ou des roches intermédiaires hypovolcaniques (filons, dykes, sills).

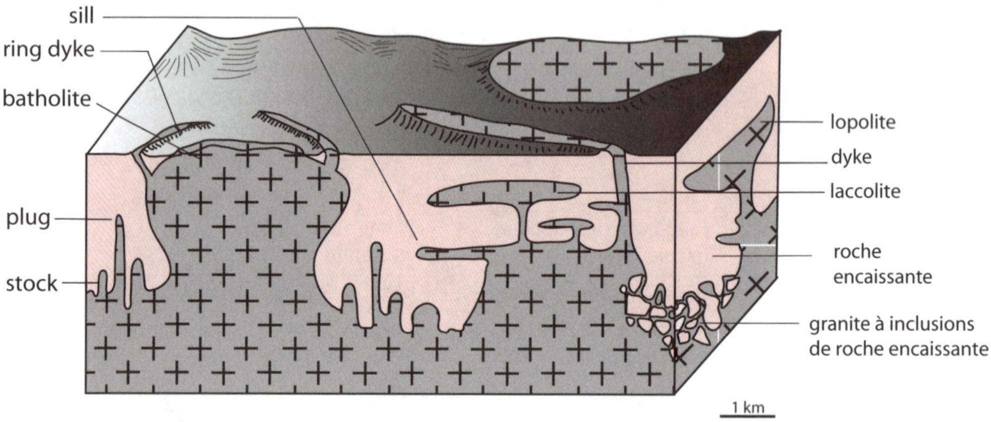

Figure 23.1 – Bloc diagramme des gisements de roches magmatiques.

2. CARACTÉRISATION DES ROCHES MAGMATIQUES

a) Texture des roches

Les roches volcaniques et plutoniques sont caractérisées par leur degré de cristallisation : on parle de roches à **texture grenue**, **microgrenue**, **microlitique** ou **vitreuse**. Les roches microlitiques montrent une fraction de microlites dans une **matrice vitreuse**. La texture vitreuse est instable et recristallise plus ou moins rapidement : la texture devient alors perlitique avec le développement de sphérolites fibroradiés.

Les roches grenues et microgrenues ont des grains plus ou moins gros : on parle de **pegmatites** pour les filons de roches à très gros cristaux et d'**aplites** pour les roches filoniennes à grain très fin. Dans une roche grenue, les cristaux peuvent être automorphes, et donc reconnaissables à leur forme, ou bien xénomorphes, sans forme bien définie.

b) Notion d'acidité des roches

L'« acidité » d'une roche magmatique dépend de sa richesse en silice, et de la fraction d'oxygène fixé par Si^{4+} par rapport à la fraction fixée par les autres cations.

Pourcentage SiO_2	Nomenclature	Type de roche	Minéral exprimé	Saturation
SiO_2 > 65 %	Roche acide	Granites	Quartz	Roche sursaturée
52 % < SiO_2 < 65 %	Roche intermédiaire	Andésites	Feldspath	Roche saturée
45 % < SiO_2 < 52 %	Roche basique	Basaltes		
SiO2 < 45 %	Roche ultrabasique	Péridotites	Feldspathoïde	Roche sous-saturée

c) Saturation en silice

La minéralogie des roches est fonction de la saturation en silice : au-delà de 65 % le quartz s'exprime sous forme de minéral, alors qu'en dessous de 45 % les silicates exprimés sont des feldspathoïdes : la roche est dite **sous-saturée**. Quartz et feldspathoïdes ne peuvent pas coexister dans la même roche.

d) Minéraux colorés

Une autre classification se base sur le pourcentage de minéraux colorés ferromagnésiens (olivine, biotite, pyroxènes et amphiboles). On définit alors un **indice de coloration**. La roche peut être hololeucocrate (anorthosite lunaire), leucocrate (granite de Guérande), mésocrate, lorsque la proportion des minéraux clairs et sombres est équivalente ou mélanocrate (basalte), voire holomélanocrate pour les roches très sombres.

3. LA CLASSIFICATION DES ROCHES MAGMATIQUES

Les classifications les plus utilisées sont basées sur deux approches très différentes. Pour les roches volcaniques, on tient compte des phénocristaux, du verre et des microlites : la composition est celle qu'aurait la roche si elle avait entièrement cristallisé.

a) Classification modale ou classification de Streckeisen (1974)

Elle se base sur le comptage, au microscope, des minéraux de la roche. Les roches sont placées sur un diagramme triangulaire en fonction des proportions relatives en quatre minéraux : quartz, plagioclases, feldspathoïdes et feldspath alcalin. Ce diagramme (figure 23.2) est complété par un deuxième diagramme triangulaire pour les roches ultrabasiques où les sommets sont représentés par olivine, clinopyroxène et orthopyroxène. Dans ce diagramme, on représente les roches plutoniques. En revanche, cette classification n'est pas adaptée pour les roches volcaniques car les minéraux peu abondants sont dans un verre. Dans cette classification ne sont pas prises en compte les roches filoniennes à texture particulière, comme les dolérites, les spilites ou les carbonatites.

b) Classification normative

L'analyse chimique de la roche permet de calculer sa composition normative (norme CIPW) en poids d'oxydes. Les résultats sont classés dans un diagramme de Harker de type $Na_2O + K_2O/SiO_2$.

Cette classification est valable pour les roches plutoniques (en rouge sur le diagramme) et volcaniques (en noir sur le diagramme) : elle permet de voir les évolutions magmatiques selon le degré de cristallisation fractionnée (Fiche 41) et le taux de fusion partielle du magma source (Fiche 40). On peut notamment distinguer les roches du domaine alcalin de celles appartenant aux domaines calco-alcalins et tholéiitique (Fiche 38).

Ces classifications ne tiennent pas compte de l'abondance relative des roches dans la lithosphère.

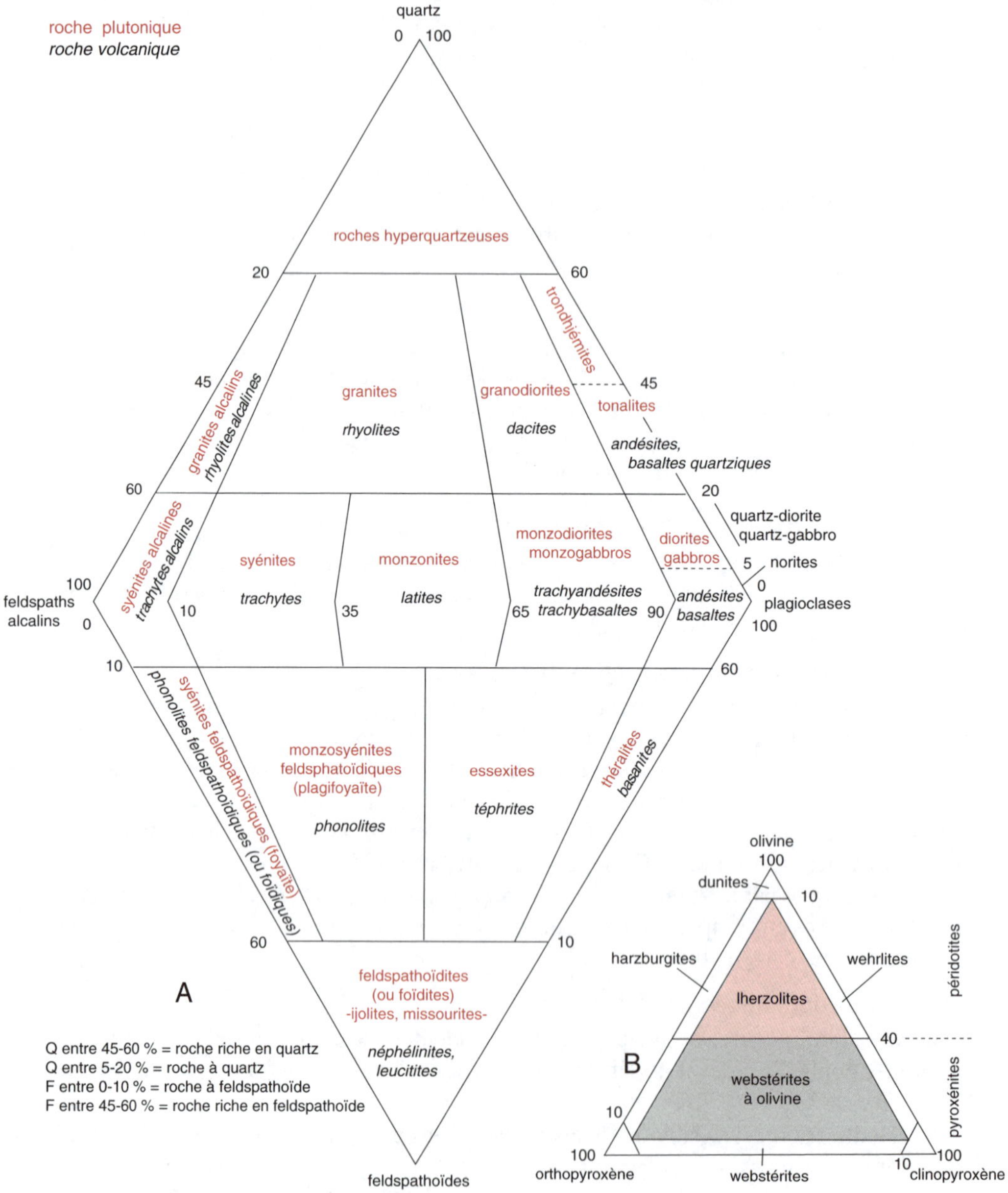

Figure 23.2 – Classification de Streckeisen (1974).

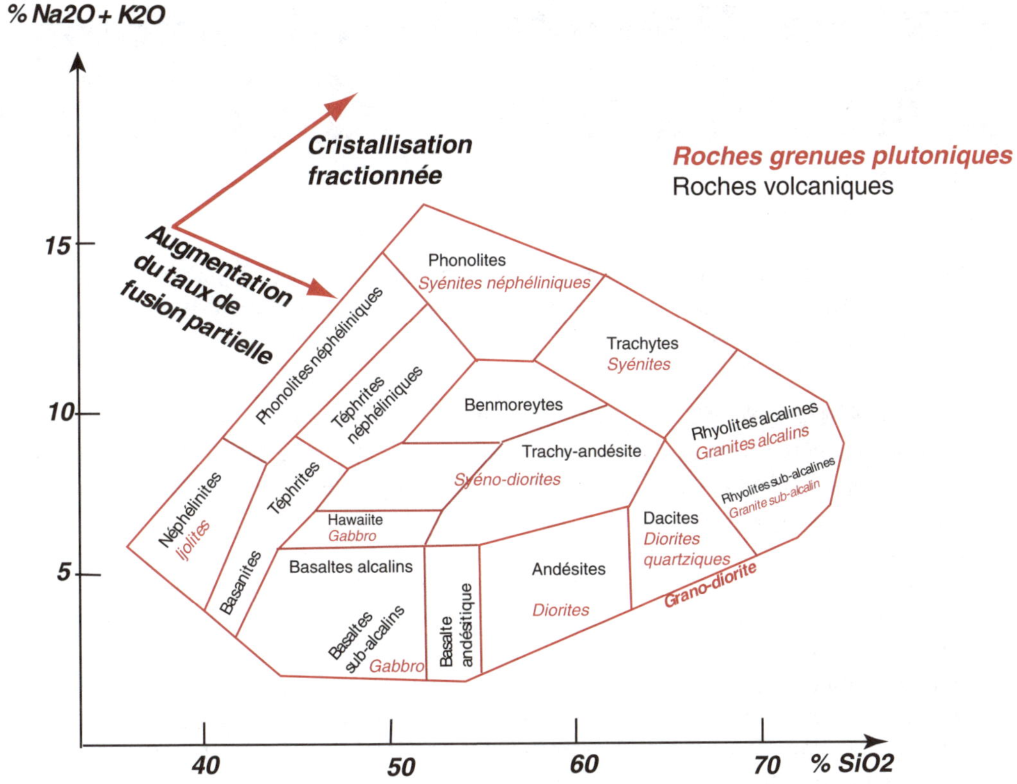

Figure 23.3 – Diagramme de Harker – classification de Cox (1979).

24 Les différents types de volcans

Mots clés

Coulées, Édifices, Laves, Magmas, Nuées ardentes

Les volcans sont des édifices géologiques témoignant, en surface, de l'activité lithosphérique où se forment les magmas. Ces derniers s'épanchent sur les continents et dans les océans en créant des reliefs dont les morphologies sont directement liées aux types d'éruptions et à la nature des laves émises.

1. LES DIFFÉRENTS TYPES D'ÉRUPTIONS ET MORPHOLOGIES ASSOCIÉES

a) D'une manière très générale, il existe deux principaux types d'éruptions volcaniques :

- les **éruptions effusives** caractérisées principalement par des écoulements de laves,
- les **éruptions explosives** dominées par des projections de matériel.

Entre ces deux types d'éruptions, il est possible de définir des mécanismes intermédiaires (**extrusifs** et **mixtes**) tout en gardant à l'esprit que la dynamique éruptive d'un édifice peut **varier au cours du temps**.

Au cours d'une éruption, les principaux produits dispersés à la surface sont de trois types : **liquides**, **solides** et **gazeux**. La viscosité des laves émises ainsi que la proportion relative des trois produits d'émission vont influencer fortement la forme de l'édifice volcanique. On définit ainsi **quatre types de dynamiques éruptives** (et de volcans) : les types **hawaïen**, **strombolien**, **vulcanien** et **péléen**.

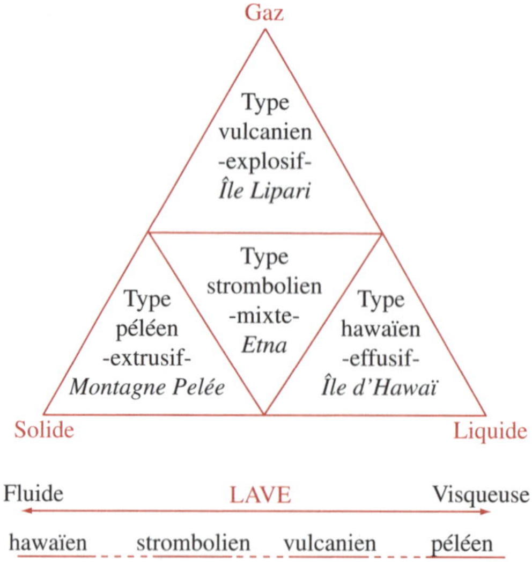

Figure 24.1 – Nature des produits d'émission et types de volcanisme.

2. LES PRODUITS D'ÉMISSION

Au cours d'une éruption volcanique, les magmas sont libérés sous la forme de gaz, de laves et de projections.

Émissions	Caractéristiques
Gaz	Les gaz s'échappent au niveau de fumerolles. T° élevées, jusqu'à 900 °C. CO_2, H_2O, CO, SO_2, S et CH_4. La présence de gaz dissous dans la lave augmente sa fluidité et diminue sa température de solidification.
Laves	Température : 600 °C < T° < 1 200 °C. Les laves acides sont visqueuses et moins chaudes et forment des coulées irrégulières. Les laves basiques sont fluides et plus chaudes. Une lave très visqueuse formera une structure en dôme ou protrusion.
Projections	Elles sont liées à une explosion volcanique. On distingue en fonction de la taille des éléments projetés : • **blocs** et bombes : éléments > 64 mm. Les blocs sont des arrachements de tous types alors que les bombes correspondent à du matériel projeté à l'état « pâteux » ; • **lapillis** : éléments plus ou moins poreux de taille < 64 mm contenant une part importante de verre. Les dépôts de ce type sont appelés *tufs* ; • **cendres** et **poussières** : éléments < 0,2 mm correspondant à des fragments de lave volcanique.
Nuées ardentes	On parle également de coulée pyroclastique correspondant à une émission brutale (vitesse entre 50 et 500 km/h), au ras du sol, d'un mélange de tous les produits d'émissions volcaniques. T° élevées, entre 200° et 500 °C.

Parallèlement aux émissions décrites ci-dessus, l'activité volcanique peut s'accompagner de **geysers** (sources d'eau chaudes), de **lahars** (coulées boueuses de matériel sédimentaire et volcanique, liquéfiées par les eaux de pluies ou la fonte de glaciers sommitaux) et les **avalanches de débris**.

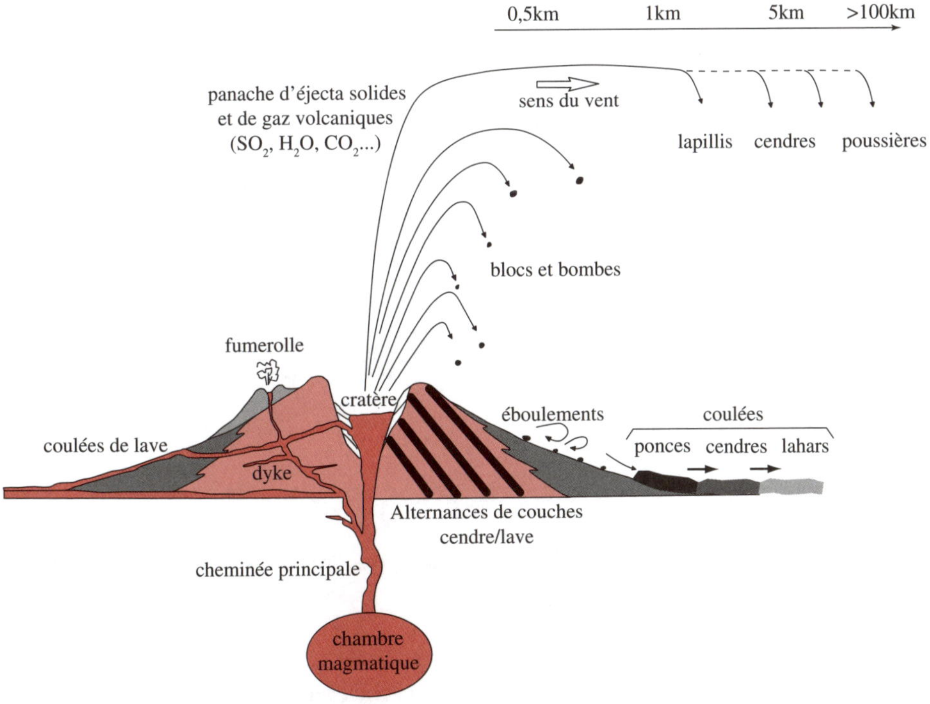

Figure 24.2 – Schéma général d'un volcan (plutôt de type strombolien).

25 Les roches sédimentaires

Mots clés

Grains, Roches carbonatées et siliceuses, Roches détritiques, chimiques ou biochimiques, Sédiments

1. QU'EST-CE QU'UNE ROCHE SÉDIMENTAIRE ?

Les roches sédimentaires (ou exogènes) se forment à la surface de la Terre ou à quelques kilomètres de profondeur. La plupart d'entre elles résultent de la consolidation de sédiments dont les composants proviennent de la surface de la planète. C'est un ensemble hétérogène regroupant des roches qui peuvent différer par leur aspect, leur origine et leur mode de formation.

Un **sédiment** correspond à une accumulation non consolidée de particules d'origine minérale, organique ou chimique. Avant de constituer un sédiment puis des roches, les particules sédimentaires ont été déplacées à la surface terrestre par un ou plusieurs agents de transport (eau ou glace, vent, gravité…).

L'étude des particules et des sédiments à l'origine des roches sédimentaires renseigne sur les paramètres physico-chimiques et biologiques du milieu où ils se sont accumulés. Ainsi la **sédimentologie** est la discipline à l'interface entre trois grands domaines : physique (lors du transport et du mode de dépôt des particules), chimique (lors de l'altération des roches et pendant la transformation du sédiment lors de la diagenèse) et biologique (pour reconstituer les milieux de dépôt à partir du contenu en fossiles).

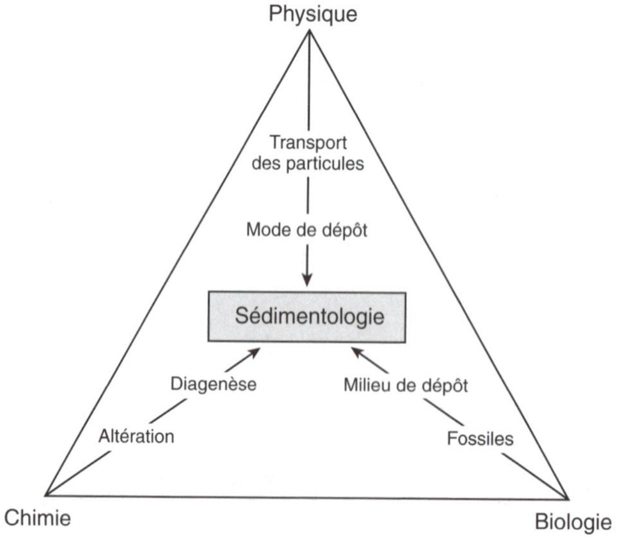

Figure 25.1 – Composantes disciplinaires associées à la sédimentologie.

2. LA STRUCTURE D'UNE ROCHE SÉDIMENTAIRE

Les roches sédimentaires sont formées des quatre constituants suivants :

- les **grains** (ou éléments figurés), le plus souvent visibles à l'œil nu, sont les particules (d'origine détritique ou biogénique) qui constituent « l'ossature » d'une roche sédimentaire ;

- la **matrice** qui se trouve entre les grains et qui est constituée de particules plus fines ;
- le **ciment** qui désigne les minéraux qui précipitent dans les interstices de la roche pendant la diagenèse ;
- les **pores** qui sont des vides qui correspondent au volume de la roche qui n'est pas occupé par les grains, la matrice ou le ciment.

3. LA CLASSIFICATION DES ROCHES SÉDIMENTAIRES

Les roches sédimentaires sont classées en trois grands groupes principaux selon l'origine de leurs éléments constitutifs :

- les **roches détritiques** (ou silicoclastiques) résultent de la consolidation de sédiments produits par l'altération de roches préexistantes riches en minéraux silicatés ;
- les roches **chimiques** formées par précipitation de substances dissoutes dans l'eau produite lors de l'altération chimique ;
- les roches **biochimiques** constituées de particules secrétées par des organismes vivants marins ou continentaux (coquilles, tests, squelettes).

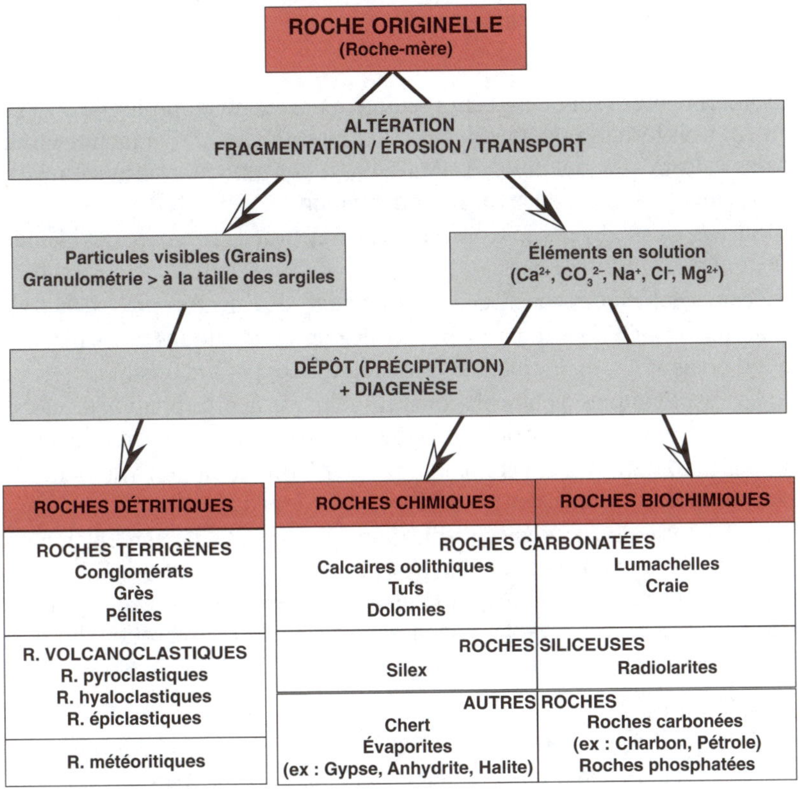

Figure 25.2 – Classification des roches sédimentaires.

a) Les roches détritiques

Les roches détritiques représentent environ 70 % des roches sédimentaires et sont subdivisées en deux groupes selon l'origine des débris qui les constituent : les roches terrigènes et les roches volcanoclastiques.

- Les roches **terrigènes** sont constituées de particules d'origine continentale (composés de minéraux résistants – quartz, feldspaths et micas – et de fragments rocheux appelés lithoclastes) qui peuvent être liées entre elles par une matrice ou un ciment. Elles sont classées en trois groupes en fonction de leurs éléments constitutifs :
  - les **conglomérats** ou *rudites* (éléments de taille supérieure à 2 mm) regroupant les poudingues (à fragments arrondis) et les brèches (à clastes anguleux). Ils peuvent être monogéniques (lorsque tous les lithoclastes sont de même composition) ou polygéniques (lorsque les lithoclastes sont de nature différente) ;
  - les **grès** ou *arénites* (éléments de taille comprise entre 63 µm et 2 mm) ;
  - les **pélites** ou *lutites* (éléments de taille inférieure à 63 µm) regroupant les **silts** et les **argilites**.
- Les roches **volcanoclastiques** sont formées de particules d'origine volcanique et sont réparties en trois groupes :
  - les roches **pyroclastiques** formées par l'accumulation de matériel éjecté par un volcan ;
  - les roches **hyaloclastiques** qui résultent de la fragmentation de laves au contact de l'eau ou de la glace ;
  - les roches **épiclastiques** sont des dépôts résultant de l'altération ou de l'érosion de roches volcaniques ou volcanoclastiques.

b) Les roches carbonatées

Les roches carbonatées sont des roches sédimentaires contenant plus de 50 % de carbonates et présentent trois formes minéralogiques différentes (Fiche 22) : aragonite et calcite ($CaCO_3$) formant les calcaires et dolomite ($CaMg(CO_3)_2$) constituant principalement les dolomies. Elles représentent 20 à 25 % des roches sédimentaires.

- Les **calcaires** sont subdivisés en trois classes en fonction de la nature des éléments constitutifs et de leur mode de formation :
  - les calcaires **détritiques** constituées de fragments de calcaires pré-existants ;
  - les calcaires **biogéniques** regroupant les calcaires **bioclastiques** (issus de l'accumulation de débris d'organismes) et les calcaires **construits** formés par des organismes en position de vie ;
  - les calcaires **chimiques** ou **biochimiques** résultant de la précipitation de carbonates à partir d'une solution aqueuse, avec ou sans l'influence de l'activité de micro-organismes (bactéries).
- Les **dolomies** sont des roches contenant plus de 50 % du minéral dolomite et proviennent de la transformation de la calcite et de l'aragonite lors de la diagenèse.

Pour les roches carbonatées, deux classifications principales sont généralement utilisées, celle de **Folk** (1959) et celle de **Dunham** (1963) basées sur l'identification de deux phases majeures : les **particules** (ou éléments figurés) et la **phase de liaison** (matrice ou ciment), et sur l'estimation de leur proportion et de leur agencement d'après l'observation d'une lame mince en microscopie optique (Fiche 21).

c) Les roches siliceuses

Les roches siliceuses sont essentiellement constituées de silice (sous forme de quartz, d'opale ou de calcédoine) et peuvent être d'origine biochimique (résultant de l'accumulation d'organismes à squelettes siliceux : radiolaires, diatomées et éponges) ou chimique se formant lors de la diagenèse (silex).

d) Les roches carbonées

Les roches carbonées (ou organiques) sont des roches biogéniques qui résultent de l'accumulation, de l'enfouissement et de la transformation de sédiments riches en matière organique (> 40 % de C) d'origine animale (famille des pétroles) ou végétale (famille des charbons).

e) Les roches évaporitiques

Les roches **évaporitiques** sont des roches monominérales se formant lors de la précipitation chimique de substances dissoutes dans l'eau de mer ou les eaux continentales lors de l'évaporation. Leur ordre d'apparition est fonction de l'intensité et des conditions de l'évaporation avec le gypse ($CaSO_4$, H_2O), l'anhydrite ($CaSO_4$), l'halite ou sel gemme (NaCl) et la sylvite (KCl).

f) Les roches phospatées

Les roches phosphatées ou **phosphorites** peuvent être d'origine biochimique (en bordure des plateaux continentaux à faible sédimentation et à forte productivité planctonique), bioclastiques (par accumulation de débris phosphatés d'origine organique, squelettes de vertébrés – *bone beds*) ou biologique (guano).

4. LES SÉRIES CONTINUES DES ROCHES SÉDIMENTAIRES

Dans la nature, certaines roches sédimentaires, très communes, sont parfois composées par un mélange de sédiments d'origine et de nature différente et il semble difficile de les classer en utilisant le système de classification précédemment décrit. Il est alors possible d'utiliser une classification en « séries continues » regroupant trois catégories en fonction de la proportion des constituants :

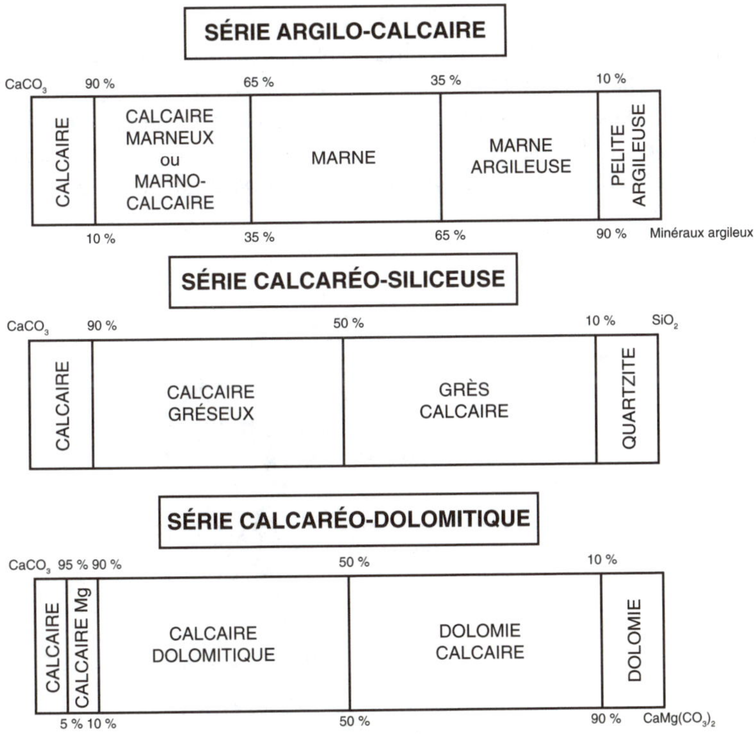

Figure 25.3 – Séries continues de roches sédimentaires contenant deux phases.

26 Le manteau et la convection mantellique

Mots clés
Conduction, Convection, Couche D", Tomographie sismique

Le manteau est une enveloppe solide, qui représente 84 % du volume de la terre, et 69 % de sa masse. Il est compris entre deux discontinuités : le MOHO et la discontinuité de Gutemberg située à –2 900 km de profondeur qui sépare le manteau du noyau (Fiche 15). À la base du manteau, on trouve la zone de transition D''.

1. COMPOSITION DU MANTEAU

La nature minéralogique du manteau est connue à partir des enclaves remontées par le volcanisme profond, et notamment les enclaves de péridotites et de diamant des kimberlites (–150 km). La composition chimique est essentiellement silicatée : olivine + plagioclase + clinopyroxène (diopside) + orthopyroxène (enstatite, bronzite) + spinelle + grenats. La fusion partielle du manteau est à l'origine des phénomènes magmatiques (Fiche 40). Le manteau contient une part non négligeable de fluides : on estime que le volume d'eau mantellique est égal au volume de l'eau contenue dans l'hydrosphère. Cette eau a joué un grand rôle dans les phases précoces de dégazage du manteau et a contribué à former les proto-océans.

La connaissance de la structure profonde du manteau vient de l'analyse de la propagation des ondes sismiques et de l'expérimentation, grâce notamment aux « enclumes à diamant », qui permettent de reproduire les conditions thermo-barométriques du manteau inférieur, inaccessible.

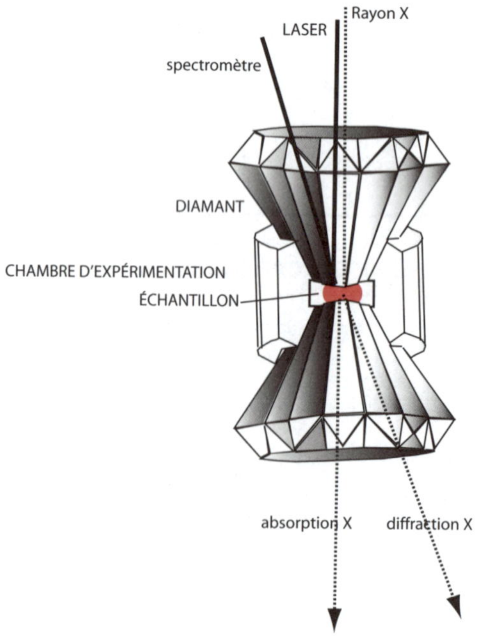

Figure 26.1 – Enclume à diamant.

Les résultats expérimentaux permettent de proposer une coupe du manteau : la densité augmente avec la profondeur et les variations de vitesse de propagation des ondes sismiques sont dues aux changements de phase des constituants à pression croissante.
En profondeur, l'olivine α $(Mg, Fe)_2SiO_4$ passe à de l'olivine β ou wadsleyite puis à la forme γ ou ringwoodite.

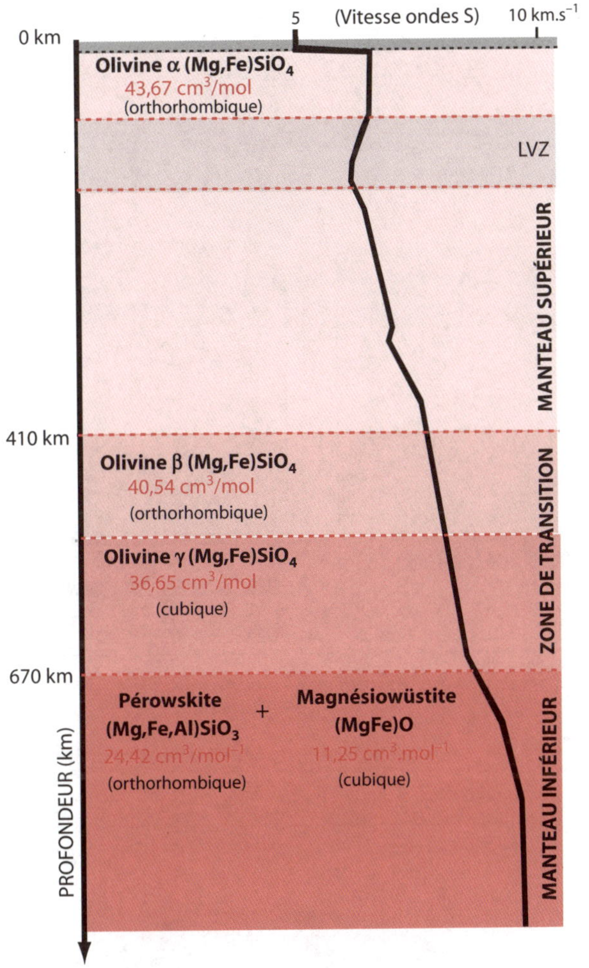

Figure 26.2 – Coupe du manteau et principaux faciès minéralogiques de l'olivine.

2. HÉTÉROGÉNÉITÉ MANTELLIQUE

Les données de la **tomographie sismique**, obtenues en comparant la vitesse théorique des ondes dans un milieu homogène et la vitesse réelle, montrent que le manteau est en fait un ensemble hétérogène, avec des zones où la vitesse est plus importante, ce qui correspond à des anomalies positives et des zones froides.
Les anomalies négatives sont interprétées comme étant des panaches ascendants de matériel chaud, en liaison avec les points chauds, alors que les anomalies positives correspondraient à des lambeaux de lithosphère océanique subduite s'accumulant au niveau de la zone D''.

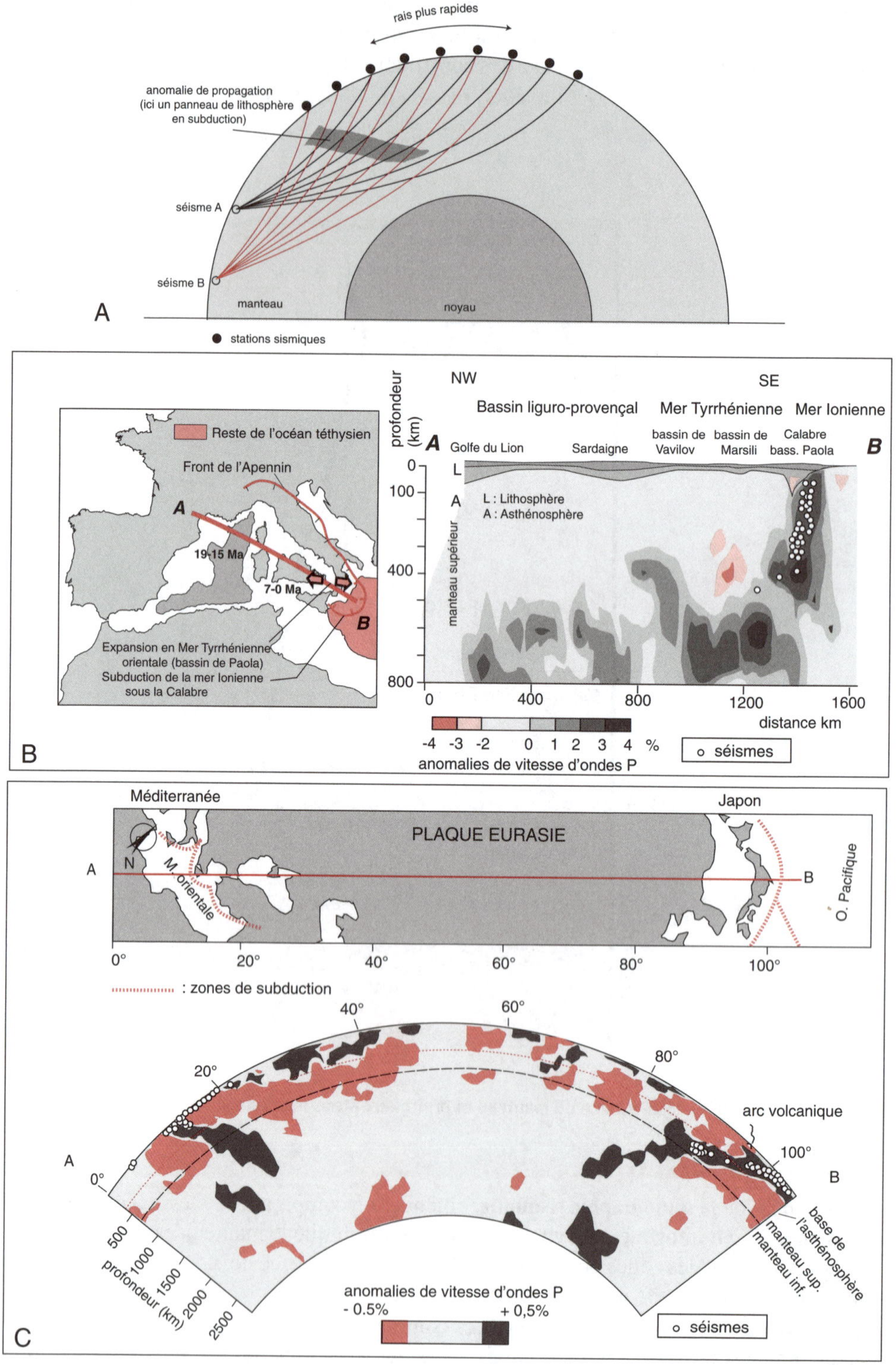

Figure 26.3 – Hétérogénéités du manteau et tomographie sismique (Pomerol *et al.*, 2005).

La limite entre le manteau et la couche D'' correspondrait à la transition perowskite/ post-perowskite (minéral de structure orthorombique). La transition dépend fortement de la température, ce qui explique son contour irrégulier, lié aux anomalies thermiques dues aux restes de plaques subduites. La transformation perowskite/post perowskite est exothermique, ce qui expliquerait les panaches thermiques observés à ce niveau.

3. CONVECTION MANTELLIQUE

Le profil thermique du manteau montre une augmentation de température avec la profondeur. À 670 km de profondeur, la T° est de 1 550°, et elle augmente jusqu'à 5 150 km de profondeur dans le noyau, où la transition fer liquide-fer solide est réalisée à une température de 5 000 °K. La chaleur du noyau peut être diffusée par conduction ou par convection, avec transfert de matière : le manteau est donc solide (Ra > 10^3). Le rapport entre les phénomènes moteurs et les phénomènes résistants, la viscosité et la diffusion de chaleur définit un nombre, le nombre de Rayleigh (Ra). Au-dessus de 10^3, il y a convection. Pour le manteau, on peut calculer un Ra compris entre 10^6 et 10^8. Le manteau est soumis à des mouvements convectifs très lents, pour une viscosité de 10^{18} à 10^{20} Pa · s.

Deux modèles de convection sont possibles :

- un modèle à un étage, où les courants de convection proviennent de la base du manteau,
- un modèle à deux étages convectifs : le manteau inférieur et le manteau supérieur.

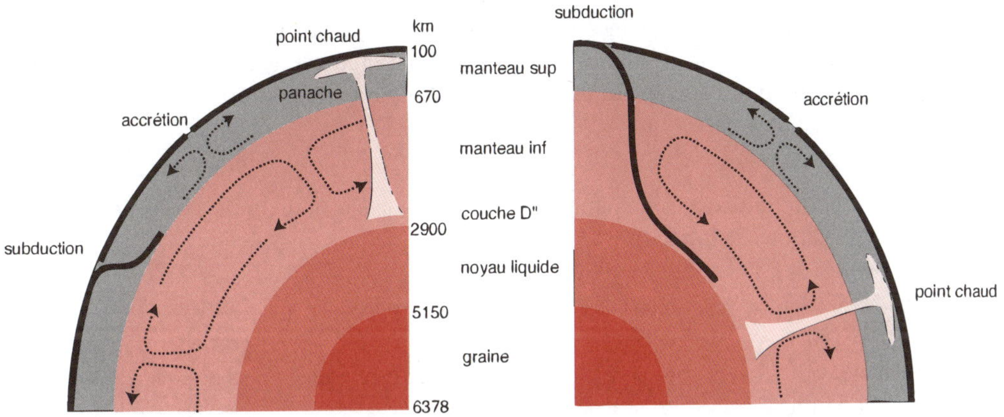

Figure 26.4 – Modèles de convection du manteau (Pomerol *et al.*, 2005).

Les données isotopiques ($^3He/^4He$), le spectre de terres rares des basaltes OIB (*Oceanic Island Basalt* = basalte de point chaud) et MORB (*Middle Oceanic Ridge* = basalte de dorsale océanique) (Fiche 38), ainsi que les données de la tomographie sismique semblent privilégier l'hypothèse d'une convection à deux étages.

27 Les roches métamorphiques

Mots clés

Diagramme PT, Foliation, Géobaromètre, Géotherme, Géothermomètre, Linéation, Métasomatose, Protolithe, Schistosité

Une roche est en équilibre thermodynamique avec son milieu. Le changement des conditions thermodynamiques induit des réactions chimiques où les réactants se transforment en produits. L'équilibre atteint est métastable. La transformation peut être totale ou partielle : dans ce cas, des reliques non transformées renseignent sur la nature des réactants. C'est le cas, par exemple, des minéraux coronitiques à auréoles réactionnelles.

Les réactions métamorphiques se déroulent en milieu thermodynamiquement clos pour la phase solide, mais les fluides libérés et les ions dissous peuvent migrer localement ou plus largement : on parle alors de **métasomatose**.

1. CLASSIFICATION ET NOMENCLATURE DES ROCHES MÉTAMORPHIQUES

a) Origine

La classification des roches métamorphiques est complexe : selon l'origine de la roche, on parlera de roche « méta » si le protolithe est connu (métabasalte, métagabbro), sinon on accolera le préfixe « ortho » pour une roche magmatique et « para » si elle est d'origine sédimentaire (orthogneiss ou paragneiss par exemple).

b) Texture

La nomenclature des roches métamorphiques s'appuie sur la texture, sur les déformations et les recristallisations de la roche.

GRANOBLASTIQUE	Structure en grains peu ou pas orientés	Quartzite, cipolin
BLASTOMYLONITIQUE	Structure orientée, petits grains	Leptynite
LEPIDOBLASTIQUE	Feuillets phylliteux parallèles à la schistosité	Schistes, micaschistes, biotites
NEMATOBLASTIQUE	Minéraux aciculaires, souvent linéation minéralogique	Amphibolite
PORPHYROBLASTIQUE	Grands cristaux (porphyroblastes)	Éclogite à grenats

Fréquemment, les textures sont associées et forment des lits et des alternances (gneiss œillé, micaschiste à porphyroblastes de grenat).

c) Schistosité, linéations et foliations

Les roches métamorphiques ont une structure orientée par les contraintes subies lors de l'enfouissement ou par les contraintes tectoniques. Les minéraux s'orientent par rapport au plan d'aplatissement, soulignant une **schistosité**. La roche est feuilletée. La schistosité (S_1) est fréquemment sécante sur la stratification (S_0) et suit le plan axial des microplissements.

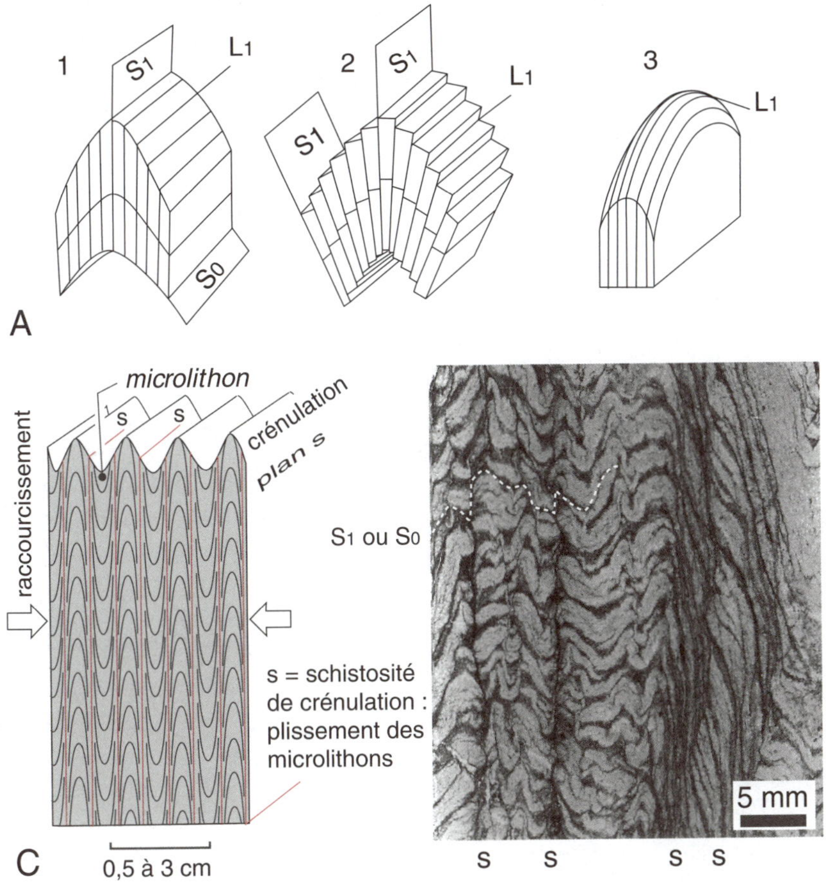

Figure 27.1 – Relations entre stratification (S0), schistosité (S1) et linéation (L1) (Pomerol *et al.*, 2005).

L'intersection entre la schistosité S_1 et la stratification S_0 est la linéation. On parlera aussi de **linéation** minéralogique lorsque les cristaux ont un allongement préférentiel de leur grand axe. Les minéraux néoformés cristallisent préférentiellement dans le plan de **foliation**.

À l'inverse, la recristallisation de minéraux peut effacer l'anisotropie de la roche : c'est le cas des yeux quartzo-feldspathiques des gneiss. De même, la recristallisation de roches monominérales, comme celle des grès en quartzite et des calcaires en marbres et en cipolins efface la stratification S_0.

d) Skarns et cornéennes

Le métamorphisme de contact « recuit » les roches encaissantes (fiche 45), effaçant parfois totalement les structures préexistantes. C'est le cas des cornéennes, les plus proches de l'intrusion à haute température.

Les skarns sont des roches transformées par métasomatose, c'est-à-dire par des fluides d'origine métamorphique expulsés lors des réactions métamorphiques. La transformation peut être totale. On peut rapprocher ce phénomène de la spilitisation des basaltes océaniques par des circulations hydrothermales.

2. PARAGENÈSES MINÉRALES, GÉOTHERMOMÈTRES ET GÉOBAROMÈTRES

Un minéral sera stable dans un domaine de pression et température précis. Ainsi, classiquement, andalousite, sillimanite et disthène, de même formule Al_2SiO_5 ne peuvent coexister, car ils n'ont pas le même domaine de stabilité. Ce sont des minéraux polymorphes. Les changements de phases cristallines sont discontinus :

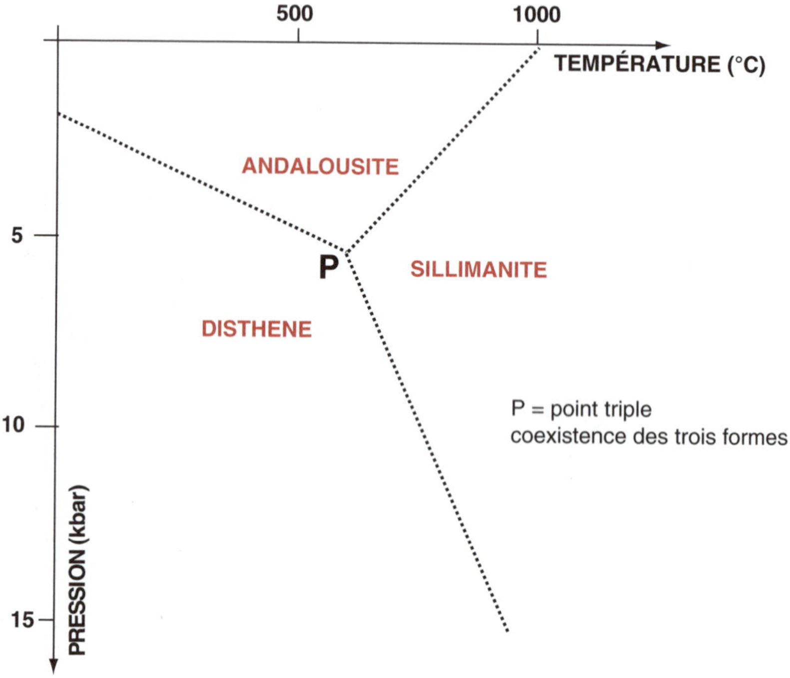

Figure 27.2 – Système andalousite-sillimanite-disthène pour attribuer une roche à un domaine de stabilité.

Parmi les polymorphes les plus utilisés : calcite et aragonite (forme HP) et les six formes polymorphes de SiO_2 : quartz α, β, tridymite, crisoballite, stishovite et cœsite.

Les paragenèses minérales servent à définir des faciès métamorphiques : on utilise pour cela des assemblages minéraux qui sont de bons **géothermomètres**, et d'autres qui sont des **géobaromètres** : c'est le cas du couple clinopyroxène/orthopyroxène ou le cas du thermomètre clinopyroxène/grenat. La phengite (mica blanc) est utilisée comme géobaromètre. Les champs de stabilité sont limités par des courbes d'équilibre définies expérimentalement à partir de ces minéraux. On définit ainsi des faciès métamorphiques représentés sur un diagramme PT.

Les paragenèses minérales caractéristiques d'un domaine de l'espace PT sont basées sur quelques minéraux significatifs, dont on connaît bien le domaine de stabilité : ainsi pour le domaine des schistes verts (chlorite, actinote, épidote), celui des schistes bleus (glaucophane + lawsonite + jadéite) et celui des éclogites (grenat + omphacite + quartz) (Fiche 45).

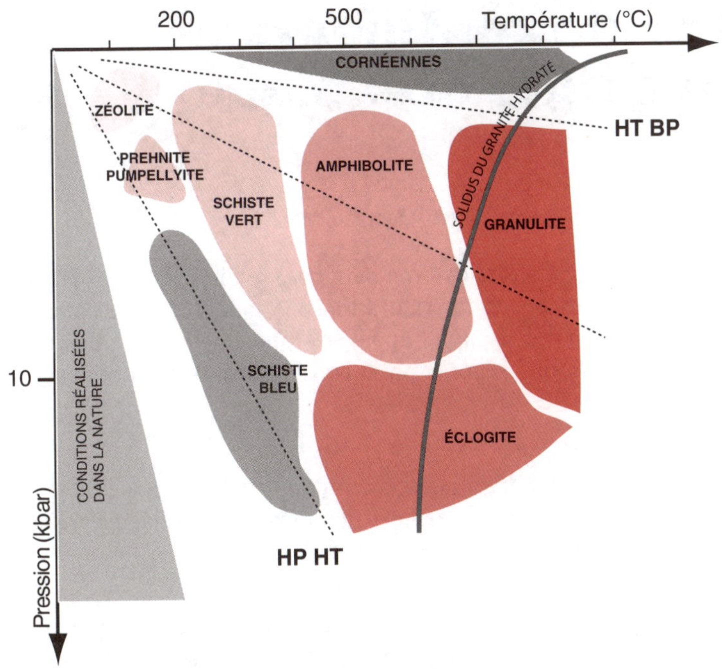

Figure 27.3 – Faciès métamorphiques.

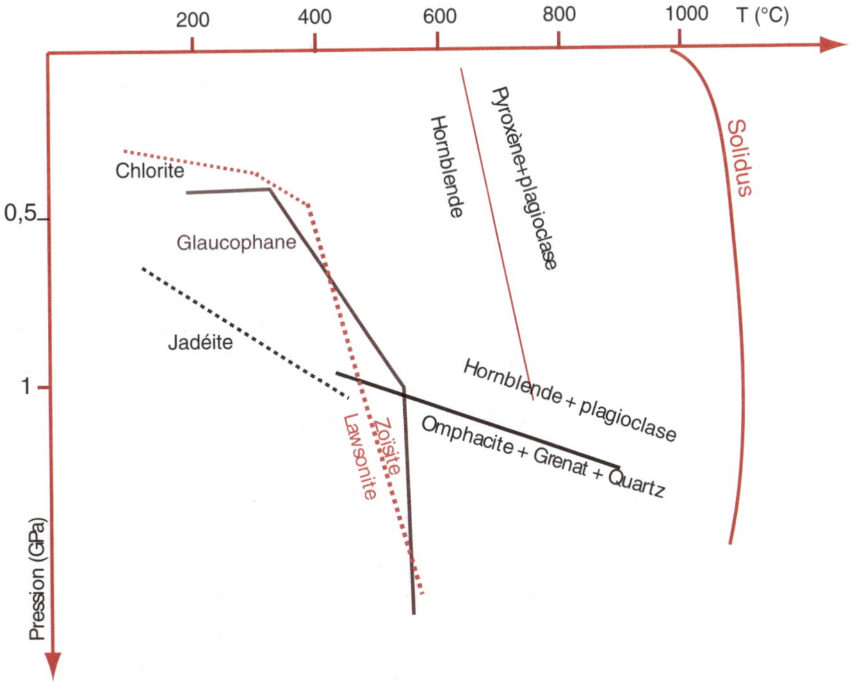

Figure 27.4 – Diagramme PT et différents faciès minéralogiques.

28 Croûte continentale et croûte océanique

Mots clés

Basalte, Fusion partielle, Granite, Lithosphère, Manteau, Moho

La lithosphère (enveloppe solide externe du globe) se divise en deux parties superposées : la croûte en surface et le manteau supérieur lithosphérique. La limite entre ces deux compartiments est une discontinuité sismique appelée **Moho** (Fiche 15). À la surface du globe, la nature de la croûte sera différente si on la considère sous un continent ou sous les masses d'eau océaniques.

1. L'ORIGINE DE LA CROÛTE

Qu'elle soit continentale ou océanique, la croûte est toujours issue de la **fusion partielle des péridotites du manteau** qui donne naissance à un **magma**. Ce magma cristallise plus ou moins rapidement pour former ou régénérer une croûte.

a) La croûte océanique

La croûte océanique se forme au niveau des dorsales océaniques par remontée de magma mantellique. Le manteau remonte vite, **sans perte de chaleur** ce qui entraîne une **diminution de la pression**. Les péridotites atteignent alors le solidus et la fusion partielle du manteau débute. La **fusion partielle** est **anhydre** et la transformation **adiabatique** (sans échange de chaleur avec les roches encaissantes).

b) La croûte continentale

Au niveau de la croûte continentale, la fusion partielle du manteau est différente car de l'eau s'introduit en profondeur dans le manteau. Ainsi, sans modifier la pression, la température de fusion des péridotites est abaissée : c'est la **fusion partielle hydratée**. Ces mécanismes sont caractéristiques des **zones de subduction** où la lithosphère plongeante entraîne avec elle de l'eau qui remonte à travers le manteau de la plaque sus-jacente, permettant la fusion partielle de celui-ci.

2. CARACTÉRISTIQUES PRINCIPALES

a) Épaisseur

Grâce aux données de la sismique, il est possible de déduire la position du Moho, donc l'épaisseur relative des deux types de croûtes. Sous les continents, la **croûte continentale (CC)** est épaisse en moyenne de **35 km** et peut atteindre les 80 km sous les montagnes. Sous les océans, l'épaisseur de la **croûte océanique (CO)** est de l'ordre de **7 km**.

b) Minéralogie et densité

La croûte océanique, dite **basaltique,** est formée de gabbros (roches grenues issues d'une cristallisation lente dans le réservoir magmatique) surmontés de filons de basaltes puis de basaltes en coussin (roches microlithiques, rapidement cristallisées en surface). Gabbros et basaltes sont chimiquement identiques car issus d'un même magma. Les basaltes (et les gabbros) ne contiennent pas plus de 55 % de silice. Sa densité moyenne est de **2,9**.

Dans le cas d'une dorsale « lente » (Fiche 32), la remontée des péridotites est très lente. Elles ne peuvent donc pas fondre mais elles s'hydratent et refroidissent au cours de l'ascension pour se transformer en **serpentinites**.

Pour la CC, la fusion partielle hydratée donne naissance à un magma peu dense et riche en silice (60 %) en faisant fondre une partie de la croûte qu'il traverse au cours de sa remontée. La CC est essentiellement composée de **granodiorites** (roches grenues cristallisées en profondeur) et d'**andésites** (roches microlithiques cristallisées en surface). Sa densité moyenne est de **2,8**.

c) Comportement mécanique

Le comportement mécanique des roches soumises à des forces est fonction de leur composition minéralogique, de la température et de la pression. La CO étant peu épaisse, son comportement est dit **fragile** (ou cassant). Par contre, du fait de son épaisseur, la CC se divise mécaniquement en croûte **supérieure fragile** et en croûte **inférieure ductile**.

3. CONCLUSION

Les croûtes océaniques et continentales diffèrent sur plusieurs points : genèse, composition, épaisseur... mais également au niveau de leurs âges : la CO est « jeune » (au plus 170 Ma dans l'océan Pacifique) du fait de la disparition de ses extrémités dans les zones de subduction alors que la CC perdure et se régénère depuis plus de 4 milliards d'années.

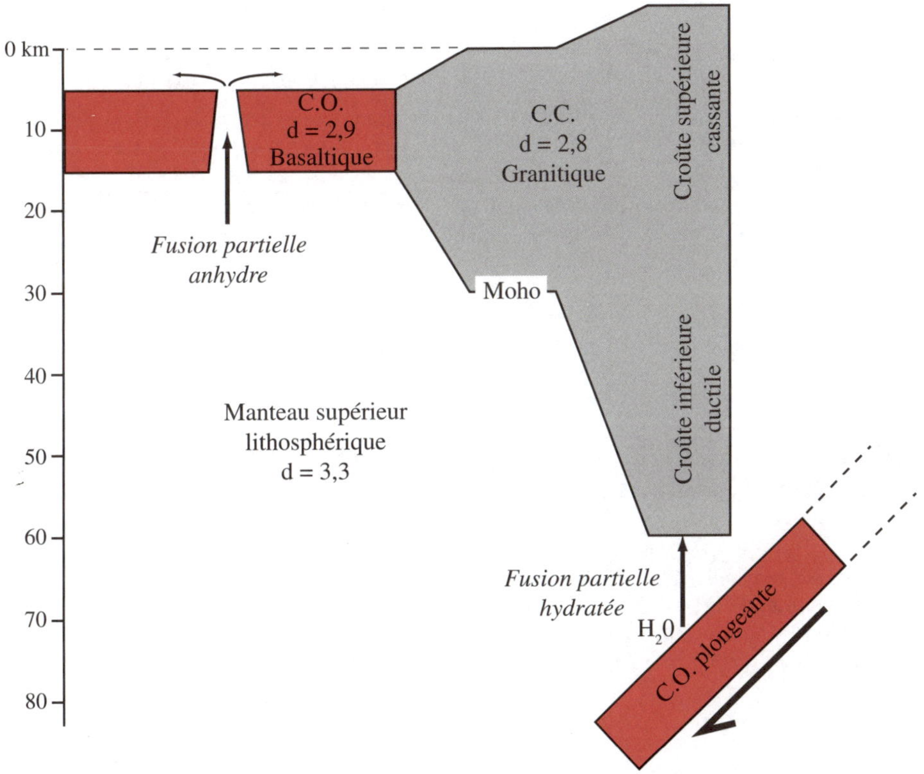

Figure 28.1 – Lithosphère océanique et continentale.

29 La morphologie des océans

Mots clés

Dorsale océanique, Faille transformante, Fosse, Plaine abyssale, Point chaud

Les océans représentent près de 70 % de la surface de la Terre. Leur connaissance se révèle fondamentale pour la compréhension de la dynamique de surface. L'étude détaillée d'une carte des profondeurs (carte bathymétrique) du plancher océanique permet de définir les principaux objets et structures qui composent ces domaines.
Ainsi, sept domaines ou morphologies caractéristiques sont identifiés.

Caractéristiques morphologiques	Profondeur moyenne	Localisation dans l'océan	Nom
Chaînes de montagnes sous-marines parcourant l'ensemble des océans (70 000 km) et large de 2 000 à 3 000 km.	−2 500 m à l'axe de la chaîne.	La plupart du temps au centre des océans sauf dans le cas de l'océan Pacifique où elle est décentrée vers l'Est.	Rides ou dorsales océaniques.
Grandes plaines sous-marines profondes, globalement sans variation de profondeur.	−4 000 à −5 000 m.	Dans tous les océans de part et d'autre des dorsales.	Plaines abyssales
Guyots aux versants abrupts, isolés ou alignés en chapelets.	Variable. Certains peuvent même affleurer à la surface.	Sur les plaines abyssales, surtout dans l'océan Pacifique	Monts sous-marins
Grandes fractures linéaires bordées de reliefs et de dépressions.	Parfois très profondes (plus de 6 000 m) et rarement émergées.	Perpendiculaires aux axes des dorsales.	Failles transformantes
Dépressions ou accidents bathymétriques très importants.	Très profond (6 000 à 8 000 m). Localement supérieur à 11 km.	Sur les bordures de certains océans notamment l'océan Pacifique.	Fosses océaniques
Étendues peu profondes, peu pentues et larges de 70 km environ (parfois beaucoup plus).	Environ 200 m de profondeur.	En bordure de certains continents en l'absence de fosses.	Plateau continental
Pentes faibles (4 à 5°).	Entre 200 et 4 000 m.	Pentes séparant les plateaux continentaux des plaines abyssales.	Pente ou talus continental

L'association de certaines de ces morphologies océaniques permet de déterminer les différents types de marges (Fiches 30 et 31). Une marge active sera repérée par la présence d'une fosse océanique (fosse de subduction) et d'un arc insulaire et la marge passive (ou stable) par l'association d'un plateau continental et d'un talus.

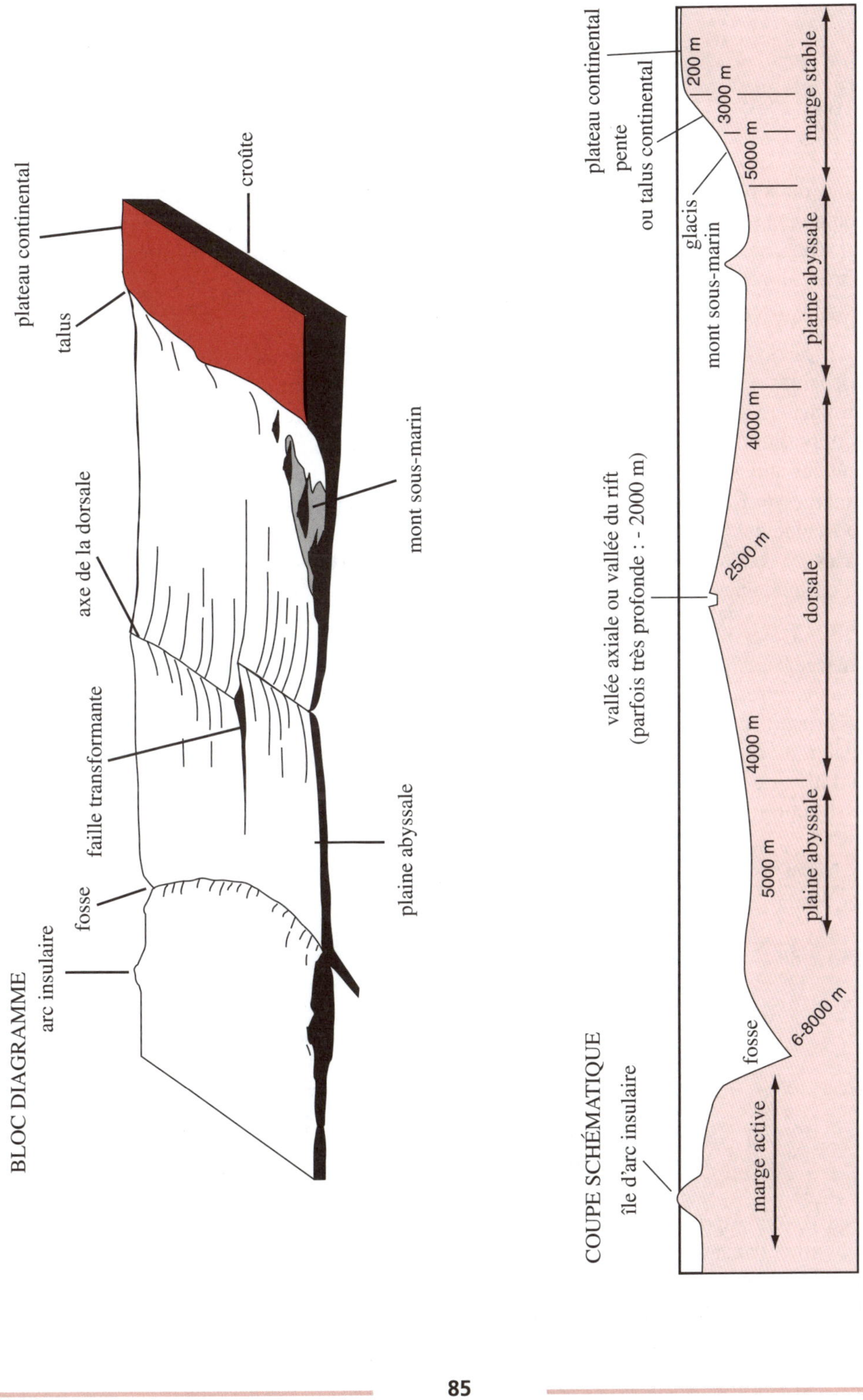

Figure 29.1 – Représentation schématique de la morphologie des fonds océaniques.

30 Les marges passives

Mots clés

Blocs basculés, Croûte continentale, Extension, Failles listriques, Rifting

Lorsque deux plaques portant de la croûte continentale s'écartent (divergence), la lithosphère les composant s'amincit puis se rompt. Il se crée alors un océan, par accrétion de croûte océanique, dont les bordures correspondent aux marges. Lorsque ces dernières ne présentent **pas d'activité sismique**, on parle de marges **passives ou stables**.

1. LES DIFFÉRENTS TYPE DE MARGES PASSIVES

Vue en carte, la déchirure continentale n'est pas continue mais tronçonnée par des failles décrochantes (Fiche 35) qui deviendront, au cours de l'océanisation, des failles transformantes. On distinguera alors les marges passives **divergentes** (côtes françaises vs côtes nord-américaines), qui s'opposent de chaque côté d'un océan, et les marges en **coulissement** qui se développent le long des failles transformantes (golfe de Guinée).

Les marges passives sont toujours immergées en bordure de continents et en fonction de l'importance des apports sédimentaires par les fleuves, on distinguera les marges **grasses ou nourries** (à proximité de fleuves comme le Missisipi ou le Gange) des marges **maigres** (marges ouest européennes).

2. LA STRUCTURATION DES MARGES PASSIVES

Les marges passives naissent à l'occasion d'une déchirure continentale : c'est le **rifting**. Trois phases majeures, associées à une phase d'extension, sont habituellement identifiées au cours de la structuration de ces marges. Elles sont mises en évidence sur des profils de sismique réflexion qui illustrent bien les séries sédimentaires contemporaines de chacune des phases. La datation de ces séries (après forages par exemple) permet de dater les différentes étapes de la structuration des marges.

Phases	Morphologie	Sédimentation
Phase pré-rift	Bombement allongé et flux thermique intense.	Uniforme sur la croûte.
Phase syn-rift	Effondrement de la partie axiale du bombement grâce aux failles normales. Ces failles, aplaties en profondeur (failles listriques) provoquent le basculement des blocs.	La sédimentation se poursuit pendant la structuration des blocs en « mimant » leur basculement. La série syn-rift présente alors une géométrie dite en éventail.
Phase post-rift	L'accrétion de croûte océanique commence et les marges subsident pour atteindre, du côté océanique, les profondeurs des plaines abyssales (4 à 5 000 m).	La rotation des blocs est terminée et la sédimentation post-rift recouvre uniformément la marge passive ainsi que la croûte océanique.

Ces marges correspondent donc aux domaines situés entre les continents émergés et les océans au sens strict (c'est-à-dire avec une lithosphère océanique). La transition entre croûtes continentale et océanique n'est pas clairement définie. On parle d'une zone de transition océan/continent (TOC) large de plusieurs dizaines de kilomètres.

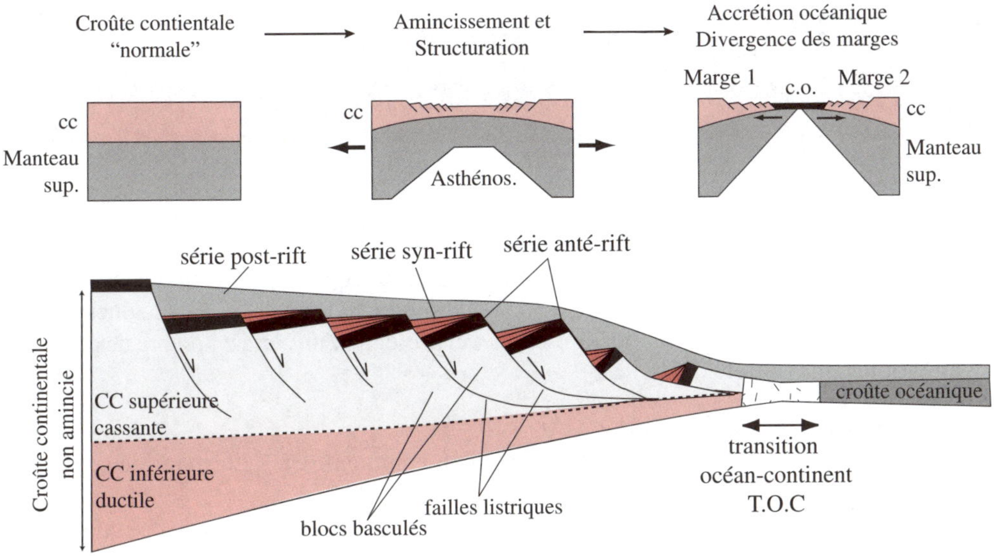

Figure 30.1 – Représentation schématique d'une marge passive.

3. MÉCANISMES DE FORMATION

Différents modèles expliquent la formation des marges passives. Ils reposent sur la combinaison de données de terrain, de modélisation analogique et de profils sismiques. Ils se distinguent essentiellement sur le caractère symétrique de la déchirure continentale :

- modèle de rupture par **cisaillement pur** : la rupture de la croûte est **symétrique**. La déformation ductile est généralisée à l'ensemble du manteau lithosphérique ;
- modèle de rupture par **cisaillement simple** : la rupture est **asymétrique** et se caractérise par une zone de cisaillement dans le manteau lithosphérique se prolongeant dans la croûte sous la forme d'une faille oblique mais peu pentue. Les marges sont fortement asymétriques et la rupture de la croûte peut aboutir à l'exhumation du manteau.

4. CONCLUSION

Les marges passives ne sont pas des limites de plaques et se mettent en place au niveau de la croûte continentale. Certaines marges passives dites volcaniques témoignent d'une activité volcanique intense au cours de leur structuration (épaisses coulées volcaniques sous les séries post-rift). Dans ce cas, les marges passives ne doivent pas être confondues avec les marges actives (Fiche 31).

31 Marges actives et arcs insulaires actifs

Mots clés

Arc insulaire, Convergence, Prisme d'accrétion, Subduction, Volcanisme

La lithosphère océanique, créée au niveau des dorsales, disparaît dans le manteau en plongeant sous une autre lithosphère moins dense : c'est la **subduction** (Fiche 33). Ces zones de convergence sont dites actives car fortement sismiques et présentent un certain nombre de particularités morphologiques et fonctionnelles.

1. CARACTÉRISTIQUES PRINCIPALES

Ces zones sont toujours situées aux abords d'un continent. En s'éloignant de ce dernier on trouve successivement :

- les **bassins marginaux (ou d'arrière–arc)** à croûte continentale ou à croûte océanique lorsqu'il y a accrétion. Dans ce cas, le bassin marginal est bordé par deux marges passives, celle située du côté océanique étant le siège d'un volcanisme important ;
- des **chaînes de montagnes** (ex. cordillères des Andes) ou des **îles volcaniques** (ex. Petites Antilles) situées au bord de la plaque chevauchante. Le volcanisme (dont les magmas sont issus de la fusion partielle hydratée des roches du manteau, Fiche 28), la déformation et la sismicité y sont intenses ;
- un **prisme d'accrétion tectonique** (ex. La Barbade). C'est l'endroit où se regroupent les sédiments rabotés sur la croûte océanique au moment de son plongement sous la plaque chevauchante et les sédiments issus de l'érosion des montagnes ou volcans bordiers ;
- une **fosse océanique** parfois très profonde (plus de 11 km pour la fosse des Mariannes dans l'océan Pacifique). Elle correspond à la **frontière** entre les deux plaques convergentes ;
- une **lithosphère plongeante**, le plus souvent océanique, présentant un **bombement** caractéristique à l'avant de la fosse océanique.

De plus, en fonction de leur localisation géographique ou plus simplement de la proximité directe avec le continent, on distingue les **marges actives** et les **arcs insulaires actifs**.

2. LES MARGES ACTIVES ET LES ARCS INSULAIRES ACTIFS

Les marges actives sont toujours situées directement en bordure de certains continents. Le caractère actif de ce type de marge est souligné par la présence de **volcans**. Ces derniers sont souvent séparés du continent « non actif » par un bassin sédimentaire reposant sur une croûte continentale en extension donc amincie. C'est le cas de la bordure pacifique de l'**Amérique du Sud**.

Les arcs insulaires actifs correspondent à un chapelet d'îles et de volcans, l'ensemble reposant le plus souvent sur de la croûte continentale. Les arcs insulaires sont séparés du continent par un **bassin marginal** en extension composé d'une dorsale active et donc de croûte océanique. C'est le cas du **Japon** dont l'archipel est séparé de l'Asie par la mer du Japon (bassin non actif actuellement).

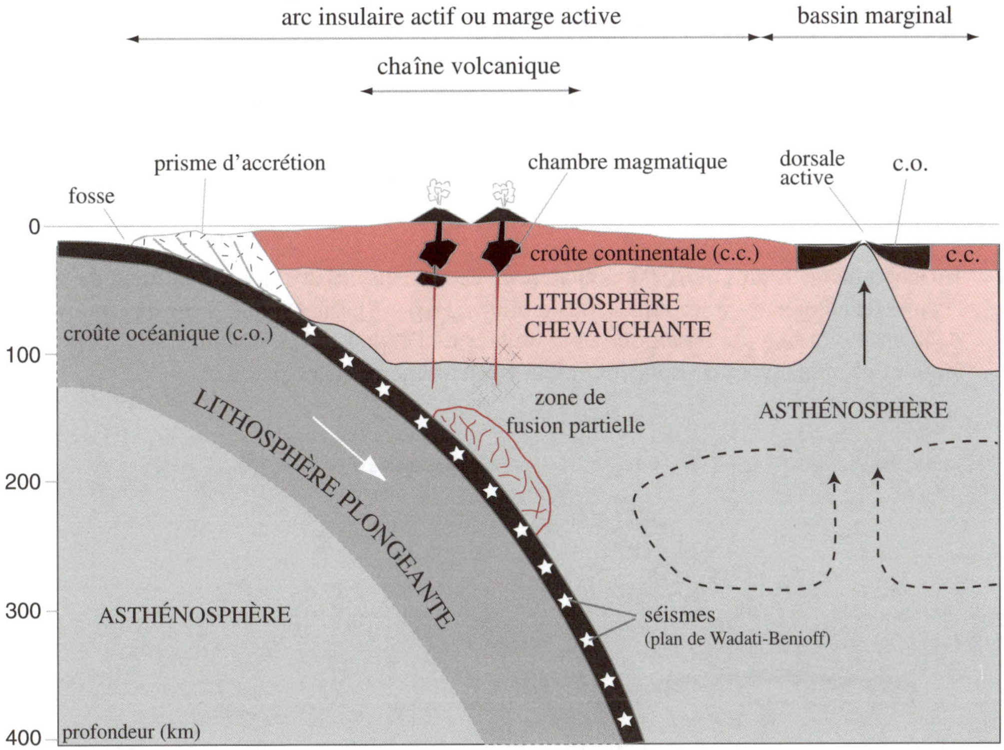

Figure 31.1 – Représentation schématique d'une marge active.

3. SISMICITÉ ASSOCIÉE

Au cours de son plongement, la partie superficielle de la lithosphère subit d'importantes contraintes du fait de la friction avec la plaque chevauchante et, plus profondément, de la difficulté à s'engager dans l'asthénosphère. Il en résulte de nombreuses ruptures à l'origine des séismes ressentis en surface. La zone de localisation des foyers sismiques (Fiche 37) est classiquement appelée **plan de Wadati-Benioff** dont la mise en évidence permet d'obtenir « une image » de la plaque plongeante (ou subduite).

4. ACCRÉTION MAGMATIQUE

Dans les zones de subduction, l'eau joue un rôle majeur dans la fusion partielle des péridotites du manteau. Entre 80 et 130 km de profondeur, le manteau entre en fusion au-dessus de la plaque plongeante. Une petite partie des magmas produits atteint la surface (volcanisme), la majorité cristallisant sous forme de gabbros dans les chambres magmatiques à la base ou dans la croûte continentale. La croûte s'épaissit donc par accrétion de roches magmatiques : c'est le **sous-placage magmatique**.

5. CONCLUSION

Les marges actives comme les arcs insulaires actifs correspondent à des limites de plaques convergentes et sont toujours associées au phénomène de subduction. Dans la plupart des cas, elles sont le reflet du plongement d'une lithosphère océanique sous une lithosphère continentale et plus rarement celui d'une subduction de type océan-océan (cas des îles Mariannes par exemple).

32 Les dorsales et la lithosphère océanique

Mots clés

Accrétion, Fusion partielle, Rides, Subsidence, Volcanisme

En s'étendant sur plus de 70 000 km au fond des océans, les dorsales constituent de véritables chaînes de montagnes volcaniques sous-marines (Fiche 29). Elles sont le siège du renouvellement de la croûte océanique basaltique et le moteur de l'expansion océanique. Nous insisterons ici sur les différents types de dorsales et leurs fonctionnements respectifs.

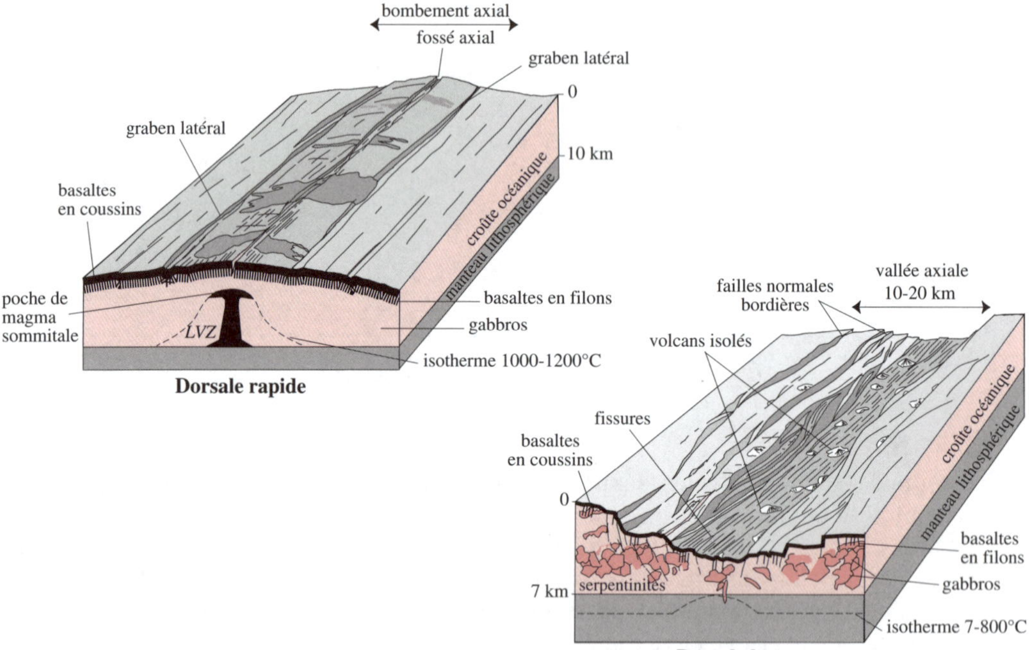

Figure 32.1 – Représentation simplifiée des dorsales lentes et rapides.

1. DORSALES LENTES ET DORSALES RAPIDES

Dorsales lentes (ex. ride Atlantique)	**Dorsales rapides** (ex. ride Est-Pacifique)
Taux d'ouverture < à 6 cm/an.	Taux d'ouverture de 8 à 16 cm/an.
Vallée axiale large (10 à 50 km) et profonde (1 à 2 km), limitée par des failles normales. Volcans au centre de la vallée.	Pas de vallée axiale mais parfois un fossé. Forme générale en dôme régulier.
Dorsales « chaudes ».	Dorsales « froides ».
Lithosphère épaisse (10 à 20 km).	Lithosphère mince (1 à 2 km).
Flancs très accidentés.	Flancs peu accidentés.
Croûte composée de serpentinites, de gabbros et de basaltes (peu de filons).	Croûte composée de gabbros, basaltes en filons et en coussins.

Les océans naissent et s'ouvrent à partir des dorsales océaniques (également appelées **rides**). Les vitesses d'ouverture océanique, estimées par exemple à l'aide des anomalies magnétiques enregistrées dans la croûte océanique (Fiche 73), sont variables d'un océan à l'autre. On distingue alors les dorsales **lentes** et les dorsales **rapides**.
On retiendra donc que plus une dorsale est rapide, moins sa forme est marquée. L'axe de ces dorsales n'est pas continu mais découpé en tronçons, appelés **segments**, de longueur variable : de plusieurs centaines (ordre 1) à quelques dizaines de kilomètres (ordre 2).

2. L'ACCRÉTION DE CROÛTE OCÉANIQUE

La croûte océanique (Fiche 28) se forme au niveau des dorsales à partir de l'accrétion de liquide magmatique. Ces magmas sont issus de la **fusion partielle anhydre** des péridotites du manteau. En effet, en remontant, les roches du manteau subissent une diminution de pression sans perte de chaleur. Cette remontée, dite **adiabatique**, permet aux péridotites de quitter les conditions « normales » du **géotherme** et ainsi de recouper le **solidus** vers 100 km de profondeur. Sans cette décompression, ces roches resteraient à l'état solide, malgré la profondeur. L'extraction des magmas vers la surface débute quand la fusion atteint environ 20 % du volume du manteau.

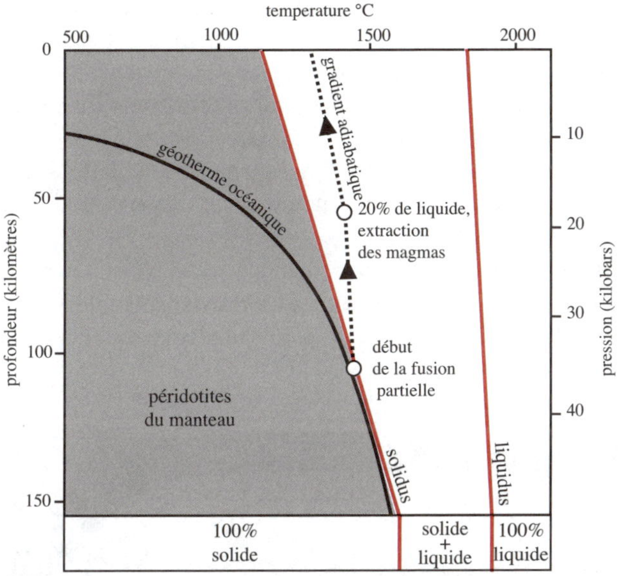

Figure 32.2 – Fusion partielle anhydre des péridotites du manteau.

3. ÉVOLUTION DE LA LITHOSPHÈRE OCÉANIQUE

Une fois produite, la lithosphère océanique s'écarte de part et d'autre des dorsales. Plus la lithosphère est âgée, plus elle est éloignée de l'axe des rides et plus les fonds océaniques sont profonds (plaines abyssales à – 4 à 5 000 m). En s'écartant de la zone d'accrétion, la lithosphère se refroidit (par conduction essentiellement et par hydrothermalisme, Fiche 53) et devient donc plus dense. L'approfondissement de la lithosphère peut alors s'exprimer par une loi simple, fonction de la racine carrée du temps :

$$\mathbf{P = 2\,500 + 350 \cdot t^{0,5}}$$ ou **P** est la profondeur d'eau et **t** l'âge de la croûte en Ma.

Par définition, la base de la lithosphère correspond à une isotherme à 1 200 °C. La lithosphère refroidissant avec l'âge, elle s'épaissit à sa base aux dépens de l'asthénosphère suivant la relation :

$$\mathbf{Z = 9 \cdot t^{0,5}}$$ où Z est l'épaisseur de la lithosphère en km.

33 La subduction

Mots clés

Convergence, Densité, Sismicité et plan de Wadati-Benioff

La subduction correspond schématiquement au retour de la lithosphère océanique dans la zone du manteau située sous une marge active ou un arc insulaire (Fiche 31). Elle permet le « recyclage » de cette lithosphère après sa production au niveau des dorsales (Fiche 32) et justifie l'absence de croûtes océaniques anciennes dans les océans (170 Ma océan Pacifique). Du point de vue géodynamique, la subduction se localise dans les zones de **convergence** et se traduit par une sismicité, une activité volcanique et des déformations intenses.

1. LES FORCES D'ENTRAÎNEMENT

Les forces mises en jeu dans les déplacements lithosphériques ne sont pas bien contraintes. Parmi les nombreuses hypothèses émises par les chercheurs, nous retiendrons :

La **force de traction *T*** du panneau plongeant (*slab pull* en anglais) qui correspond à l'effet de la gravité qui tire la plaque vers le bas. Elle est proportionnelle à la longueur et à la racine carrée de l'âge du panneau plongeant.

La **poussée à la ride *P*** (*ridge push* en anglais), perpendiculaire à la ride, qui résulte d'un entraînement lié à la différence de profondeur et de densité de la lithosphère entre la zone d'accrétion et la plaque plus âgée.

La **force d'entraînement *C*** liée aux mouvements de convection dans le manteau.

À ces forces motrices s'opposent des forces de **résistance** (notées ***R***) à l'avant du panneau plongeant et de **friction** (notées ***F***) entre le panneau plongeant et la lithosphère chevauchante.

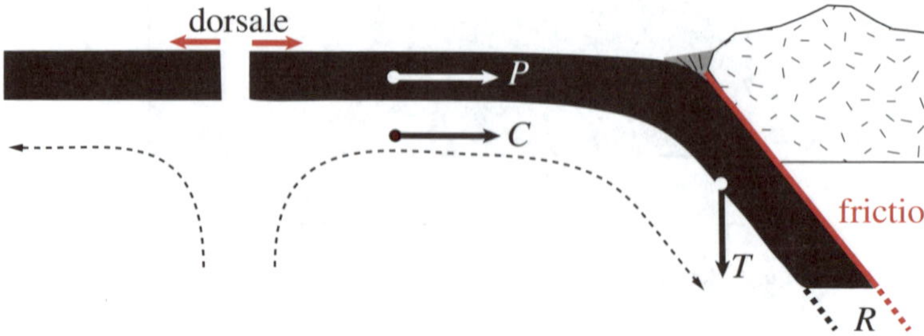

Figure 33.1 – Principales forces s'appliquant à la lithosphère océanique.

2. PENDAGE DU PANNEAU PLONGEANT

Dans les zones de subduction, la répartition des foyers sismiques, localisés à la surface de la plaque subduite, permet d'obtenir une « image » du plan de subduction ou plan de **Wadati-Benioff** (Fiche 31). L'alignement de ces foyers permet de définir le pendage de la plaque plongeante. Ainsi suivant la zone géographique, on peut noter des valeurs de **pendages très variables**, de 10° (subduction sous la zone Chili-Pérou) à plus de 80° (subduction des Mariannes quasiment verticale). Dans de nombreux cas, il est intéressant de remarquer que plus la plaque plongeante est ancienne (donc dense) plus le pendage est important.

3. UN EXEMPLE DE CHAÎNE DE SUBDUCTION : LA CORDILLÈRE DES ANDES

Les zones de subduction (donc de convergence) peuvent correspondre à de fortes déformations en surface (la Cordillère des Andes par exemple). Ces déformations seront d'autant plus marquées que le pendage du plan de subduction est faible et la subduction discontinue. En effet dans la région des Mariannes, aucune déformation majeure n'est observable (régime extensif), la subduction étant presque verticale.

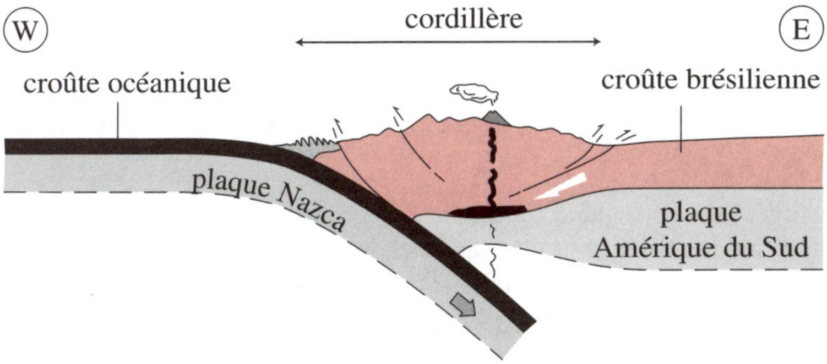

Figure 33.2 – Coupe schématique d'une chaîne de subduction (Cordillère des Andes).

La Cordillère des Andes est une chaîne de montagnes longue de 5 000 km, large de 500 km et culminant à plus de 7 000 m. Elle borde le continent sud américain sur sa façade pacifique parallèlement à la fosse de subduction du Chili-Pérou. Elle est formée de plis kilométriques largement faillés (failles inverses). La surrection de la chaîne est complexe et semble résulter de la combinaison d'une subduction « océanique » côté Ouest et d'une subduction « continentale » côté Est, la croûte continentale brésilienne s'enfonçant sous l'arc volcanique de la cordillère.

Le volcanisme, qui a débuté il y a plus de 100 Ma, n'est pas continu le long de la chaîne et semble absent lorsqu'en profondeur le plan de subduction est peu incliné. La sédimentation est marine jusqu'à la moitié du Tertiaire impliquant que pendant une durée d'environ 60 Ma, un contexte d'arc insulaire précède la surrection andine.

4. CONCLUSION

Comme pour les zones d'accrétion océanique, les vitesses de subduction varient d'un endroit à l'autre du globe. Surtout localisées sur le pourtour Pacifique, les zones de subduction révèlent parfois une activité sismique à plus de 670 km de profondeur impliquant ainsi le plongement de matériel froid et dense dans le manteau inférieur.

La subduction n'est qu'une étape transitoire dans la vie d'un océan. Si elle perdure, les marges finiront par se rencontrer : c'est la **collision** (Fiche 34).

34 Collision et obduction

Mots clés
Chevauchements, Convergence, Inversion tectonique, Ophiolites, Reliefs

La **collision** représente l'étape ultime de la dynamique en convergence puisqu'elle correspond à la rencontre entre deux continents après la disparition complète d'un océan. Lorsqu'un « morceau » d'océan se retrouvera coincé entre les deux continents, on parlera d'**obduction**.

1. LE CONTEXTE

La subduction d'une lithosphère océanique dense (plaque A) sous une lithosphère continentale moins dense (plaque B) va aboutir au contact de deux lithosphères continentales (A et B). La subduction de la lithosphère continentale A sous B est rendue difficile du fait de sa grande épaisseur mais surtout de sa densité plus faible que celle de l'asthénosphère. Les deux croûtes continentales vont alors s'affronter, se chevaucher (superposition) provoquant déformations et épaississement crustal : c'est la **collision**.

Avant la rencontre entre les deux lithosphères continentales, la subduction de la lithosphère A peut se bloquer. La convergence se poursuivant, la croûte océanique n'a d'autres solutions que de passer au-dessus de la croûte continentale : c'est l'**obduction**.

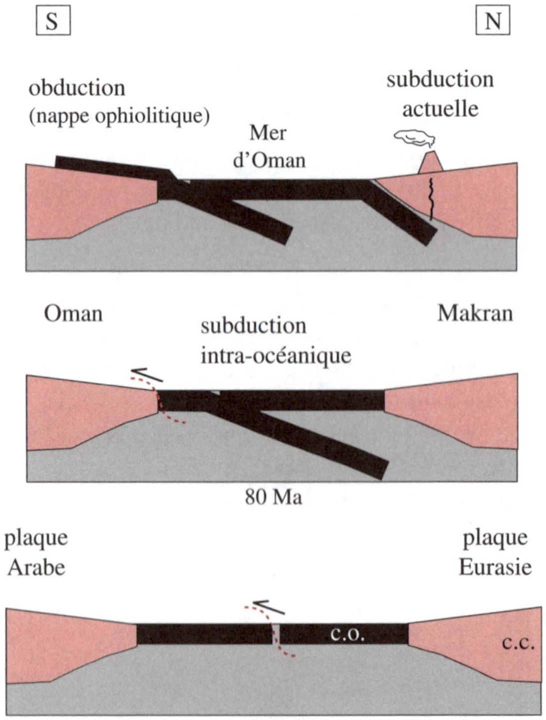

Figure 34.1 – L'obduction.

2. L'OBDUCTION

Dans le cas d'une subduction intra-océanique, l'une des lithosphères océaniques subducte sous l'autre. La lithosphère océanique chevauchante se rapproche donc de la bordure continentale de la plaque en subduction. Du matériel océanique est donc charrié (ou superposé) sur de la croûte continentale, l'ensemble étant fortement déformé. Au terme de la collision qui suivra, les lambeaux de croûte océanique **obductés** (appelés **ophiolites**) marqueront la cicatrice de l'océan disparu. L'exemple type correspond à la **chaîne de l'Oman** au sein de laquelle on trouve des ophiolites présentant les successions lithologiques complètes d'une lithosphère océanique : péridotites, gabbros, basaltes en filons et basaltes en coussins.

3. LA COLLISION

Précédée ou non par une phase d'obduction, la **collision** correspond à la fermeture complète d'un océan. Les marges (actives ou passives), qui se faisaient face jusqu'alors, se rejoignent et entrent en collision. Sans obduction, la **suture** entre les deux plaques sera repérée par les restes des sédiments composant le **prisme d'accrétion**. La structure des chaînes de montagnes, dites de collision, sera directement liée aux types de marges mis en jeu. En effet, dans le cas des marges passives (Fiche 30), la collision fera rejouer les failles normales (formant les blocs basculés lors de la structuration des marges passives) mais en mouvement inverse : c'est l'**inversion tectonique**. Ces failles se comportent alors comme des surfaces de chevauchement et les blocs basculés comme des nappes de charriage.

La structuration de ce type de chaîne sera également associée à la présence de différents niveaux de « faiblesse » dans la lithosphère, le long desquels se localisent des décollements :

- interfaces entre la couverture sédimentaire et le socle, granitique ou basaltique, de la croûte ;
- dans la croûte continentale, l'interface entre la croûte supérieure fragile et la croûte inférieure ductile (Fiche 28) ;
- la limite croûte-manteau lithosphérique (Moho, Fiche 15) ;
- la limite lithosphère-asthénosphère.

Ces différents niveaux de décollement peuvent se connecter grâce aux failles de détachement favorisant l'empilement des différentes couches de la lithosphère et donc son épaississement.

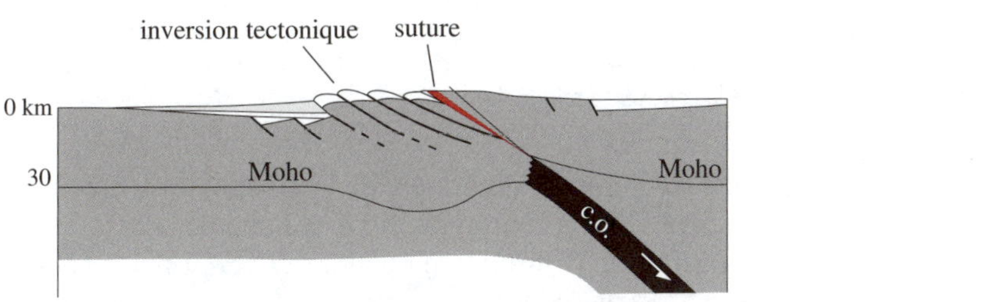

Figure 34.2 – La collision entre une marge passive et une marge active.
(D'après Boillot et al., *2003,* Introduction à la géologie : la dynamique de la lithosphère *(3ᵉ édition), Dunod, Paris, 202p).*

35 Les déformations de la croûte terrestre : les plis

Mots clés

Anticlinal, Axe du pli, Charnière, Ellipsoïde des contraintes, Isogone, Pli anisopaque, Pli isopaque, Synclinal, Tectonique

Les roches de la croûte terrestre soumises à des contraintes se déforment. La déformation est élastique jusqu'à un seuil d'élasticité propre à la roche. Au-delà, la déformation est plastique. Lorsque le seuil de rupture de la roche est dépassé, la déformation est cassante (Fiche 36). Le comportement de la roche dépend de la nature de la roche et de la profondeur à laquelle elle se trouve, de son degré d'hydratation et de la nature même de la contrainte. La déformation sera qualifiée de continue ou discontinue, souple ou cassante, aboutissant à des plis ou bien à des failles.

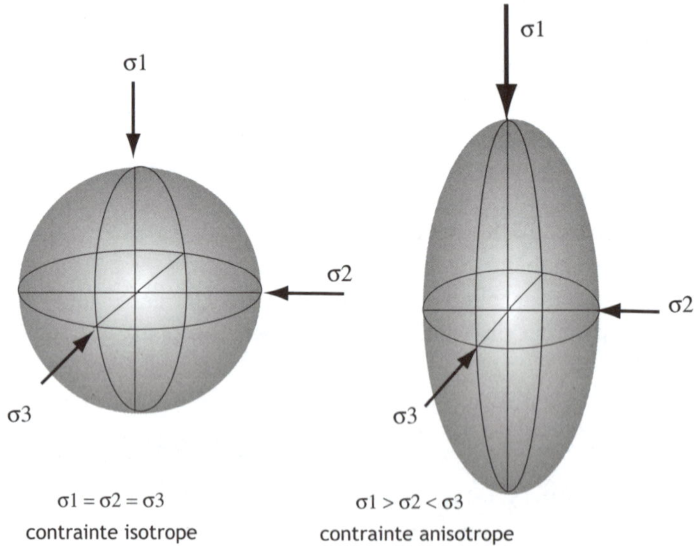

Figure 35.1 – Ellipsoïde des contraintes.
La contrainte qui s'exerce en un point peut être décomposée en trois vecteurs σ1, σ2 et σ3 orthogonaux. Pour une contrainte isotrope, ces trois vecteurs s'inscrivent dans une sphère. Une contrainte tectonique est représentée par un ellipsoïde dont les trois vecteurs représentent les axes : σ1 est la contrainte maximale, σ2 la contrainte moyenne et σ3 la contrainte minimale.

Les roches affectées par une contrainte se déforment de façon souple ou ductile : le plan axial des plissements est perpendiculaire à la contrainte. Le maximum de la déformation se fait au niveau des charnières des plis. Selon la position du plan axial, les plis peuvent être droits, ou déversés, allant même jusqu'à des plis couchés.

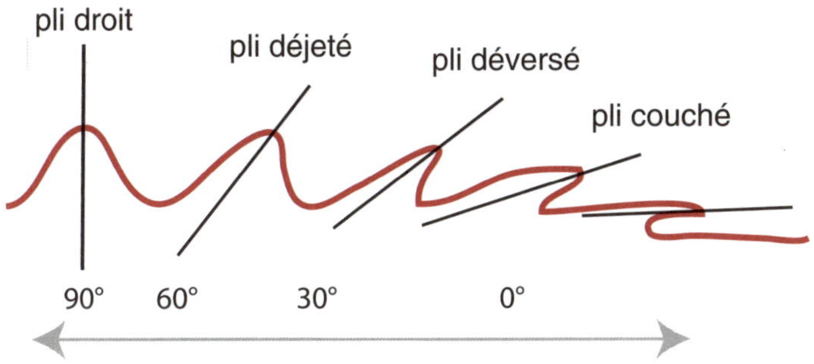

Figure 35.2 – Principaux types de plis.

Sauf pour des structures très particulières, dites de collapse, ou gravitaires, les plissements se créent en compression. Le pli est dit antiforme lorsqu'il se ferme vers le haut, et synforme lorsqu'il se ferme vers le bas. Dans un pli anticlinal, les terrains les plus anciens sont au cœur, alors que dans un synclinal ce sont les roches les plus récentes (Fiche 72).

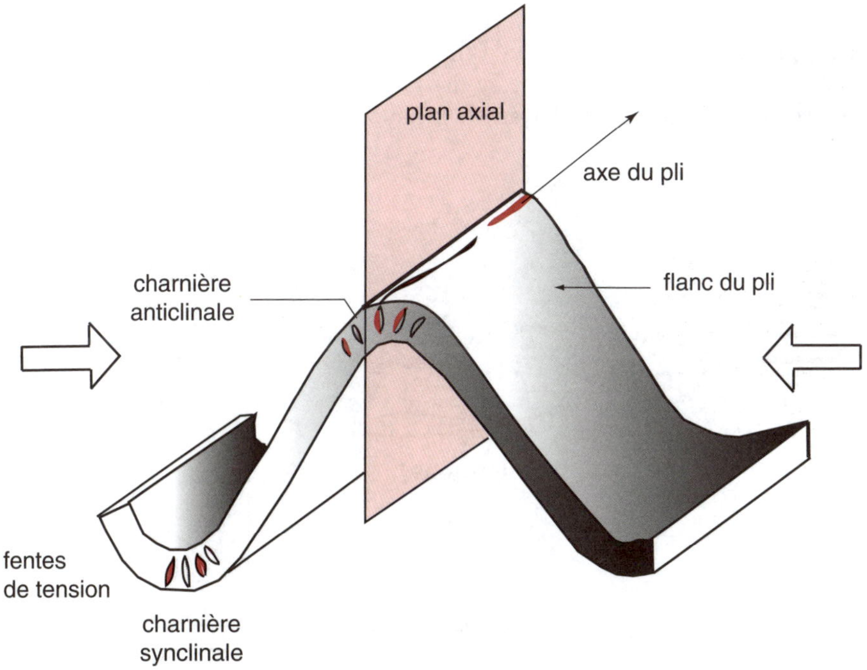

Figure 35.3 – Schéma d'un plissement simple.

Les plis anticlinaux sont des structures piège pour des hydrocarbures ou pour des nappes d'eau. Ils sont parfois utilisés pour des stockages souterrains de substances utiles (gaz et hydrocarbures).

a) Morphologie des plissements superficiels dans les chaînes de montagne

Les plissements y sont intenses. Les plis se retrouvent à toutes les échelles, de celle du minéral à l'échelle cartographique. Dans les zones les plus superficielles, le seuil de résistance mécanique des roches est souvent atteint, et les plis se faillent, allant jusqu'à des chevauchements d'ampleur kilométrique.

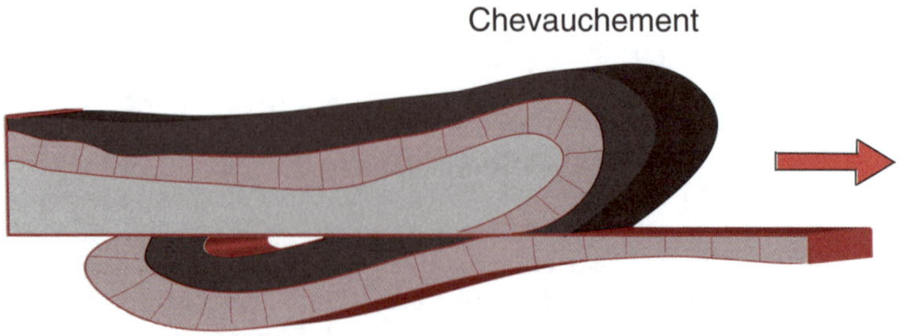

Figure 35.4 – Schéma d'un chevauchement.

Lorsque l'amplitude du chevauchement est très importante (> 5 km), on parle de charriage : l'unité charriée, ou allochtone, est en contact anormal sur l'unité autochtone. L'érosion peut découper des fenêtres dans la nappe de charriage, révélant le substratum autochtone, ou bien isoler des klippes allochtones à l'avant de la nappe.

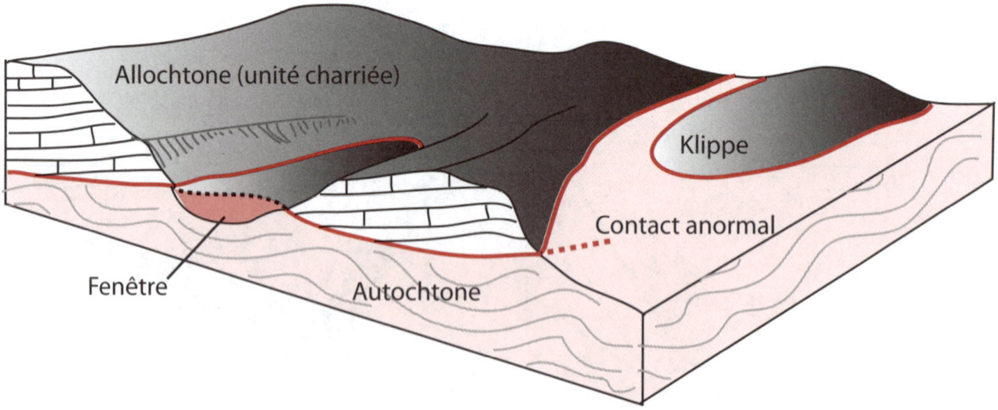

Figure 35.5 – Nappe de charriage.

b) Morphologie des plis selon la profondeur

La géométrie d'un pli varie selon la profondeur. Pour décrire un pli, on définit une ligne isogone, qui réunit les zones d'égal pendage. Si les lignes isogones sont parallèles entre elles on parle de pli semblable. Dans un pli isopaque, la couche plissée a partout la même épaisseur.

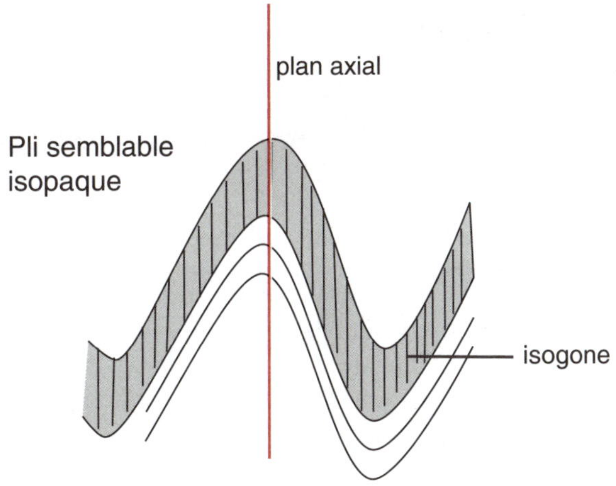

Figure 35.6 – Pli semblable isopaque et position des isogones.

L'enfouissement des roches modifie leur comportement : la pression lithostatique (le poids des roches surincombantes) et la température augmentant avec la profondeur, les roches en profondeur sont plus ductiles. Les plis ne seront plus cylindriques ou isopaques, mais anisopaques : les flancs du pli sont étirés, et les charnières boudinées. Les isogones ne sont plus parallèles.

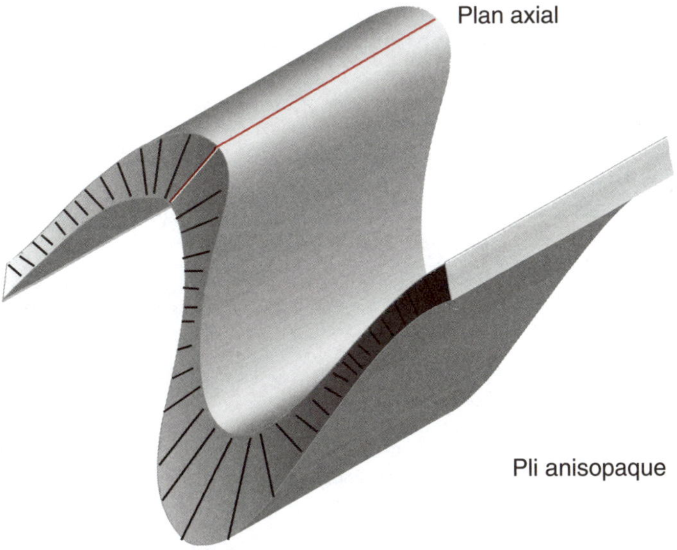

Figure 35.7 – Plissement anisopaque et boudinage des charnières de pli (comportement ductile).

36 Les failles

Mots clés

Chevauchement, Décrochement, Diaclase, Faille listrique, Faille normale et inverse, Faille transformante, Hydrothermalisme, Marges passives, Rifting

Lorsqu'une déformation dépasse le seuil de résistance mécanique de la roche, il y a rupture. Si la cassure ne s'accompagne d'aucun mouvement, on parle de **diaclase**. Les diaclases se distribuent selon le champ de contraintes (Fiche 35). Lorsqu'il y a déplacement, on parle de **faille**.

1. TYPOLOGIE DES FAILLES

Une faille délimite deux compartiments. Les roches broyées au contact des deux compartiments forment une mylonite. Le miroir de faille est une surface souvent recristallisée où des stries marquent le mouvement des compartiments. Ce miroir a un pendage et le mouvement des compartiments (le pitch) est contenu dans le plan du miroir, ou plan de faille. Si le pitch suit la ligne de plus grande pente, le rejet est vertical. Sinon, le jeu aura une composante horizontale et sera plus ou moins décrochant.

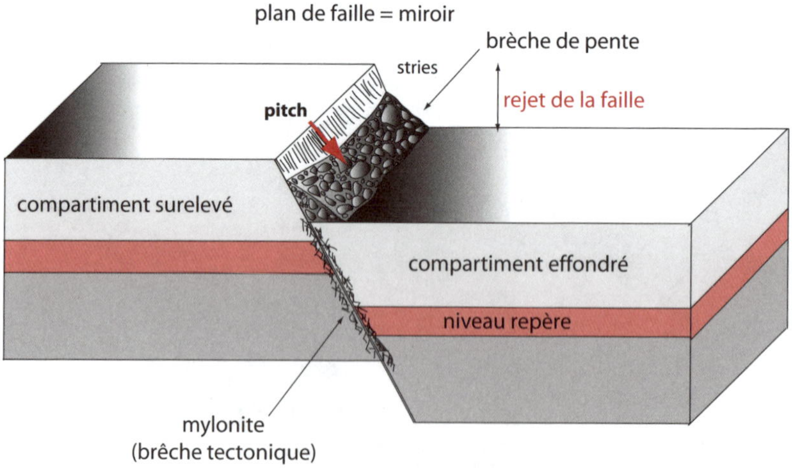

Figure 36.1 – Bloc diagramme d'une faille normale.

Lorsque la résultante du mouvement d'une faille est un raccourcissement horizontal la faille est **inverse**. Lorsqu'il y a allongement horizontal, on parlera de **faille normale**. Une **faille conforme** va dans le sens du pendage des couches ; lorsque le pendage est inverse, on parle de **faille contraire**. Lorsque le mouvement est horizontal, on parle de **décrochement**, dextre ou sénestre selon le sens de déplacement des compartiments.

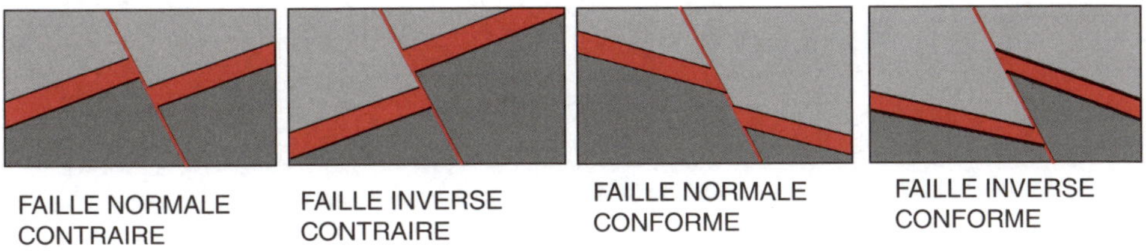

Figure 36.2 – Failles conformes et contraires, normales et inverses.

Les structures faillées sont autant de drains pour des solutions hydrothermales. Dans les failles des dorsales océaniques, l'hydrothermalisme (fumeurs noirs) concentre d'importantes quantités de sulfures métalliques (Fiche 53). Les mylonites et les fentes de tension sont fréquemment imprégnées de minerais (Fiche 56) formant des « filons » ou des « lentilles ».

Les failles transformantes, qui affectent les dorsales océaniques sont un cas particulier de mouvement coulissant. Les plaques lithosphériques sont de grands ensembles rigides : en deux points donnés de la plaque, la vitesse angulaire est constante, ce qui implique que la vitesse linéaire par rapport à l'axe de rotation de la terre est différente. De grandes structures faillées compensent cette différence. Elles sont situées sur les petits cercles eulériens et décalent l'axe des dorsales avec des décalages apparents dextres ou senestres.

2. LE CONTEXTE TECTONIQUE

Les failles se produisent en régime extensif ou compressif. En régime extensif, on retrouve des failles normales, souvent associées pour délimiter des fossés d'effondrement, appelés grabens et séparés par des seuils, ou horsts.

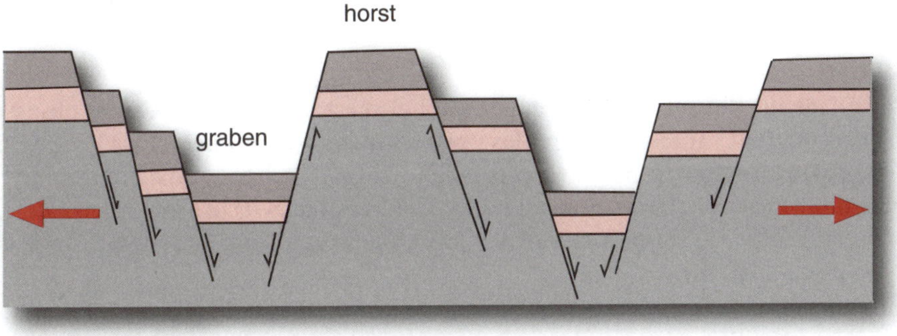

Figure 36.3 – Horst et Grabens.

Ces structures en distension marquent l'amincissement de la lithosphère, parfois associé à un volcanisme. Lorsque l'amincissement de la lithosphère aboutit à une océanisation, on parle de rift. En phase de pré-rift, les marges passives sont découpées par d'importantes failles courbes hectométriques à kilométriques (failles listriques) dont le pendage diminue en profondeur qui délimitent des blocs basculés (ou tiltés). À la base, le pendage de ces failles s'annule et la faille se résout en un détachement.

En régime compressif, on trouve des failles inverses qui affectent souvent des séries plissées : elles caractérisent les marges actives, les prismes d'accrétion tectonique, et plus largement les chaînes de montagne.

37 Les séismes

Mots clés

Énergie, Magnitude, Ondes, Tremblements de terre, Tsunamis

Les tremblements de terre, aussi appelés séismes, sont parmi les manifestations naturelles de la planète les plus marquantes pour la société. Leur étude, la **sismologie**, sert à la fois à localiser, et peut-être un jour à prédire, l'événement et à étudier les différentes enveloppes du globe terrestre (Fiche 15).

Le **séisme** correspond à la libération brutale, en une zone donnée plus ou moins profonde (le **foyer** ou **hypocentre**), d'une grande quantité d'énergie accumulée lentement. Cette énergie se propage ensuite dans le globe sous forme d'**ondes élastiques**. À leur arrivée en surface, ces ondes provoquent un mouvement du sol dont la durée n'excède pas quelques dizaines de secondes : c'est le tremblement de terre. L'**épicentre**, terme souvent employé, correspond à la projection verticale en surface du foyer et à la zone de secousse maximale.

1. RÉPARTITION

a) En profondeur

Toujours localisés dans la partie fragile et superficielle du globe (lithosphère), les foyers sismiques sont rencontrés à différentes profondeurs. On distingue ainsi les séismes **superficiels** (les plus fréquents et les plus dévastateurs) dont les foyers sont situés de 0 à 70 km de profondeur. Entre 70 et 300 km, on parlera de séismes **intermédiaires** et au-delà (jusqu'à 6-700 km) de séismes **profonds**.

b) En surface

À la surface du globe, la répartition des séismes n'est pas aléatoire. On les observe en effet dans trois régions caractéristiques : les **dorsales médio-océaniques** (Fiche 32), failles transformantes et rifts continentaux (foyers généralement < 20 km), aux environs des **zones de subduction** (Fiche 33 ; fosses océaniques, cordillères et arcs insulaires principalement autour de l'océan Pacifique ; séismes superficiels à profonds) et le long du **système orogénique alpin** (foyers jusqu'à 70 km).

D'une manière générale, les séismes sont localisés aux frontières des différentes plaques lithosphériques. Ils soulignent donc les différents types de limites de plaques (Fiche 44) : les rifts (divergence), les zones de subduction-collision (convergence) et les failles transformantes (coulissement).

2. LOCALISATION

Les **stations sismiques** (plusieurs milliers à travers le monde) équipées de sismographes (sorte de pendule à forte inertie) enregistrent en continu les ondes produites par un tremblement de terre. Un enregistrement (ou **sismogramme**) montre l'arrivée successive à la station sismique des ondes P (ou *premières*), des ondes S (ou *secondes*) puis des ondes L (Love et Rayleigh). En mesurant les temps d'arrivée des ondes P et S (retard *S-P*), il est possible de définir, à partir d'un modèle de propagation d'onde ou **hodographe**, la distance à l'épicentre du séisme. Pour une seule station sismique, l'épicentre sera situé sur un cercle centré sur la station et de rayon égal à la distance *d* à l'épicentre. **Avec trois stations sismiques au minimum**, il est donc possible d'effectuer une triangulation et donc de localiser précisément l'épicentre (un seul point d'intersection des trois cercles).

3. INTENSITÉ ET MAGNITUDE

Dans un premier temps, les tremblements de terre ont été classifiés de manière empirique en fonction de l'importance du ressenti par l'homme et des dégâts qu'ils engendrent aux constructions (échelle de 12 degrés dite de **Mercalli** puis **MSK**). Dans les années 1930, **Richter** propose une quantification empirique de la magnitude des séismes en mesurant le logarithme décimal de l'amplitude maximale observée sur un sismogramme situé dans une station sismique distante de 100 km de l'épicentre. La relation étant logarithmique, il faut noter qu'un séisme de magnitude 7 est 100 fois plus intense qu'un séisme de magnitude 5 !

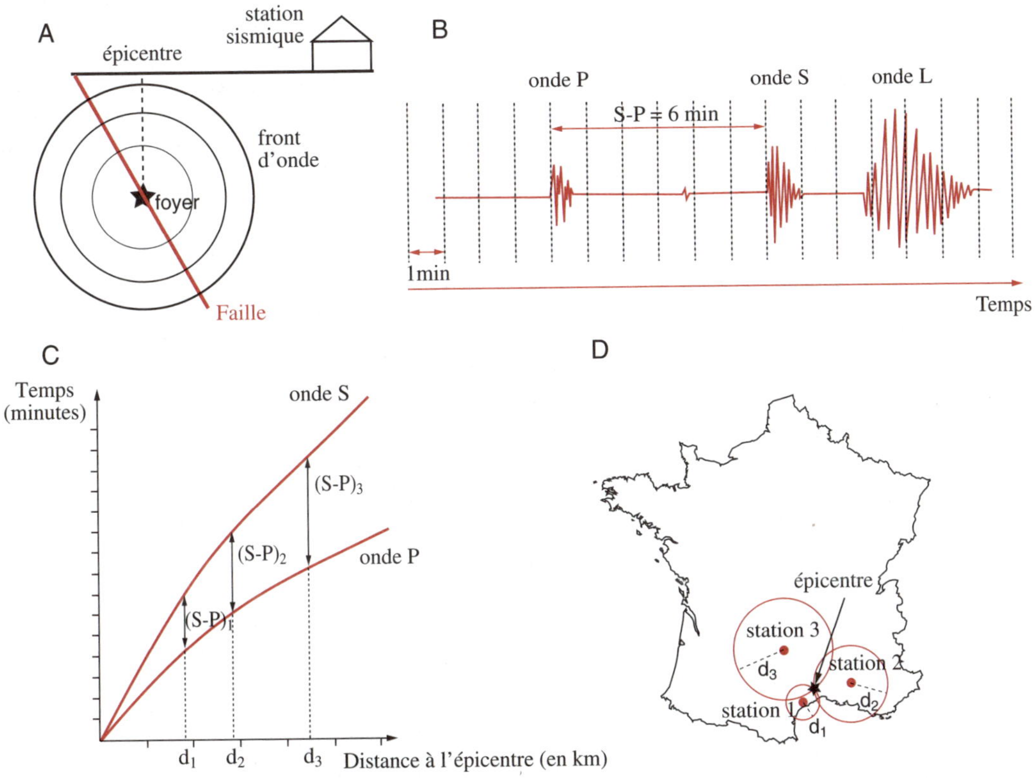

Figure 37.1 – A – Foyer sismique et épicentre. B – Sismogramme. C – Hodographe sur lequel sont représentés les retards S-P d'un même séisme enregistré dans trois stations sismiques différentes. D – Localisation de l'épicentre d'un séisme à l'intersection des trois cercles de rayons *d* (distance à l'épicentre obtenue par l'hodographe).

4. CONCLUSION

Les séismes traduisent des mouvements brusques entre deux compartiments lithosphériques. Bien que brefs, ils sont souvent précédés de petites secousses (**précurseurs**) et sont suivis, quelques heures voir quelques semaines plus tard, par d'autres tremblements qui diminuent en fréquence et en magnitude (**répliques**).

38 La genèse des magmas

Mots clés

Géotherme, Harzburgite, Lherzolite, Liquidus, Péridotite appauvrie, Solidus

Le magma se forme par fusion des roches de l'asthénosphère et de la lithosphère. La roche solide se transforme, par fusion, en un mélange où coexistent liquide, solide et vapeur (Fiche 40). La limite entre le domaine entièrement solide et l'apparition des premières gouttes de liquide est le **solidus**. La fusion totale est obtenue lorsque le mélange franchit une limite, le **liquidus**.

1. GENÈSE DES MAGMAS : CONTEXTE GÉODYNAMIQUE

La propagation des ondes sismiques dans le manteau met en évidence une zone de faible vitesse (LVZ) où le géotherme du manteau tangente le solidus des péridotites : une perturbation du géotherme suffit à provoquer un début de fusion avec formation de magma. Ces conditions sont réalisées dans des contextes géodynamiques particuliers. Le cas de l'anatexie sera traité plus loin (Fiche 39).

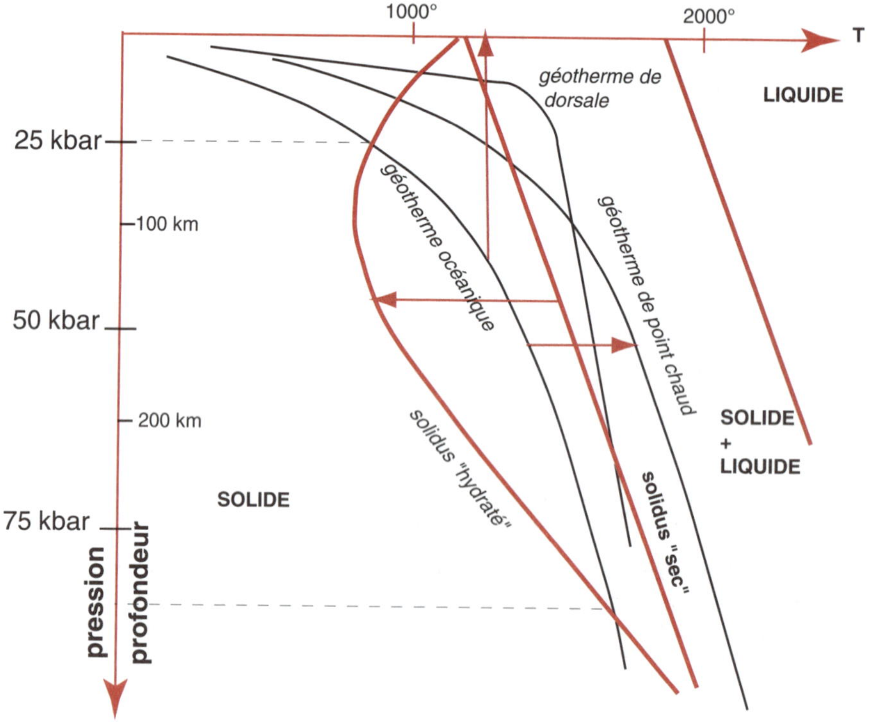

Figure 38.1 – Contexte géodynamique de la fusion du manteau.

a) Décompression adiabatique

À l'aplomb des dorsales, la baisse de pression revient à remonter le géotherme de façon adianatique, sans baisse de température : le magma formé migre vers la surface où il cristallise rapidement. Les basaltes ainsi formés, peu différenciés, ont une composition (**MORB, *Middle Oceanic Ridge Basalt***) qui reflète celle du manteau supérieur.

b) Augmentation de la température

Ces conditions sont réalisées dans les panaches des points chauds (Fiche 42) liés à la convection mantellique (Fiche 26). Le magma des points chauds (***Oceanic Island Basalt*, OIB**), d'origine profonde (manteau inférieur) montre une composition en traces très différente de celle des MORB.

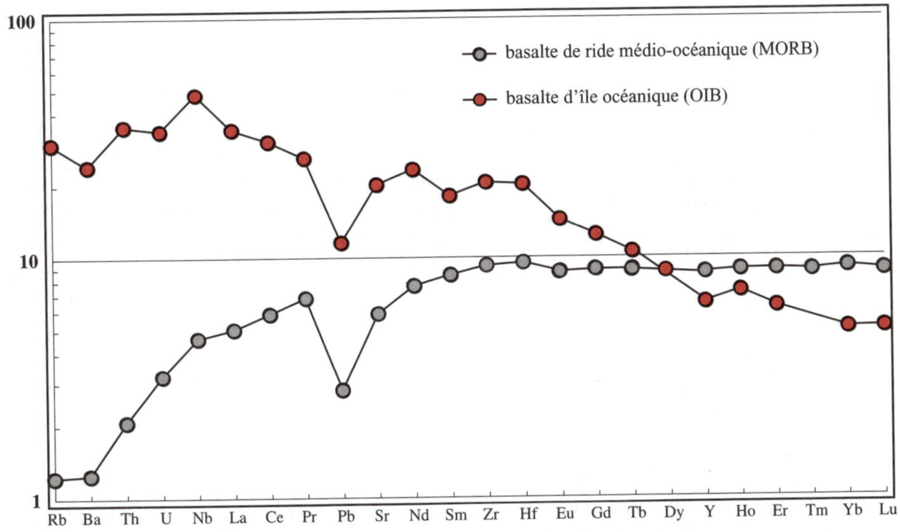

Figure 38.2 – Spectre des terres rares des MORB et des OIB.

c) Abaissement du point de fusion

L'eau abaisse le solidus des péridotites. L'eau libérée dans ce cas provient de la déshydratation des roches de la lithosphère océanique subduite : elle percole dans les roches du manteau, dont elle provoque la fusion (Fiche 32). Les roches formées à partir de ces magmas sont riches en eau et montrent une contamination par les éléments de la croûte.

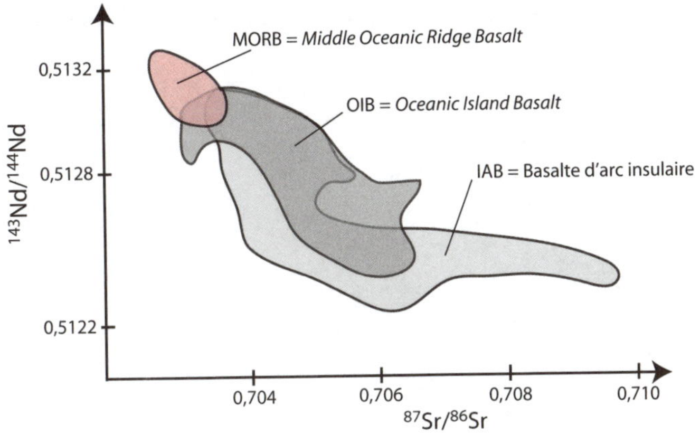

Figure 38.3 – Isotopes Sr et Nd montrant l'appauvrissement des MORB et l'enrichissement des basaltes IAB en ^{87}Sr dû à la contamination crustale.

2. LA DIFFÉRENCIATION DES MAGMAS

Le magma formé est caractérisé par un spectre d'éléments en traces ; plus la source est différenciée (et c'est le cas de la lignée tholéiitique), plus le spectre sera appauvri par rapport aux magmas d'origine profonde, provenant d'un manteau moins différencié. Les magmas primaires vont évoluer vers des magmas plus ou moins différenciés par cristallisation fractionnée (Fiche 41). Selon le degré de fusion partielle et le rapport des éléments alcalins sur la silice, on définit trois lignées magmatiques principales, à partir d'une roche péridotitique initiale de type **lherzolite**. Le résidu mantellique après extraction du magma est une péridotite appauvrie (type **harzburgite**).

Magma tholeiitique	$Na_2O + K_2O/SiO_2$ faible	Origine superficielle P < 20 kbar	25 à 30 % fusion partielle	Dorsales océaniques MORB Rifts continentaux OIT (tholéiites insulaires)	Basaltes Rhyolites Islandites
Magma « calco-alcalin »	$Na_2O + K_2O/SiO_2$ moyen		10 à 20 % fusion partielle Contamination crustale	Arcs insulaires et marges actives	Andésites Rhyolites Dacites Hawaiites, Mugéarites, Benmoreytes Trachytes
Magma alcalin	$Na_2O + K_2O/SiO_2$ élevé	Origine profonde p > 20 kbar	5 à 10 % fusion partielle	OIB Points chauds	Phonolites Tephrites Trachytes

Dans ce tableau ne figurent pas des roches d'âge archéen (2,5 GA), les komatiites pour lesquelles le taux de fusion partielle dépasse les 50 %, ce qui témoigne d'un géotherme très différent du géotherme actuel. Ces laves montrent une texture particulière (olivine spinifex).

Le diagramme de Harker permet de visualiser les séries volcaniques : on remarque sur le diagramme une série hyper-alcaline, à faible taux de fusion partielle mais riche en K_2O, dite série shoshonitique, qui correspond à un volcanisme de subduction.

3. CONCLUSION

À partir d'une même roche initiale, selon le degré de différenciation, l'âge, le taux de cristallisation fractionnée et de fusion partielle, le degré d'hydratation et le niveau de contamination crustale on obtient la très grande diversité des roches magmatiques présentes dans la lithosphère.

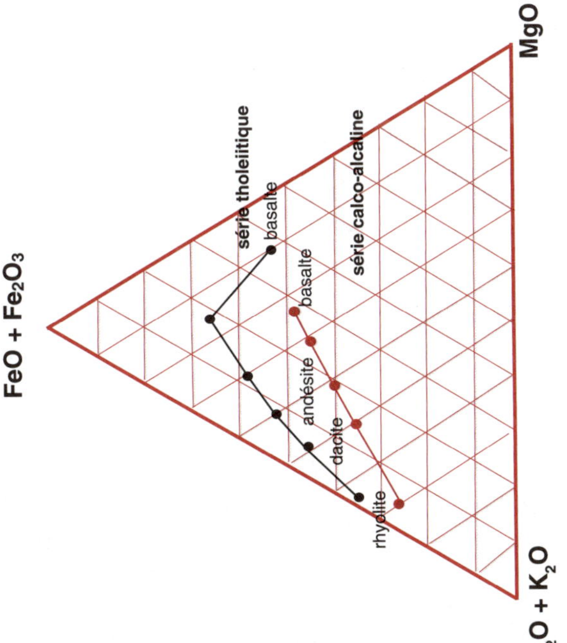

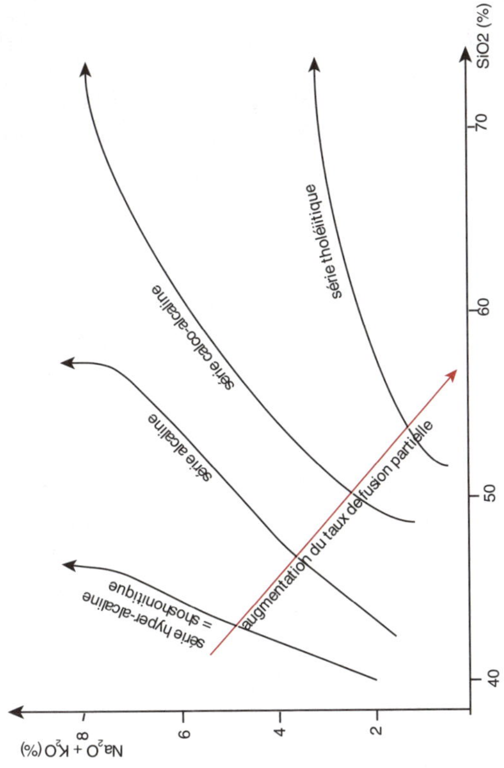

Figure 38.4 – Lignées magmatiques (diagramme de Harker).

39 Anatexie

Mots clés

Granulite, Métamorphisme, Migmatite, Paragenèses

Le granite a plusieurs origines : il peut être le produit le plus différencié de la cristallisation fractionnée d'un magma mantellique (Fiche 38), mais il peut aussi provenir de la fusion de la lithosphère continentale. Le terme ultime du métamorphisme de la lithosphère continentale est une limite séparant des roches métamorphiques (faciès granulite) de roches granitiques ou migmatitiques.

1. DES MIGMATITES AUX GRANITES D'ANATEXIE

Dans la lithosphère continentale, les roches atteignent au cours de leur enfouissement des conditions thermodynamiques telles qu'elles franchissent le solidus du granite. Les conditions de cette fusion sont réalisées dans un trajet PTt de moyenne pression et haute température. La fusion des roches est facilitée par la présence d'eau. La fusion débute vers 680 °C.

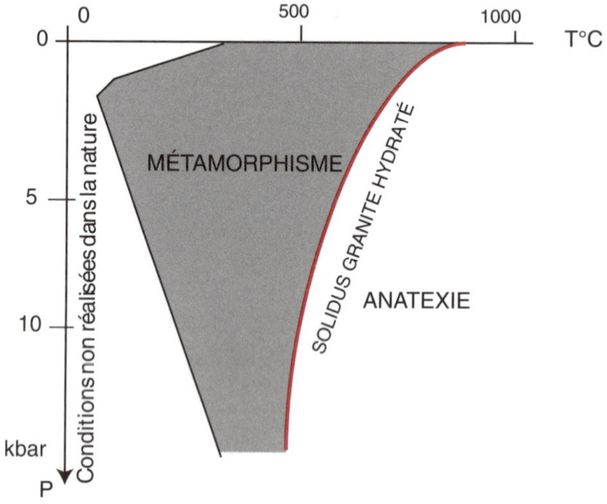

Figure 39.1 – Diagramme PT et position de la limite de l'anatexie.

Le liquide formé est extrait et s'injecte en diapir dans l'encaissant non transformé, ou bien, le plus souvent, cristallise sur place, formant des amas concordants de grande taille ou encore des amas diffus à enclaves d'encaissant plus ou moins transformé et passant sans contact net à des **migmatites**.

Les migmatites sont des roches où on reconnaît une trame métamorphique (paléosome) avec des plages néoformées de granite (néosome). Des lits de matériel surmicacé réfractaire, le mélanosome entourent des lentilles de minéraux quartzo-feldspathique (leucosome). Ces roches passent progressivement à des granites leucocrates, les **granites d'anatexie**. Les granites d'anatexie ont des paragenèses qui se rapprochent des roches encaissantes, avec la présence de minéraux tels que la cordiérite ($Si_5Al_4O_{18}$) $(FeMg)_2$ ou la sillimanite (Al_2SiO_5).

Le rapport isotopique $^{87}Sr/^{86}Sr$ des granites d'anatexie est supérieur à 0,710, alors qu'il est plus proche de 0,702 pour les granites d'origine mantellique, ce qui permet de les différencier.

On a *grosso modo* trois types de contextes anatectiques :

- **zones orogéniques**, où la fracturation post-collision, liée à une distension facilite l'ascension des liquides granitiques ;
- **zone de subduction** : la lithosphère continentale hydratée piégée dans les contacts anormaux libère les fluides nécessaires à la fusion des roches ;
- **zone de distension** avec amincissement crustal (rift).

2. MODÉLISATION DE L'ANATEXIE

Expérimentalement, quel que soit le matériel volcano-sédimentaire considéré (contenant Na, Si, K et Ca), en faisant augmenter P et T, on obtient *in fine* un liquide de composition granitique voisine de M. En effet, les premières gouttes de liquide ont la composition de l'eutectique. La fusion se poursuivant, il se forme un liquide silicaté de composition granitique.

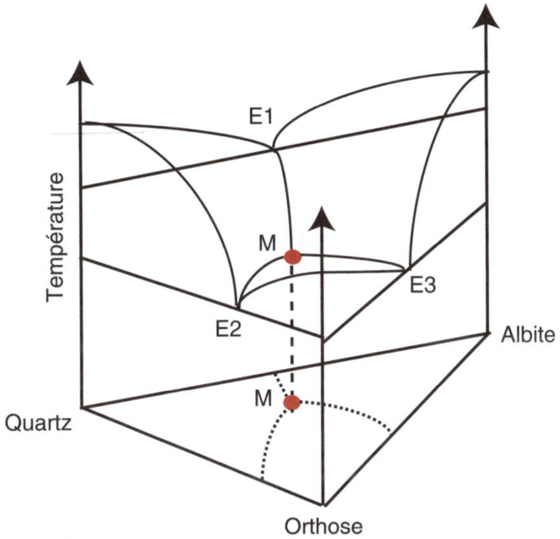

Figure 39.2 – Diagramme ternaire : cristallisation d'un granite d'anatexie.

La formation de liquides anatectiques a deux facteurs limitants : la nature des roches transformées et le degré d'hydratation. La teneur en eau facilite la fusion du mélange. L'eau provient de la déshydratation de minéraux comme la biotite ou des minéraux d'altération, de circulations liées à la fracturation (métamorphisme hydrothermal) ou de la déshydratation de roches hydratées.

40 La fusion partielle

Mots clés

Diagramme de phases, Eutectique, Fusion congruente et incongruente, HOT, Lignée alcaline, Lignée calco-alcaline, Lignée tholéiitique, LOT

Les roches mantelliques qui franchissent le solidus vont entrer en fusion. La part du liquide et de la phase solide dépend des conditions thermodynamiques et de la composition initiale de la roche silicatée.

1. FUSION CONGRUENTE ET INCONGRUENTE

Un mélange de minéraux fond de façon **congruente** lorsque seul du liquide est formé. La fusion suit l'**eutectique** (Fiche 41) : le liquide obtenu a la composition de la roche fondue. C'est le cas par exemple d'un mélange albite-orthose-quartz.

La **fusion incongruente** est un phénomène plus complexe : il y a coexistance des phases solides pré-existantes, du liquide formé et d'espèces qui apparaissent lors de la réaction de fusion.

2. RÔLE DE L'EAU DANS LA FUSION DES ROCHES

L'eau abaisse le seuil de fusion de la roche (Fiche 38) : cette eau peut provenir de la déshydratation de minéraux constitutifs (biotite, amphiboles), de la roche elle-même qui peut être plus ou moins hydratée ou de fluides extérieurs.

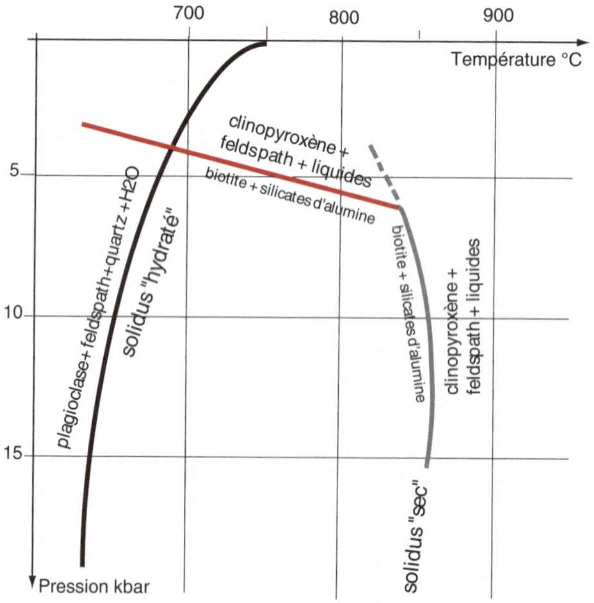

Figure 40.1 – Fusion du granite (solidus « sec » et humide).

On retrouve ce phénomène de fusion dans les péridotites mantelliques : l'eau libérée par la transformation de minéraux hydratés (chlorite, actinote, amphiboles) en glaucophane de la c.o. subduite abaisse la température de fusion des péridotites.

3. FUSION PARTIELLE

Lorsque la roche atteint les conditions de fusion et franchit le solidus, les premières gouttes de liquide proviennent des minéraux les plus fusibles : olivine, pyoxène, plagioclase, biotite et enfin quartz : le liquide formé est enrichi en ces éléments. La phase solide est appauvrie de façon concomitante. Lorsque la fusion se poursuit, le liquide formé s'enrichit progressivement en éléments réfractaires. Dans les diapirs mantelliques, sous les dorsales, la fusion partielle débute lorsque les **lherzolites** du manteau traversent l'isotherme des 1 200° : le liquide formé a une composition de magma tholéïitique et cristallisera en formant du gabbro et/ou du basalte. Le résidu non fondu formera le **manteau appauvri**. Selon le taux de fusion partielle, on distingue un manteau appauvri de type lherzolite (LOT, rencontré dans les Alpes) ou un manteau harzburgitique (HOT, type des ophiolites d'Oman).

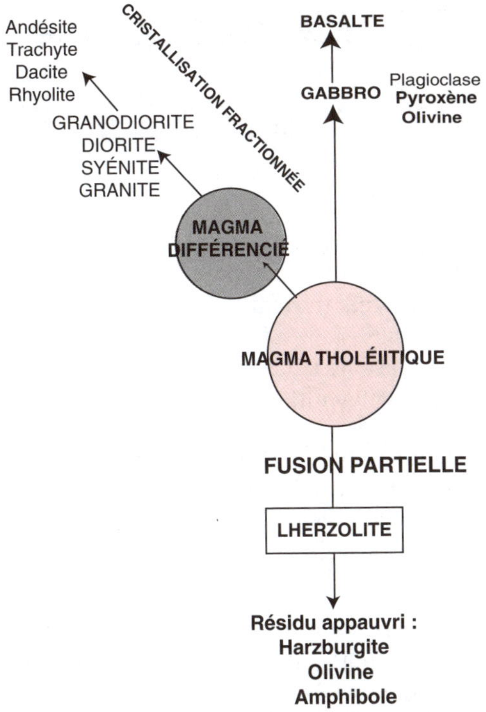

Figure 40.2 – Fusion partielle du manteau.

4. EXTRACTION DU LIQUIDE MAGMATIQUE

Les premières gouttes de liquide apparaissent entre les grains. Il faut que le seuil de perméabilité (> 3% de fusion) soit atteint pour que le liquide circule entre les grains.

L'extraction du liquide silicaté conduit à l'apparition de magmas primaires qui peuvent soit cristalliser directement, soit être stockés dans des chambres magmatiques pour donner des termes de plus en plus différenciés, pouvant aller jusqu'à des **granites**.

L'extraction du liquide n'est possible qu'à partir d'un certain degré de fusion. Dans la LVZ, ce taux est de l'ordre de 1 %, il n'y a pas d'extraction du magma. Entre 30 et 70 % de fusion, la roche montre une trame cristalline baignée de liquide silicaté. Au-dessus de 70 %, le liquide est mobile.

La séparation des phases se fait principalement selon trois phénomènes : un effet « filtre presse » où la compaction des cristaux repousse le liquide, un phénomène de cristallisation de bordure qui concentre le liquide au cœur de la chambre magmatique, et un phénomène de sédimentation gravitaire dû à la convection (Fiche 41). La surpression exercée par le magma sur l'encaissant solide va le fracturer : le liquide magmatique monte vers la surface où la pression diminuant, l'exsolution des bulles de gaz amplifie la fracturation.

41 La cristallisation fractionnée

Mots clés

Chambre magmatique, Cumulat, Diagramme de phases, Eutectique, Hygromagmaphile, Péritectique, Série isomorphe, Série de Bowen

Le magma refroidit et cristallise en formant des roches magmatiques. La diversité des roches produites dépend de la composition du liquide silicaté initial, mais aussi de l'évolution du liquide dans les chambres magmatiques, où des phénomènes de fractionnement sont à l'origine de magmas différenciés.

1. LA CRISTALLISATION D'UN BAIN SILICATÉ : DIAGRAMME DE PHASES

L'expérimentation permet de comprendre les modalités d'apparition de cristaux lors du refroidissement d'un liquide de composition silicatée. On se limitera à des cas très simples.

a) Espèces miscibles

Si les éléments sont miscibles, mais qu'ils cristallisent à des températures différentes, les premiers cristaux apparus sont ceux dont le point de cristallisation est le plus élevé. Le liquide A évolue vers le pôle à basse température, alors que les cristaux formés se rééquilibrent par échange ionique avec la solution silicatée. Lorsque le liquide atteint la composition initiale, le bain silicaté se fige : sa composition est donc le reflet de la composition initiale. Cette réaction n'est possible que si le temps de refroidissement est très élevé.

Si la cristallisation est rapide, les ions n'ont pas le temps de migrer et les minéraux qui apparaissent ont des compositions qui évoluent du centre vers la périphérie : les cristaux sont zonés. Leur composition ultime est représentée par le point F.

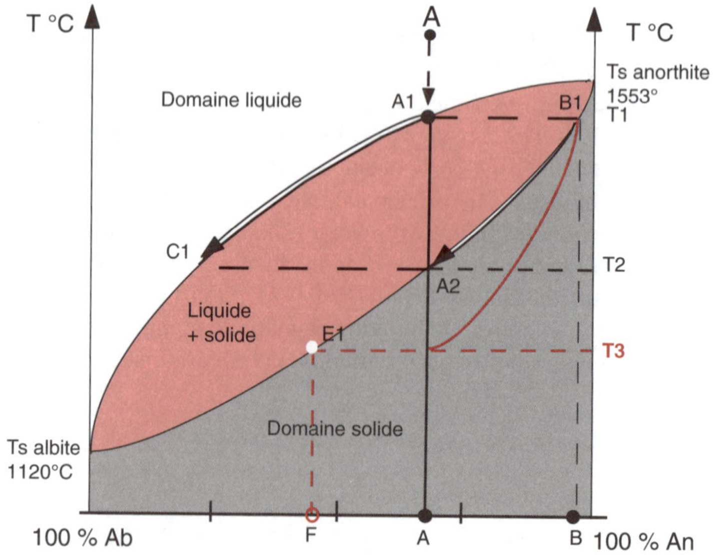

Figure 41.1 – Diagramme de phase d'un mélange albite-anorthite.

Dans le cas de figure de deux minéraux qui forment une **série isomorphe**, il faut distinguer le cas où les minéraux forment une solution solide du domaine où les minéraux sont immiscibles : la frontière entre ces deux domaines est le *solvus*.

b) Espèces immiscibles

Lorsqu'un liquide silicaté comporte des minéraux qui ne se mélangent pas, la cristallisation débute par l'espèce minérale dont la température de solidification la plus élevée, et s'enrichit en cristaux alors que le liquide résiduel s'appauvrit relativement. De même, lorsque la température passe sous le seuil de cristallisation de la deuxième espèce, les deux cristaux se forment simultanément, jusqu'au point E, ou **eutectique** : sous ce point, il n'y a plus de liquide résiduel. La fusion de la roche formée est congruente.

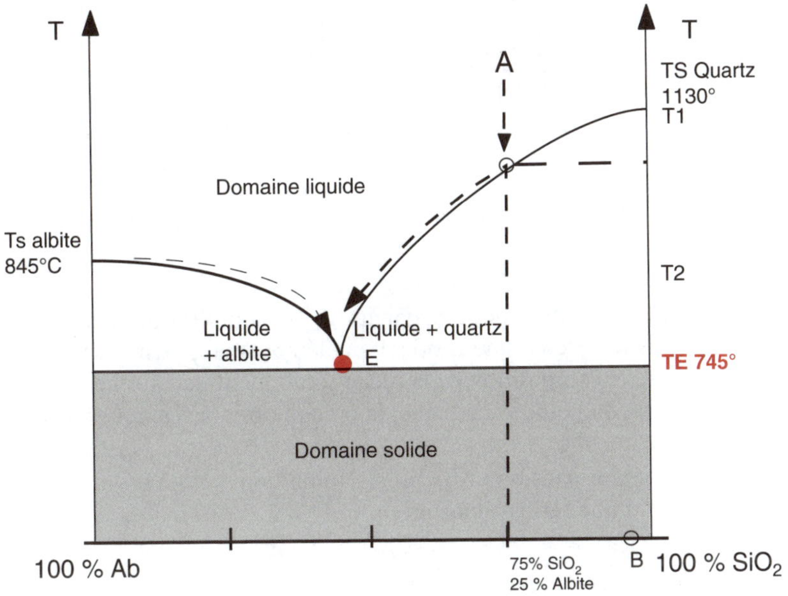

Figure 41.2 – Diagramme de phases pour deux minéraux immiscibles (quartz/albite).

c) Mélange avec apparition d'un composé intermédiaire

Dans un système SiO_4Mg_2/SiO_2, par exemple, une espèce intermédiaire apparaît : selon la composition du mélange, on obtient un mélange de cristobalite et orthopyroxène ou un mélange de forstérite et orthopyroxène, mais en aucun cas forstérite et cristobalite. La température Tp, où apparaissent les premiers cristaux intermédiaires est appelée **péritectique**. La cristallisation fractionnée d'un tel mélange sépare les différentes phases dans l'ordre d'apparition.

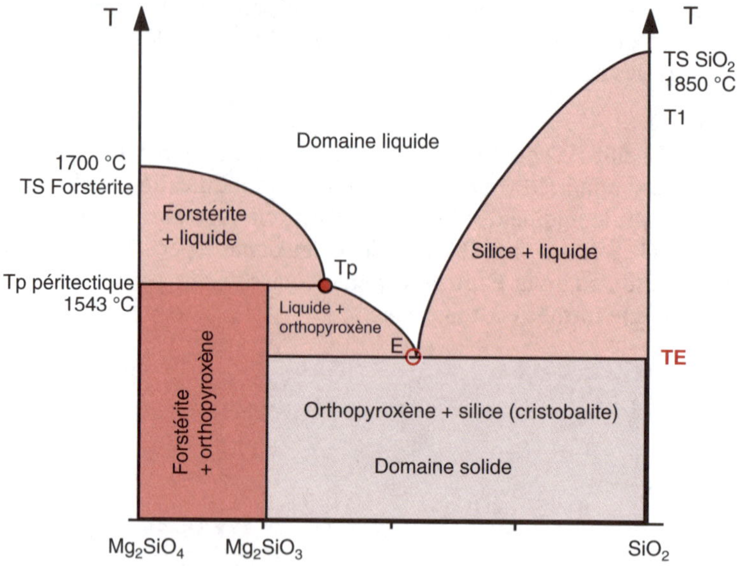

Figure 41.3 – Diagramme de phases du système (SiO_2/forstérite).

2. ÉVOLUTION D'UN LIQUIDE MAGMATIQUE

Lors du refroidissement d'un liquide magmatique de composition donnée, l'apparition des premiers cristaux enrichit le liquide résiduel en éléments non-cristallisés. Si la cristallisation se poursuivait *in situ*, la composition de la roche serait identique à celle du bain silicaté d'origine, mais l'extraction du liquide résiduel et la précipitation de **cumulats** de cristaux aboutit à la différenciation du magma.

Les minéraux se forment dans un ordre précis, selon qu'ils cristallisent de façon discontinue ou bien qu'ils forment une **série isomorphe**.

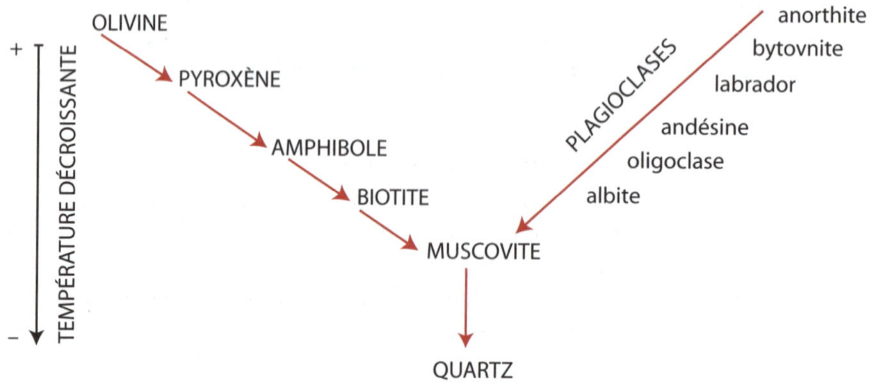

Figure 41.4 – Série réactionnelle de Bowen.

Les roches formées à partir du liquide résiduel évolueront à leur tour, formant une **série magmatique**. Les magmas stockés dans une **chambre magmatique** vont évoluer par cristallisation fractionnée vers des produits différenciés selon deux mécanismes.

- Si on considère la chambre magmatique comme un système clos sans alimentation en magma, la convection thermique qui s'établit sépare les cumulats du liquide enrichi en éléments **hygromagmatophiles**.
- La réalité est souvent plus complexe : la chambre est réalimentée en magma primaire, qui se mélange aux liquides résiduels. Dans ces systèmes ouverts, des systèmes de fractures acheminent les liquides de faible densité vers la surface.

Les cristaux se plaquent sur les bords de la chambre. À la base des chambres magmatiques, les cristaux s'accumulent (sédimentation magmatique) et forment des roches litées très denses (dunites litées riches en Ni, amas lités de chromites).

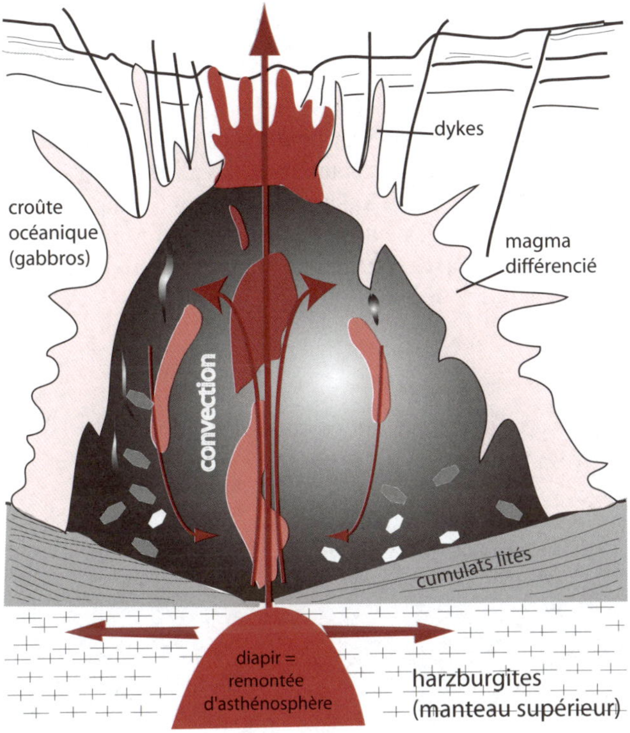

Figure 41.5 – Chambre magmatique « ouverte » au niveau d'une dorsale océanique.

42 Les points chauds

Mots clés

Basaltes alcalins, Panaches mantelliques, Trapps, Volcanisme

Les points chauds sont des édifices liés à un **volcanisme** intense, actuel ou fossile. Ils se rencontrent sur la lithosphère océanique ou continentale. Ils sont classiquement utilisés en géologie pour déduire la vitesse absolue de déplacements des plaques océaniques à la surface de la Terre (Fiche 43).

1. MORPHOLOGIES

Les points chauds correspondent à des accumulations de basaltes pouvant prendre différentes formes ou localisations. Certains sont toujours actifs alors que d'autres correspondent à des édifices fossiles. On distingue les **îles volcaniques isolées** (ex. la Réunion), les **alignements de monts sous-marins** dont l'une des extrémités correspond à un volcan actif (ex. Hawaï), les **grands épanchements basaltiques** continentaux appelés grandes provinces ignées ou ***trapps*** (ex. le Deccan).

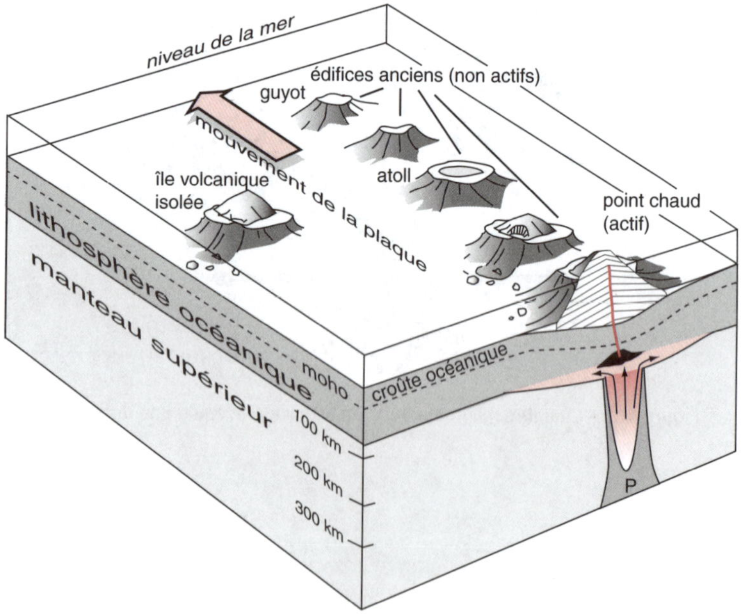

Figure 42.1 – Point chauds et îles volcaniques isolées.

2. FONCTIONNEMENT

Les basaltes associés aux points chauds sont généralement de type alcalin. Cela implique une origine profonde des magmas originels : le manteau inférieur. On appelle **panache** la partie du manteau solide qui remonte et qui entre en fusion partielle (Fiche 40) modérée à la fin de son ascension. L'origine du magma ascendant pourrait se situer à la transition manteau inférieur/noyau (couche D'') ou à la limite entre manteau supérieur et inférieur (Fiche 15). Les points chauds correspondent à des **points fixes** de la surface du globe et leur fonctionnement peut être éphémère ou durer plusieurs dizaines de millions d'années.

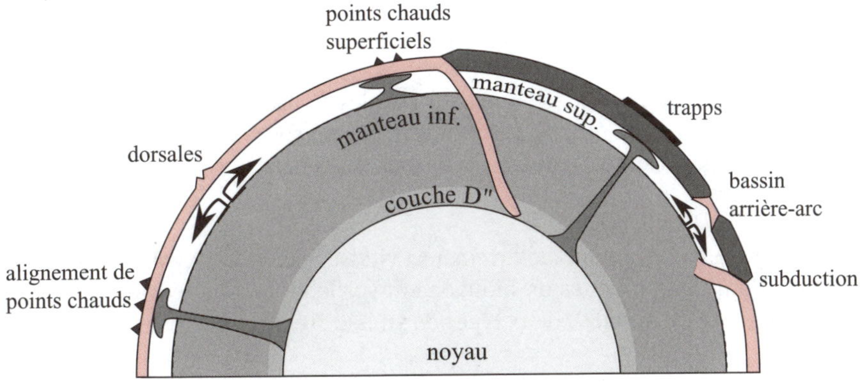

Figure 42.2 – Origine des magmas et panaches mantelliques.

3. RÉPARTITION À LA SURFACE DU GLOBE

Les points chauds et les grandes provinces ignées sont localisés sur les plaques lithosphériques (océaniques ou continentales) en dehors de zones actives de frontières de plaques comme les zones de subduction. On distingue les points chauds actifs (actuels) des provinces volcaniques fossiles. La présence de points chauds actifs dans tous les océans est une aide précieuse à l'établissement d'un modèle cinématique global (Fiches 43 et 80).

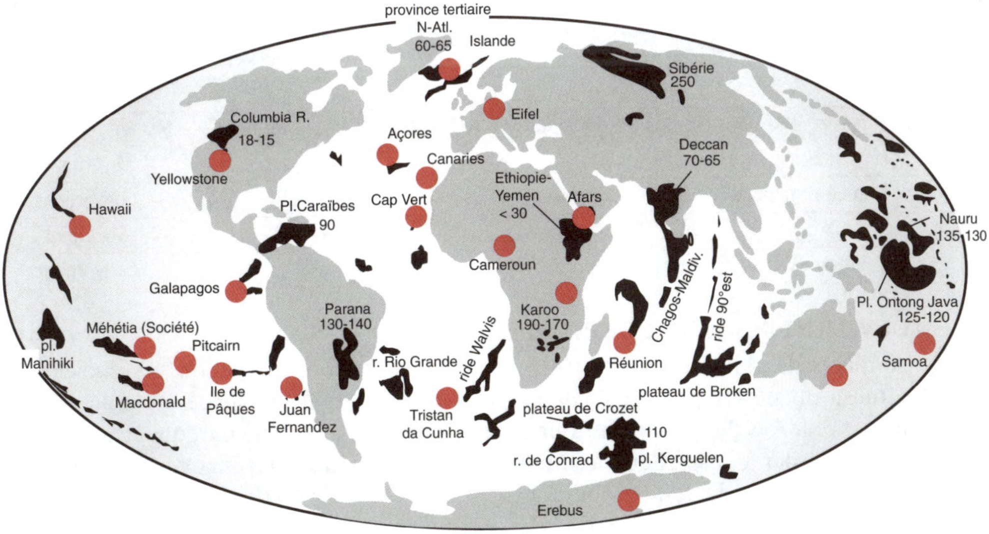

Figure 42.3 – Carte de localisation des points chauds actifs (ronds rouges) et des grandes provinces ignées (zones noires).

Les chiffres indiquent l'âge du maximum d'activité volcanique (en Ma).

43 Cinématique ou mouvement des plaques

Mots clés

Dérive des continents, Points chauds, Référentiel, Sphère

La dérive des continents (Fiche 44) se traduit par des déplacements de plaques lithosphériques. La cinématique consiste à étudier ces mouvements en spécifiant les vitesses mais également les directions de déplacements, de nos jours mais aussi dans le passé.

1. LE MOUVEMENT DES PLAQUES

Pour tout objet en mouvement, déterminer sa vitesse nécessite d'avoir un point de repère : le référentiel. Pour deux plaques en mouvement sur le globe, on définit en fonction du type de référentiel (fixe ou mobile), deux types de vitesse : relative ou absolue.

a) Vitesse absolue

Elle est définie par rapport à un **référentiel fixe** indépendant de la plaque considérée. Sur le globe, on utilise classiquement les **points chauds** (Fiche 42) comme repères immobiles « ancrés » à la Terre. Ces édifices volcaniques fixes s'alignent sur la lithosphère océanique mobile témoignant ainsi du mouvement de la plaque. La datation et l'orientation de l'alignement des édifices successifs permettent de déterminer la vitesse et la direction du déplacement. Les plus classiquement utilisés sont les alignements de points chauds de l'Empereur-Hawaï (océan Pacifique), de Walvis et Rio Grande (océan Atlantique) et la Réunion et des Maldives (océan Indien).

b) Vitesse relative

Elle est définie quand le référentiel choisi est en mouvement. On estime alors les vitesses relatives des plaques comme les vitesses de l'une **par rapport** à l'autre. L'analyse des vitesses respectives permet alors de définir le **mouvement relatif** des deux plaques. En considérant une plaque A et une plaque B, on distingue :

Vitesses relatives	Déplacement de A/B	Déplacement de B/A	Mouvement relatif
Non déterminante	←	→	Divergent
Non déterminante	→	←	Convergent
Vit. A > Vit. B	←	←	Divergent
Vit. A < Vit. B	←	←	Convergent

2. LE MOUVEMENT DES LIMITES DE PLAQUES

Les frontières de plaques sont de trois types : les fosses de subduction, les dorsales et les failles transformantes (Fiche 29). La nature des mouvements au niveau de ces limites dépendra des vitesses relatives des plaques autour de ces frontières. Il est par conséquent très important de toujours garder à l'esprit que les **limites de plaques** comme les plaques **sont mobiles**. La meilleure illustration de cette mobilité peut s'observer dans l'Atlantique Sud au niveau des rides de Walvis et de Rio Grande. En effet, ces alignements volcaniques découlent d'un point chaud (Tristan da Cunha) situé sur la dorsale médio Atlantique. La forme en « V » de ces alignements témoigne d'un mouvement vers le Nord des plaques et de la dorsale.

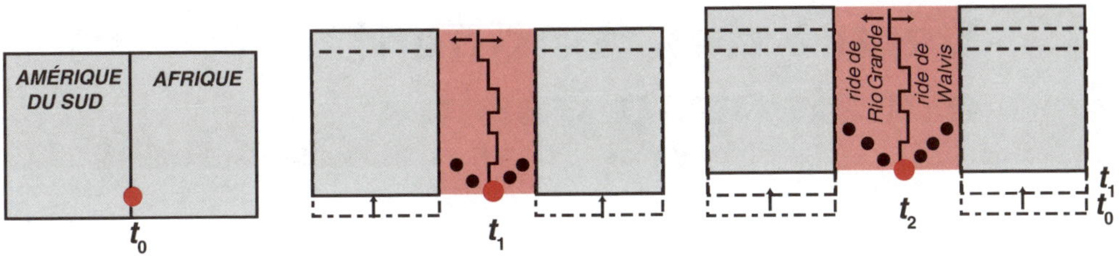

Figure 43.1 – Point chaud de Tristan da Cunha (Atl. Sud) et mouvement des frontières.

3. LES MOUVEMENTS SUR LA SPHÈRE

Si localement les déplacements peuvent être considérés comme linéaire, à l'échelle d'une plaque entière, il faut tenir compte de la forme sphérique du globe. Les mouvements sont donc « eulériens » et se caractérisent par des **rotations** autour d'axes passants par le centre de la Terre (**axes eulériens)** et des **vitesses angulaires** ω. Ces vitesses sont constantes en tout point d'une plaque alors que les vitesses linéaires augmentent en s'éloignant des pôles eulériens. On appelle **grands cercles** tous les cercles passants par le centre de la Terre, au contraire des petits cercles. Le long d'un même petit cercle, la vitesse linéaire sera constante.

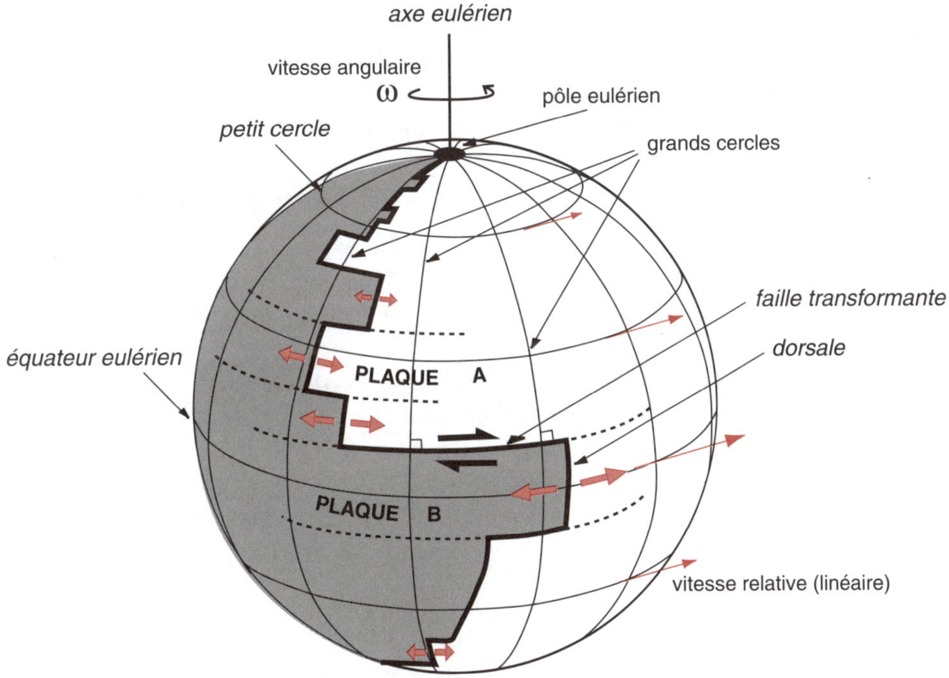

Figure 43.2 – Mouvements de plaques sur une sphère.

4. CONCLUSION

Actuellement, la mesure des mouvements des différentes plaques s'effectue par des mesures satellitaires (géodésie spatiale, Fiche 70). Pour les reconstitutions des mouvements passés, on utilise le paléomagnétisme et l'étude des anomalies magnétiques des fonds océaniques (Fiche 79).

44 Dérive des continents et paléogéographie

Mots clés

Cinématique, Expansion océanique, Mobilité lithosphérique, Paléomagnétisme

La théorie de la tectonique des plaques (apparue dans les années 60) regroupe deux notions fondamentales : la **dérive des continents** et l'**expansion océanique**. Ainsi, la communauté des sciences de la Terre passe-t-elle d'une vision d'un globe « figé » à celle d'un système lithosphérique en perpétuel mouvement.

1. LES ARGUMENTS

De nombreuses observations et données viennent alimenter l'idée de la dérive des continents :

- la similitude de la forme des rivages continentaux ;
- les faunes et flores fossiles similaires avant le Mésozoïque sur des continents actuellement séparés ;
- des sédiments carbonifères (glaciaires et houillers) retrouvés actuellement sur des continents dont la position est incohérente avec les environnements associés ;
- des chaînes de montagnes qui deviennent continues lorsque les continents qu'elles traversent sont « rapprochés » ;
- des données du paléomagnétisme qui montrent que les continents se sont déplacés en suivant des chemins différents ;
- des inversions du champ magnétique enregistrées par la croûte océanique qui témoignent d'une expansion océanique continue…

2. LES CONDITIONS

Pour que toutes les données aient une réalité dans la théorie de la tectonique des plaques, il faut tenir compte de certaines contraintes telles que :

- l'existence d'une **lithosphère rigide** reposant sur l'**asthénosphère ductile** permettant le découplage mécanique avec le manteau profond ;
- la lithosphère est composée d'un **nombre fini de plaques** dont les limites (zones de subduction, failles transformantes et dorsales) correspondent à des zones sismiques ;
- les déplacements horizontaux des plaques sont dus à des **mouvements convectifs** dans le manteau.

3. LES GRANDES ÉTAPES DE LA DÉRIVE DES CONTINENTS

Vers la limite entre le Paléozoïque et le Mésozoïque (il y a environ 250 Ma), on distingue une seule masse continentale, la **Pangée** (issue d'un regroupement continental au cours du Paléozoïque) entourée d'un océan (la **Panthalassa**). Puis cette masse continentale éclate pour former deux sous-ensembles (la **Laurasia** et le **Gondwana**) bordés à l'Ouest par un nouvel océan (la **Téthys**). Ces blocs continentaux continuent de se fragmenter (et éventuellement converger) pour donner progressivement naissance aux plaques et océans actuels. Certains scientifiques extrapolent les déplacements actuels dans le futur et prédisent une nouvelle convergence continentale « totale » dans 250 Ma, terminant ainsi un cycle de 500 Ma environ.

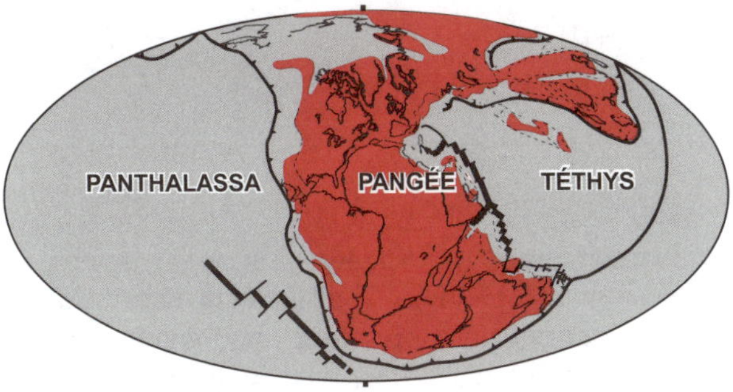

Norien (220-210 Ma) : les continents de l'ère primaire sont regroupés en un seul : la Pangée. La Téthys fait son apparition à l'est du supercontinent.

Tithonien (141-135 Ma) : l'Asie du S.E. intègre le reste de l'Asie. La Téthys a progressé vers l'Est séparant la Pangée en 2 : Méga-Laurasia au Nord et Gondwana au Sud (en cours de fragmentation).

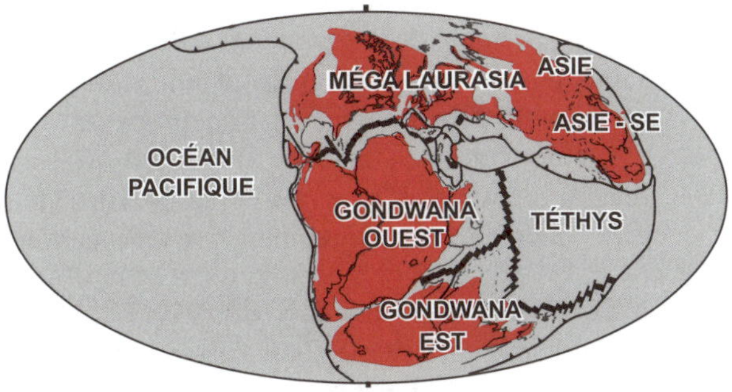

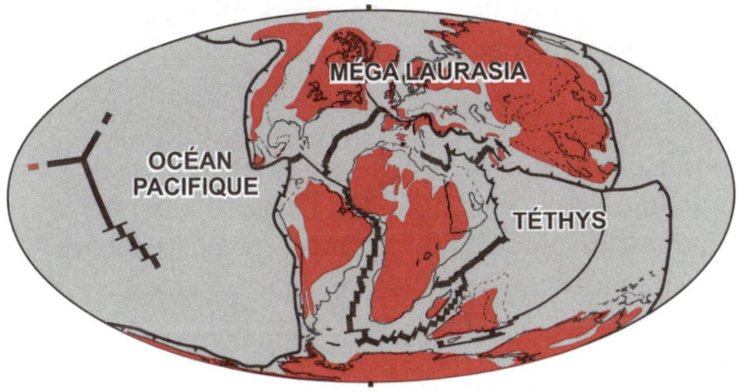

Cénomanien (96-92 Ma) : le niveau marin est au plus haut. La Méga-Laurasia reste un ensemble compact alors que le Gondwana est éclaté.

Lutétien (46-40 Ma) : situation proche de celle d'aujourd'hui. L'Inde est en contact avec l'Eurasie et l'Australie débute sa remontée vers l'Asie.

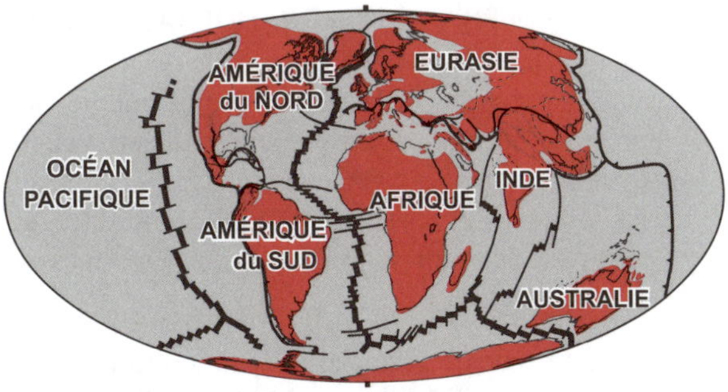

Figure 44.1 – Grandes étapes paléogéographiques et dérive des continents.
Les zones rouges correspondent aux zones émergées et les lignes noires aux dorsales, failles et zones de subduction (avec les triangles). D'après B. Vrielynck.

45 Le métamorphisme

Mots clés

Diagramme PT, Diagenèse, Géotherme, Protolithe

Une roche est en équilibre thermodynamique avec son milieu. Le métamorphisme est l'ensemble des transformations solides que subit la roche lorsque les conditions thermiques ou la pression changent. L'espace pression-température (PT) permet de représenter les domaines qui correspondent aux différents types de métamorphisme (Fiche 27). Ce type de diagramme ne tient pas compte de la pression des fluides (Pf) mais uniquement de la pression due à l'enfouissement des roches (Pl, pression lithostatique). Ce diagramme est limité par une première réaction, la **diagenèse** (Fiche 52), qui ne rentre pas dans la définition du métamorphisme, et par le domaine de l'anatexie (Fiche 39) où les roches connaissent un début de fusion. Sur le diagramme PT sont reportés les géothermes des différents contextes géodynamiques, c'est-à-dire l'augmentation de température en fonction de la profondeur.

1. MÉTAMORPHISME UHP (*ULTRA HIGH PRESSURE*)

Un cas particulier de métamorphisme résulte de l'impact de météorites sur des roches terrestres. Les minéraux se transforment et se déforment, avec l'apparition de roches orientées ou *shatter cones*. Le quartz se transforme en stishovite (forme de haute pression – HP).

2. MÉTAMORPHISME BP-HT : MÉTAMORPHISME DE CONTACT

Ce type de métamorphisme se développe dans la partie superficielle de la lithosphère au contact entre un corps intrusif très chaud (HT) et un encaissant plus froid. On l'appelle aussi métamorphisme de contact. Son intensité décroît en s'éloignant de l'intrusion, et les faciès minéralogiques dessinent des auréoles caractéristiques à métamorphisme décroissant. C'est le cas par exemple de l'auréole développée autour du petit batholite intrusif de Flamanville.

3. MÉTAMORPHISME RÉGIONAL OU MÉTAMORPHISME GÉNÉRAL

Le métamorphisme régional affecte de grands volumes de roches. Les facteurs qui interviennent sont la pression et le gradient géothermique. Selon qu'il y a enfouissement ou exhumation, le métamorphisme est dit **prograde** ou **rétrograde**. Miyashiro définissait trois types principaux de métamorphisme : Franciscain (HP-BT) lié à la subduction, Dalradien (ou barrowien) dans les orogènes et les zones cratoniques stables, et Abukuma (BP-HT), que l'on retrouve dans les arcs volcaniques, les rifts et dans les zones en hypercollision.

a) Type Abukuma

Dans ce type on peut classer le métamorphisme océanique, qui correspond au refroidissement isobare d'un **protolithe** type gabbro ou basalte océanique : l'eau joue un rôle essentiel pour transformer plus ou moins complètement clinopyroxènes et plagioclases en amphibole (hornblende brune) puis entre 450 et 150 °C en chlorite et épidote, par exemple.

Le gradient thermique est très élevé, et les conditions sont quasiment isobares. Ce métamorphisme touche la lithosphère océanique (Fiche 28). Il est facilité par la circulation de fluides hydrothermaux (Fiche 53).

b) Type Dalradien

▶ Métamorphisme de subsidence

Ce métamorphisme suit le gradient géothermique moyen et se développe lors de l'enfouissement des sédiments dans une lithosphère continentale. Ce phénomène est en général lent, et les transformations sont souvent totales. Le terme ultime de ce métamorphisme est l'**anatexie** (Fiche 39).

▶ Métamorphisme des zones de collision

Le géotherme de collision correspond à un redoublement de lithosphère continentale (Fiche 34). La situation thermique des roches impliquées dans la collision est instable : érosion et réajustements (Fiche 18) rééquilibrent la surépaisseur crustale. Les roches profondes sont exhumées.

c) Type Fransciscain : métamorphisme HP-BT, métamorphisme de subduction

Des panneaux de lithosphère froide plongent dans l'asthénosphère (Fiche 33). Le rééquilibrage des roches est souvent plus lent que leur enfouissement : le métamorphisme est inégal et ménage des zones plus ou moins transformées. Les fluides, très abondants dans la lithosphère océanique, sont expulsés au cours de l'enfouissement et jouent un rôle important dans la transformation des roches. Ainsi, à partir d'un protolithe à composition de basalte océanique, ou de gabbro (clinopyroxène + plagioclase) hydraté, la roche passera par des faciès à métamorphisme croissant où apparaîtront successivement de la glaucophane et de la zoïsite (faciès schiste bleu), puis des éclogites à grenat et omphacite.

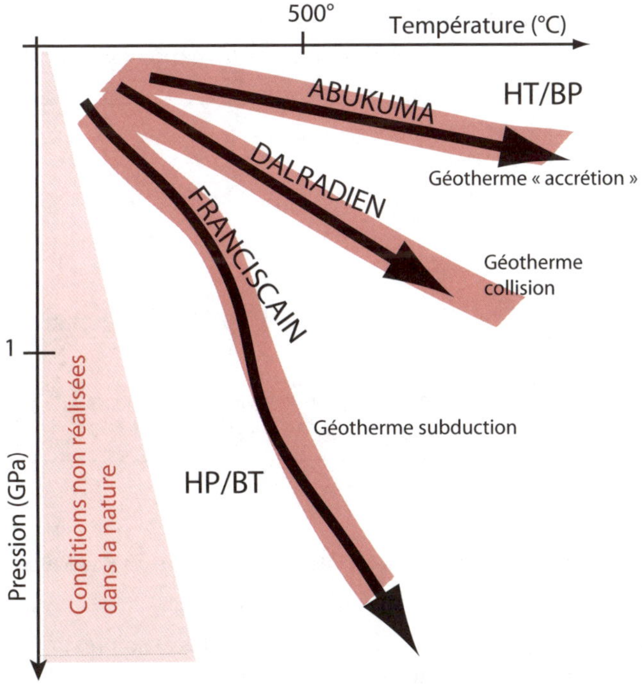

Figure 45.1 – Gradients métamorphiques (d'après Miyashiro, 1961).

46 Les processus d'altération

Mots clés

Dissolution, Hydrolyse, Ions, Oxydo-réduction, Phase migratrice, Phase résiduelle, Produits d'altération

1. L'ALTÉRATION DES CONTINENTS

Les roches plutoniques, métamorphiques ou sédimentaires qui constituent la surface du globe terrestre se sont formées à plus ou moins grande profondeur par des mécanismes variés. Ces roches n'affleurent à la surface que grâce à des phénomènes tectoniques, ou par disparition des roches qui les surmontaient suite à l'action des mécanismes d'altération et d'érosion.

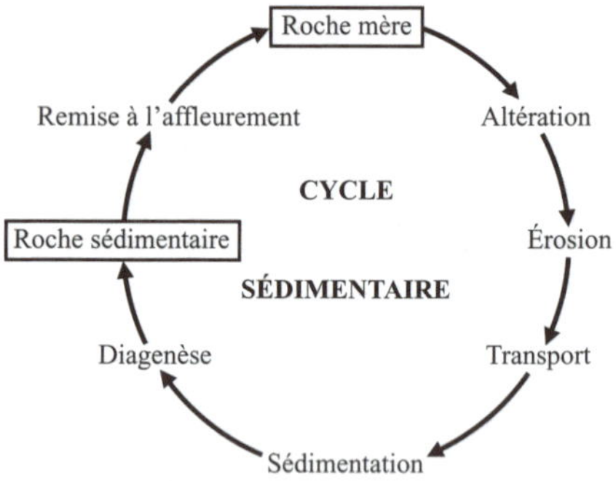

Figure 46.1 – Les principales étapes du cycle sédimentaire.

Elles constituent les « roches-mères » qui vont progressivement se transformer en nouvelles phases et serviront à la formation de sédiments qui donneront ultérieurement des roches sédimentaires. Le cycle sédimentaire comprend plusieurs étapes dont la première, appelée altération, consiste en la transformation de la roche saine par des processus physiques, chimiques et biologiques en produits de décomposition sous forme particulaire ou ionique.

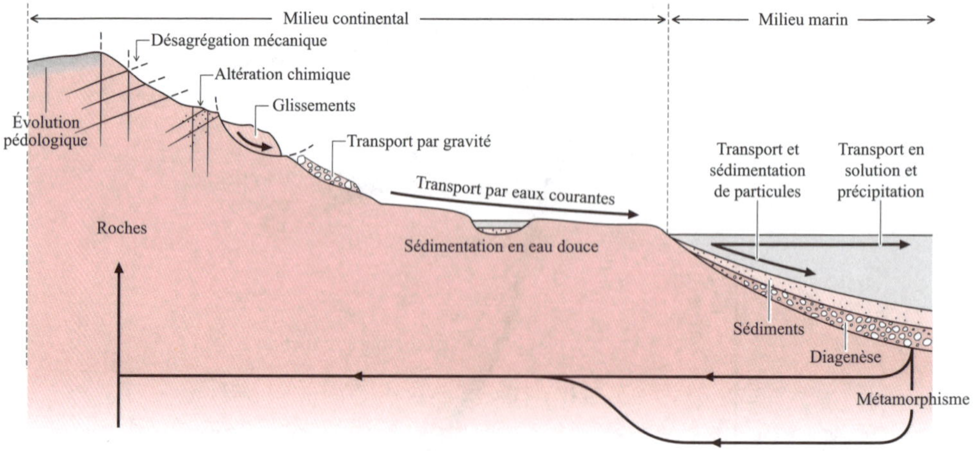

Figure 46.2 – Les différents facteurs intervenant dans le cycle d'évolution des roches.

2. LES PROCESSUS D'ALTÉRATION

La production des constituants des sédiments (particules et solutés) fait appel à des processus d'altération qui interagissent et que l'on distingue généralement en deux catégories :

- l'**altération mécanique** (ou érosion) qui n'affecte pas la composition chimique et minéralogique de la roche, mais facilite le démantèlement du matériau initial ;
- l'**altération chimique** qui transforme la composition initiale des roches par mise en solution ou précipitation d'éléments.

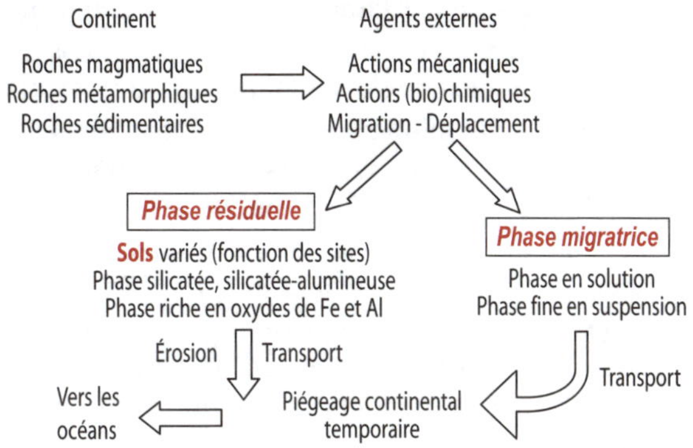

Figure 46.3 – Principe de l'altération météoritique des roches.

Ces deux modes d'altération aboutissent à la séparation de deux phases. La **phase migratrice** (soluble) est évacuée par les eaux de drainage dont les éléments peuvent (bio)précipiter dans les milieux de sédimentation et constituer les roches sédimentaires chimiques (roches évaporitiques), biochimiques et biogènes. La **phase résiduelle**, qui s'accumulant sur place peut être à l'origine des sols ou permettre la concentration de certains éléments exploitables comme minerais : Al (bauxites), Fe, Ni, Mn et U (Fiche 57).

a) L'érosion mécanique : désagrégation physique des roches

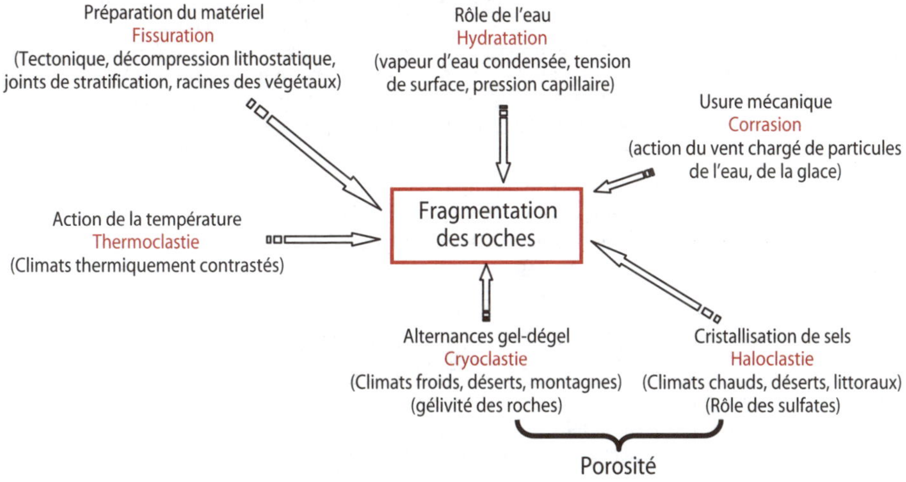

Figure 46.4 – Les différents processus de la désagrégation physique des roches.

Le **degré de fragmentation** des roches *in situ* est un facteur essentiel de l'altération. La fragmentation n'affecte pas la composition initiale de la roche, mais agit en augmentant la surface de contact entre un fluide (l'eau ou l'air) et la matière solide. Cette phase importante prépare et amplifie le processus d'altération chimique qui amène les réelles modifications par addition ou soustraction d'éléments chimiques.

b) Altération chimique et biochimique

► Les agents de l'altération

L'eau (Fiche 11) est l'agent dominant des processus d'altération à la surface de la Terre, mais l'intensité de l'altération est modulée par un certain nombre de facteurs qui dépendent essentiellement de :

- l'**état de surface des continents** comme la morphologie du relief, l'influence des différents types de formations végétales naturelles sur l'efficacité de protection du substratum et la nature minéralogique et chimique des roches qui conditionne le degré de fragmentation ;
- **paramètres climatiques** variables en fonction de la latitude et du continent (Fiche 47). On y distingue le rôle des **températures moyennes** qui agissent sur les cinétiques et les points d'équilibre des réactions chimiques (par exemple l'hydrolyse) et leur effet modulateur sur la qualité du couvert végétal. Le volume des **précipitations** sur les continents est toujours supérieur à l'**évapotranspiration**. La différence correspond au **drainage** continental qui représente le facteur dominant de la dynamique et l'intensité de l'altération chimique. Les variations de la pCO_2 (pression partielle de gaz carbonique) qui modifient l'équilibre des roches carbonatées et leur dissolution éventuelle.

▶ Les modes d'altération chimique

La molécule d'eau agit comme un dipôle qui du fait de sa structure et de ses propriétés particulières (Fiche 11) modifiera le comportement des cations constitutifs (leur solubilité) des minéraux et des roches permettant leur altération. Ainsi, l'attirance des éléments chimiques pour la molécule d'eau est fonction de leur **potentiel ionique** (rapport charge [Z]/rayon ionique [r]) mis en évidence par Goldschmidt dès 1934. Cette approche géochimique permet de distinguer trois grandes classes d'ions :

Potentiel ionique	Domaine	Caractéristiques	Éléments	Phase
Z/r < 3	**Cations solubles**	**Z/r < 1,** les ions de ce domaine n'ont aucune attirance pour la molécule d'eau et ne sont pas hydratés lors de leur mise en solution du fait d'une taille trop grande par rapport à leur charge.	Cations antistokes **K, Rb, Cs**	Migratrice
		1 < Z/r < 3, ions hydratés donnant des solutions alcalines qui se combineront avec les oxyanions pour donner les principales roches sédimentaires.	Cations stokes **Ca, Na, Mg** mais aussi Ba, Sr, Li, Fe^{2+}, Mn^{2+},	
3 <Z/r < 10	**Hydrolysats (insolubles)**	Ions de diamètre moyen, leur hydrolyse provoque la formation d'hydroxydes dont la stabilité en solution est faible.	**Al, Fe^{3+}, Si** mais aussi Be, Zr, Ti, U, Mn^{4+},	Résiduelle
Z/r > 10	**Oxyanions (solubles)**	Ions de petit diamètre et de charge élevée qui développent un champ électrique intense et permettent la formation d'anions solubles	**C, P, S, B, N**	Migratrice

Le comportement des différents ions par rapport à la molécule d'eau dans les processus de dégradation chimique des roches permet d'identifier les principales réactions chimiques suivantes :

Réaction chimique	Caractéristiques	Conditions
HYDROLYSE	Action de l'acide carbonique (H_2CO_3) sur des minéraux riches en cations. Cette réaction est en fait dépendante de la disponibilité des ions H^+ dans la solution aqueuse et peut être fonction de la quantité de CO_2 dissous.	L'hydrolyse est favorisée lorsque la température augmente. Après la mise en solutions des ions, il reste généralement une phase insoluble.
DISSOLUTION	Décomposition **totale** d'un minéral en ses ions constitutifs comme par exemple pour la calcite : $CaCO_3 + CO_2 + H_2O \Leftrightarrow Ca^{2+} + 2HCO_3^-$	La dissolution dépend du degré de solubilité des minéraux et joue un rôle important dans les phénomènes karstiques.

Réaction chimique	Caractéristiques	Conditions
OXYDATION	Perte d'électrons lors de la formation de nouveaux corps (passage du fer ferreux au fer ferrique)	
HYDRATATION DÉSHYDRATATION	Perte ou gain de molécules d'eau qui font partie de la structure du minéral (passage du gypse à l'anhydrite)	Ces réactions chimiques sont dépendantes des conditions climatiques (température, précipitations...)

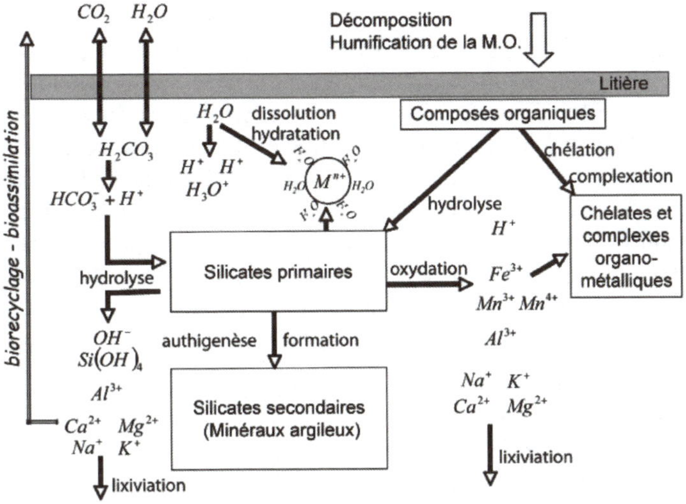

Figure 46.5 – Les différents processus de l'altération chimique des roches et des composés organiques.

c) Les produits de l'altération

L'altération se produit parce qu'une grande partie des minéraux constitutifs des roches n'est pas en équilibre thermodynamique avec les conditions de surface (température, pression, potentiel chimique…). Ainsi les différents minéraux silicatés (issus des roches endogènes) qui ont cristallisé dans des conditions de pression et température élevées vont avoir un comportement d'édifices instables et libérer une partie des éléments chimiques entrant dans leur composition. La phase finale d'une telle évolution est la construction de nouvelles formes cristallines, stables aux conditions de la biosphère (milieu oxydant, basse température et pression atmosphérique).

Parmi les produits de l'altération, on distingue :

Type de produit	Caractéristiques	Types de minéraux
Les produits résiduels	Minéraux résistants de la roche-mère formant la composante détritique (granulométrie variable) des roches sédimentaires	Quartz, zircons et silicates sous forme de feldspaths, micas et chlorites
Les produits de transformation	L'action progressive de l'hydrolyse affecte la structure et la composition chimique des minéraux	Minéraux argileux
Les produits de néoformation	Correspondent aux minéraux qui cristallisent à partir des ions en solution	Certains phyllosilicates et des oxydes et hydroxydes

La nature des produits d'altération permet généralement d'appréhender les conditions (contraste de température, pluviométrie, nature des roches, régime tectonique) sous lesquelles se sont produites les transformations minéralogiques des roches.

47 Altération et climats

Mots clés

Altération, Bio-Rhexistasie, Climats, Zonation latitudinale

Le résultat ultime de l'altération d'une roche-mère sera sa transformation complète, soit en particules de taille plus petite si l'altération n'est que mécanique, soit sa dissolution sous forme d'ions, qui, s'ils restent sur place, serviront pour la néoformation d'autres phases minérales. La circulation d'eau apparaît indispensable pour que l'altération chimique puisse se faire (Fiche 46). Pour que l'altération mécanique puisse avoir lieu, il faut que la dissociation de la roche-mère soit facilitée par la présence de surfaces de discontinuité. Ces surfaces peuvent être liées à la sédimentation (plans de stratification), aux conditions de refroidissement des roches volcaniques, à la compaction et à la tectonique (failles, diaclases, stylolithes…), mais aussi à la circulation de fluides soit sous forme d'eau solide (par l'action des glaciers, Fiche 54), soit par l'action des masses d'air atmosphériques et les variations associées de température (thermoclastie, cryoclastie et haloclastie).

1. L'ÉROSION DES CONTINENTS

La désagrégation physique des roches (érosion mécanique) et les altérations chimiques et biochimiques se combinent pour aboutir à la destruction des reliefs continentaux. Le taux d'érosion mécanique, au contraire de l'érosion chimique, est très influencé par l'altitude moyenne des continents. Le taux d'érosion chimique dépend principalement du climat et de la nature des roches.

La part respective des deux processus d'altération est difficile à établir mais il est possible d'estimer les taux moyens d'érosion chimique (environ 20 mm/ka) et mécanique (environ 50 mm/ka) par l'intermédiaire respectivement : des taux de transport de matières solubles [tonne/(km^2.an)] obtenus à partir des bilans des grands fleuves et de rapports combinant l'altitude moyenne du continent et la déclivité plus ou moins importante des reliefs. Ainsi, les modèles d'érosion à long terme montrent qu'il faut une durée comprise entre 45 Ma et 100 Ma, si l'on considère l'action des deux types d'altération ou les seuls processus mécaniques, pour aplanir un continent dont l'altitude moyenne est de 1 000 m en intégrant les mouvements tectoniques et les réajustements isostatiques (Fiche 18).

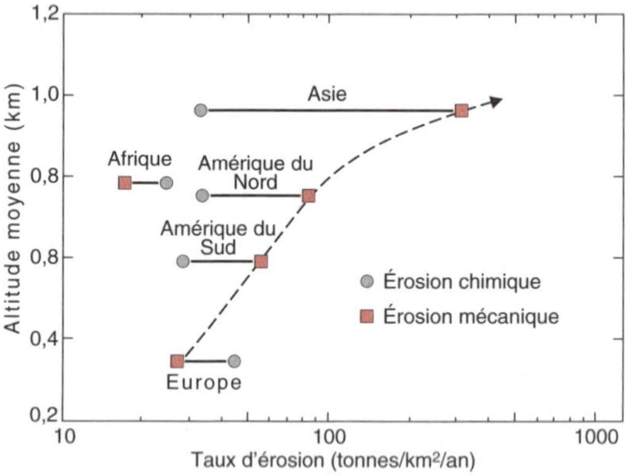

Figure 47.1 – Érosion mécanique *vs* érosion chimique en fonction de l'altitude moyenne des différents continents.

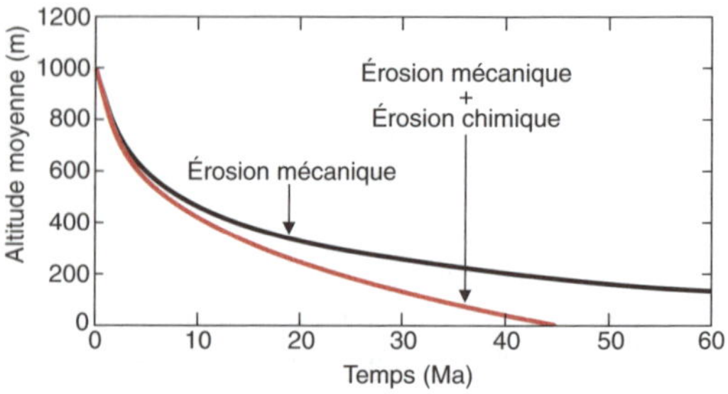

Figure 47.2 – Modèle d'érosion à long terme : durée d'érosion d'un continent sous l'action de l'érosion mécanique seule ou sous une altération combinée mécanique et chimique.

2. LES ALTÉRATIONS EN FONCTION DU CLIMAT

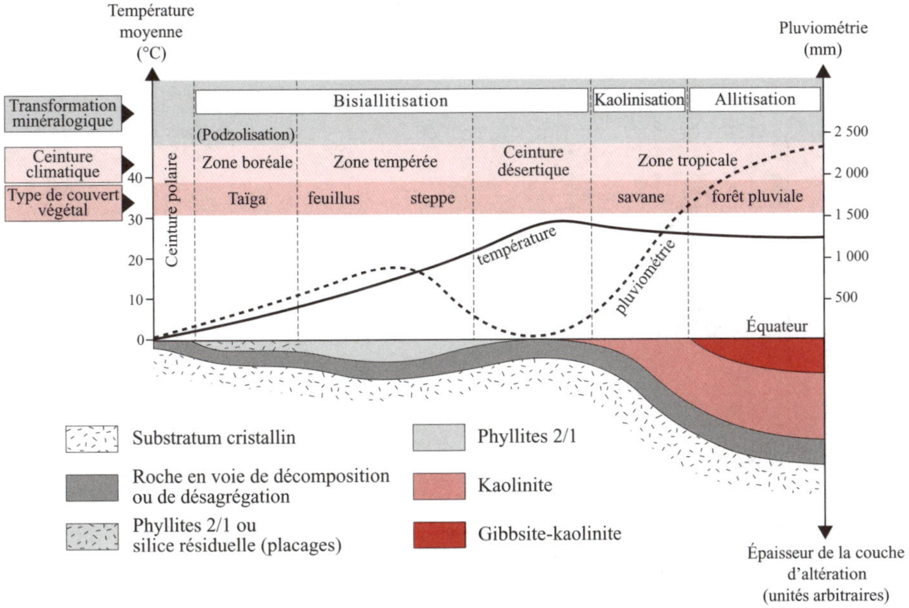

Figure 47.3 – Représentation schématique de la nature minéralogique et de l'épaisseur du manteau d'altération superficielle en fonction de la latitude (zonation climatique et couvert végétal associé, d'après Pedro, 1975).

Le passage d'un stade d'altération à un autre dépend des conditions de température et de drainage (en fonction de l'intensité de la pluviométrie). Dans le cas de l'altération chimique, la vitesse des réactions double pour une élévation de la température d'environ 10 °C. L'intensité de l'altération est principalement contrôlée par la circulation des eaux qui permet le maintien d'un état de sous-saturation de l'environnement et un lessivage continuel. Les phases résiduelles issues de l'altération (et plus particulièrement les minéraux argileux formés) sont donc des indicateurs climatiques fiables et traduisent une véritable zonation climatique latitudinale.

a) Climat froid

L'alternance gel-dégel est le facteur essentiel de désagrégation mécanique. La décomposition chimique est faible mais peut être agressive pour certains types de roches (calcaires…). Des processus d'entraînement d'ions métalliques (Fe, Mn et Al) par des substances organiques peuvent conduire à un enrichissement du sol en silice. Ce phénomène de chéluviation aboutit à la formation de **podzol**.

b) Climat tempéré

L'altération est surtout mécanique alors que l'altération chimique est modérée et consiste en une hydrolyse ménagée (départs des ions Na^+ et Ca^{2+}) des minéraux les moins stables accentuant la dissociation mécanique des particules qui constituent la roche–mère. Ces conditions d'altération conduisent à la formation d'une « arène meuble » constituée de blocs arrondis (altération en « boules » ou **arénisation**, Fiche 74) de roches silicatées primaires emballées dans une argile colorée par des oxydes de fer.

c) Climat chaud et sec

Dans les milieux désertiques, la contrainte biologique est moindre, la fragmentation est faible et la décomposition chimique n'est active qu'après les pluies entraînant une dissociation granulaire rythmée par les variations nycthémérales de température.

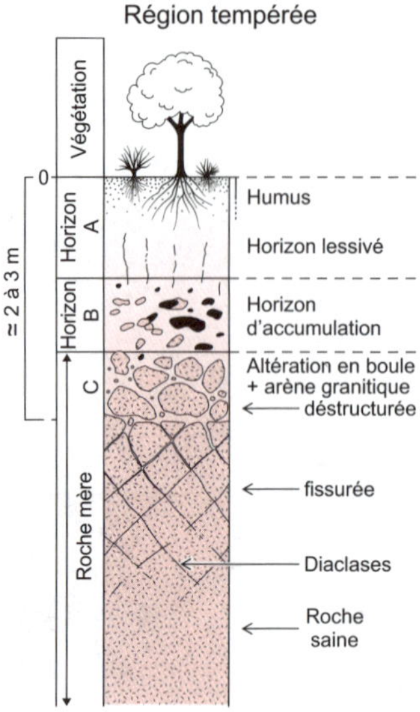

Figure 47.4 – Profil d'altération de roches granitiques en climat tempéré. Processus d'arénisation.

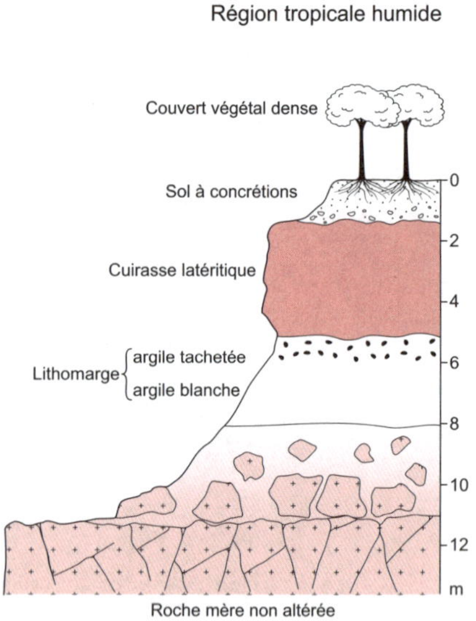

Figure 47.5 – Profil d'altération de roches granitiques en climat tropical-humide. Processus de latérisation.

d) Climat chaud et humide

La désagrégation mécanique est extrêmement réduite alors que la décomposition chimique atteint son maximum d'intensité grâce à une température élevée, une forte pluviométrie et des pH plus acides des eaux de lessivage. L'altération aboutit à la formation d'un profil pédologique constitué d'horizons superposés pouvant atteindre plusieurs dizaines de mètres d'épaisseur. Les conditions climatiques extrêmes provoquent une hydrolyse intense avec une mise en solution progressive de tous les ions qui constituent les minéraux de la roche-mère y compris les plus résistants comme le quartz. Le départ total de silice exportée dans les eaux de lessivage avec les bases conduit à l'accumulation d'hydroxydes d'alumine (constituant de la bauxite : gibbsite, boehmite), d'hydroxydes de fer (goethite) et de silicates d'aluminium sous formes de minéraux argileux néoformés (kaolinite). Ce processus d'altération connu sous le terme de **ferrallitisation** peut, s'il se poursuit, conduire à la formation de puissantes cuirasses latéritiques caractérisées par de fortes concentrations en kaolinite et en hydroxydes d'Al et de Fe responsables de la dureté et de la couleur rouge caractéristique de cet horizon.

3. LA NOTION DE BIO-RHEXISTASIE

La théorie de la bio-rhéxistasie repose sur les phénomènes de formation des sols (pédogenèse) et de leur destruction sous l'influence des modifications du climat et des variations du couvert végétal des continents vis-à-vis de l'entraînement des produits de l'altération. On y distingue deux périodes :

- La période de **biostasie** est caractérisée par une stabilité climatique suffisamment longue pour que le couvert végétal protégeant les sols de l'érosion mécanique se développe. L'altération chimique devient prépondérante où les cations K, Na, Ca, Mg et Si issus de l'altération des silicates sont entraînés en solution vers la mer par les cours d'eau et constitue la phase migratrice. Dans le même temps, le quartz, les hydroxydes de fer et d'alumine et les minéraux argileux (kaolinite) restent sur place et forment la phase résiduelle. La sédimentation au niveau du plateau continental est alors chimique et biochimique par recombinaison des cations de la phase migratrice avec les oxyanions solubles présents dans le milieu marin conduisant à la formation de roches calcaires, dolomitiques et évaporitiques.

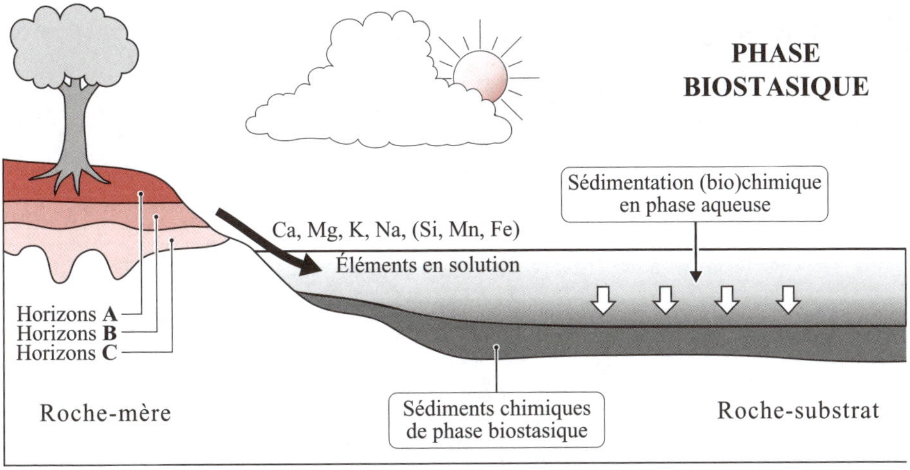

Figure 47.6 – Phase biostasique de la bio-rhéxistasie.

- La période de **rhéxistasie** correspond à la destruction du couvert végétal, suite à une modification climatique ou à une action anthropique inconsidérée, qui ne peut plus jouer le rôle de filtre séparateur et conduire ainsi à l'érosion intense des sols et du manteau d'altération. Les processus mécaniques se développent et la sédimentation correspondante est alors essentiellement composée par les éléments de la phase résiduelle remaniée (argiles, et hydroxydes) mais aussi par des dépôts détritiques plus grossiers (sables). Cette évolution schématique s'applique avec quelques variantes à tous les types de couverts végétaux et les différentes périodes peuvent se succéder plus ou moins régulièrement et ainsi former des séquences sédimentaires en domaine marin.

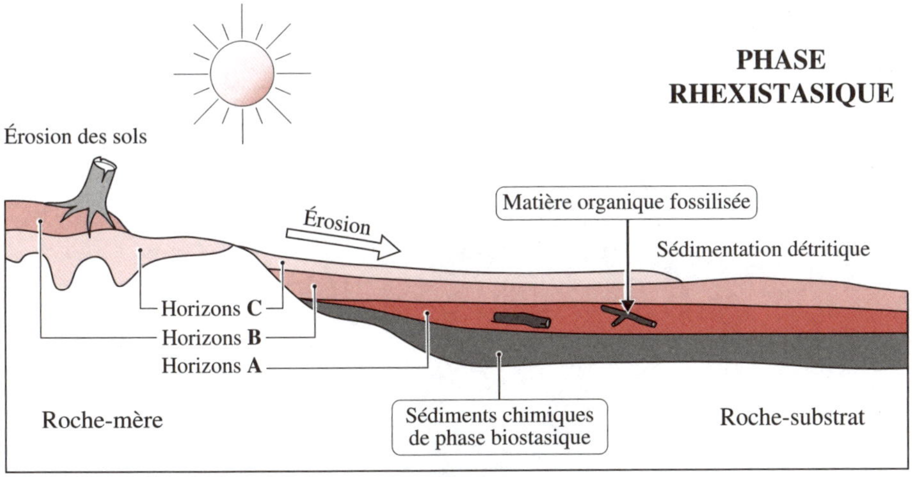

Figure 47.7 – Phase rhéxistasique de la bio-rhéxistasie.

L'analyse de ces séries sédimentaires permet ainsi de remonter au type d'altération du continent voisin et des conditions climatiques qui y régnaient pour une époque géologique donnée.

48 Les environnements sédimentaires

Mots clés

Domaine continental, Domaine océanique, Environnements sédimentaires

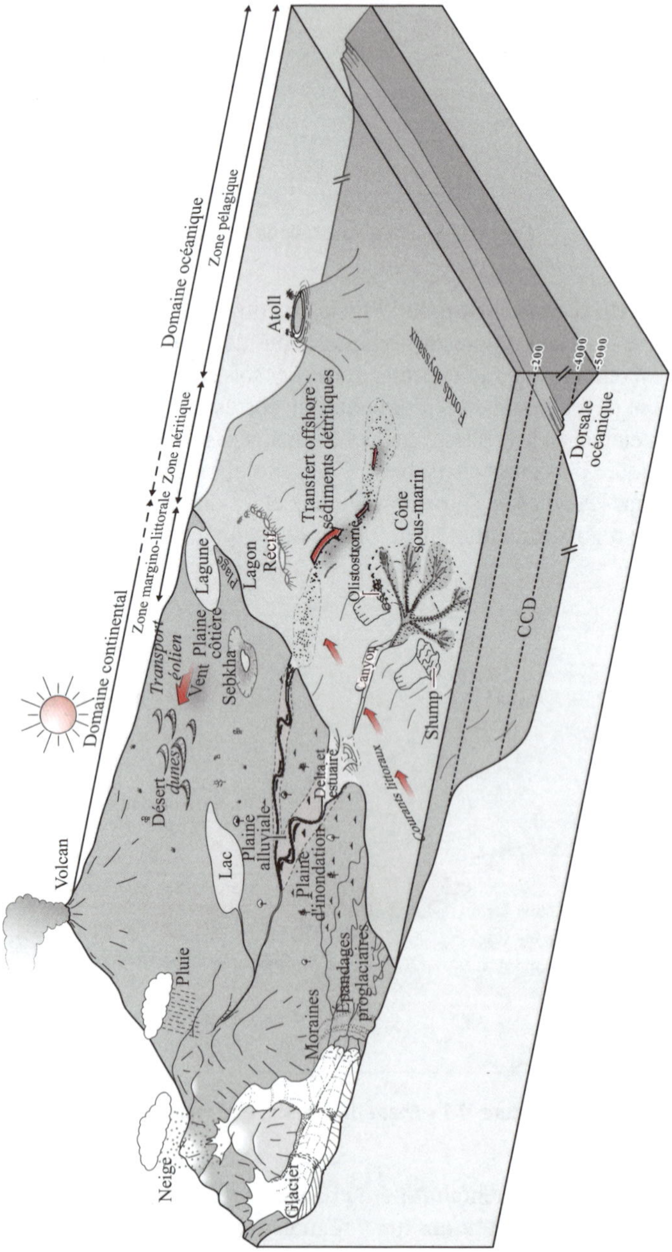

Environnement sédimentaire	Caractéristiques	Type sédimentation	Domaine
Glaciers	Calottes ou inlandsis Glaciers de montagne Érosion mécanique et chimique Particules très grossières (blocs) à très fines	Dépôts glaciaires et paraglaciaires avec les moraines puis les complexes fluvio-glaciaires et glacio-lacustres.	Continental
Volcans	Matériel produit de type effusif (coulées, dykes, neck, batholithe granitique, laccolite) ou explosif (poussières, cendres, lapilli)	Dépôts volcano-sédimentaires : cinérites	
Désert	Poussières et particules issues de l'érosion mécanique et chimique et transportées par des processus éoliens	Dépôts éoliens en milieu désertique Formation de complexes dunaires (dunes, barkhanes)	
Lac	Particules généralement fines et éléments dissous Restes organiques	Dépôts lacustres avec alternance carbonatée (précipitation) et argilo-siliceuse (détritique) + MO = Varves	
Fleuves et rivières	Granulométrie variable Transport de particules, d'éléments dissous et de déchets organiques. Nombreuses figures sédimentaires	Dépôts fluviatiles Chenaux, barres, levées et brèches de débordement…	
Plaine d'inondation /alluviale	Particules moyennes (sables) aux argiles (parfois) riches en MO d'origine végétale	Levées de débordement avec litages plans à oblique, rides. Tourbe à charbons. Dans les bassins d'inondation, possibilité de développements pédogénétiques (carbonatés ou anhydritique)	
Delta et estuaires	**Estuaire** : Embouchure des fleuves dans les mers à courants côtiers ou de marée importants. Mélange de particules sablo-argileuses **Delta** : Embouchure des fleuves dans les mers à marées de faible amplitude	Dépôts estuariens vaseux Dépôts deltaïques Alternances sablo-argileuses à taux de sédimentation élevé et à forte composante organique = fort potentiel en hydrocarbures	
Lagune	Bassins avec connexion plus ou moins importante avec la mer franche	Sédimentation évaporitique	
Lagon	Milieu marin à faible tranche d'eau Milieu énergétique calme Organismes benthiques	Sédimentation bioclastique calcaire	Océanique
Récif	Organismes bioconstructeurs carbonatés (coraux, mollusques, algues, bactéries…) dans des conditions environnementales particulières (température, salinité, turbidité, agitation, oxygénation…)	Construction récifale (frangeant, barrière et atoll) bioherme ou biostrome	
Plateau continental	Fortes accumulations d'organismes benthiques et de sédiments détritiques grossiers	Sédimentation néritique carbonatée Dépôts soumis à l'action des vagues et des courants	
Talus et pente	Entaillés par des canyons sous-marins qui permettent le transport des sédiments détritiques grossiers en domaine profond. Arrachements (olistostromes) et glissements (slump)	Sédimentation gravitaire et hémipélagique	
Cônes sous-marins	Terminaison des canyons en deltas profonds avec chenaux en éventail. Accumulation de sédiments fins et grossiers transportés par les courants de turbidité	Sédimentation gravitaire	
Plaines abyssales	En fonction de la profondeur (CCD), tests ou squelettes d'organismes planctoniques carbonatés et/ou siliceux + argiles rouges des grands fonds et particules authigéniques (nodules polymétalliques)	Sédimentation pélagique	
Dorsales médio-océaniques	Idem sédimentation plaines abyssales + précipitations chimiques issues des sources hydrothermales (oxydes, sulfures, Si…)	Sédimentation pélagique	

49 La profondeur de compensation des carbonates (CCD)

Mots clés

ACD, CCD, Dissolution, Lysocline, Saturation, Variations eustatiques

Dans l'océan, toutes les eaux de surface sont sur-saturées par rapport au carbonate de calcium ($CaCO_3$) quelle que soit la forme minéralogique considérée : aragonite ou calcite. Cette sur-saturation facilite la fabrication de la plupart des tests et des coquilles des organismes. La production carbonatée de surface (profondeur > à 200 m) est favorisée par des conditions de température, de salinité et de pH élevé, réalisées aux basses et moyennes latitudes. Mais on peut se demander si l'ensemble de cette productivité primaire de surface est transféré en globalité au fond des océans et s'il alimente ainsi la sédimentation pélagique ?

1. LE NIVEAU DE COMPENSATION DES CARBONATES

En profondeur, les conditions de température et de pression changent et les eaux océaniques profondes deviennent sous-saturées. Cette sous-saturation des eaux de fond en $CaCO_3$ est variable en fonction des océans, elle dépend principalement de la teneur en CO_2, mais conduit à une dissolution croissante, en fonction de la profondeur, des particules carbonatées produites en surface. Cette dissolution se réalise au cours de la lente chute des particules dans les tranches profondes des eaux océaniques. La réalité de ce phénomène peut être vérifiée soit en comparant la teneur en carbonates de sédiments superficiels récoltés à différentes profondeurs, soit expérimentalement en mesurant la perte de poids de particules carbonatées (synthétiques ou naturelles) placées à différentes profondeurs pendant plusieurs mois. Dans les deux cas, il a été observé que les teneurs en $CaCO_3$ sont pratiquement constantes jusque vers 4 000 m, puis chutent brutalement. Les carbonates sont totalement absents en dessous de 5 000 m de profondeur.

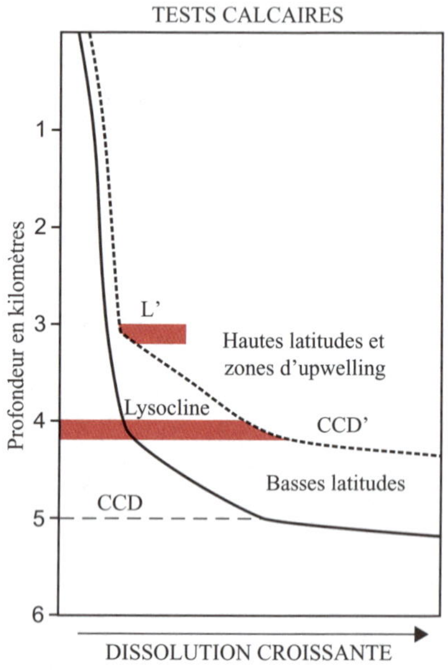

Figure 49.1 – Courbe de dissolution des tests et particules carbonatées.

La **lysocline** est la profondeur à laquelle on observe la brusque augmentation des phénomènes de dissolution.

Le **niveau de compensation de la calcite** (**CCD**, *Calcite Compensation Depth*) représente la profondeur à laquelle les processus de dissolution ont totalement compensé l'apport de $CaCO_3$ provenant de la production de surface.

De la même façon, on définit une **ACD** (*Aragonite Compensation Depth*) et une lysocline de l'aragonite qui du fait de degrés de saturation différents seront moins profondes que celles de la calcite (autour de 3 000 m pour les océans actuels).

Cependant, tout facteur intervenant sur la productivité carbonatée primaire ou sur les conditions physico-chimiques des eaux océaniques superficielles et profondes modifiera la profondeur du niveau de compensation des carbonates. Ainsi, la CCD et la lysocline sont susceptibles de variations à la fois spatiales et temporelles.

2. ÉVOLUTION TEMPORELLE DE LA CCD

L'étude de la répartition des faciès carbonatés pélagiques dans les sondages des différents programmes internationaux de forage océanique montre que l'on peut retracer l'évolution de la profondeur de la CCD depuis le Jurassique jusqu'à l'actuel, en reportant les données lithologiques sur les courbes de subsidences de la croûte océanique basaltique établies par les géophysiciens.

Les courbes sont assez concordantes, à long terme, pour tous les océans et la CCD qui était relativement superficielle (entre –3 300 et –3 500 m) durant tout le Mésozoïque (Jurassique et Crétacé) et le début du Cénozoïque, devient plus profonde (–4 200 m) au voisinage de la limite Éocène/Oligocène, vers 35 Ma. Elle remonte à l'Oligocène supérieur pour atteindre –3 600 m au Miocène moyen, puis chute à nouveau pour atteindre la valeur actuelle de l'ordre de –4 500 à –5 000 m selon les océans.

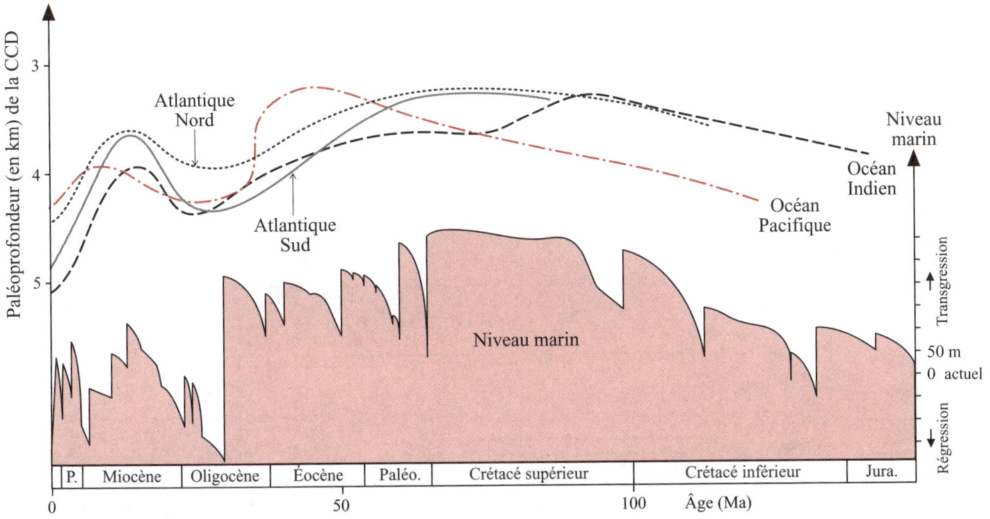

Figure 49.2 – Courbes d'évolution temporelle de la CCD pour les différents bassins océaniques depuis le Jurassique supérieur et comparaison avec la courbe de variation du niveau marin.

La courbe d'évolution temporelle de la CCD présente de nombreuses similitudes avec celle des variations, à long terme, du niveau marin (Fiche 51). En périodes de haut niveau marin, la CCD est haute. Elle est profonde pendant les périodes de bas niveau marin. Cette corrélation traduit en première approximation le bilan entre la sédimentation carbonatée de plate-forme et la sédimentation carbonatée pélagique en fonction des variations eustatiques et de la disponibilité du calcium dans l'océan pour former du carbonate.

3. CONCLUSION

La lysocline et la CCD ne sont pas des niveaux fixes de l'océan mais représentent des niveaux d'équilibre entre les processus de production en surface et de dissolution en profondeur. La CCD constitue un des contrôles majeurs de la répartition des différents types de sédiments dans les bassins océaniques actuels (Fiche 50) et joue un rôle fondamental sur la qualité de l'enregistrement sédimentaire.

50 Les dépôts océaniques actuels

Mots clés

Climat, Sédimentation néritique et pélagique, Tectonique, Zonation méridienne et latitudinale

En simplifiant, la sédimentation océanique actuelle se répartit entre deux environnements marins principaux :

- le **domaine néritique** correspondant à la plate-forme continentale (marges passives, Fiche 30) où s'accumulent les particules détritiques en provenance du continent et transportées par les grands fleuves, et des sédiments biogéochimiques constitués de restes d'organismes benthiques ou constructeurs ;
- le **domaine pélagique** où sédimentent des particules biochimiquement produites en surface par des organismes planctoniques microscopiques et plus ou moins diluées par une fraction non biogène d'origine terrigène ou authigène (argiles).

Néanmoins, compte tenu de la surface réduite qu'occupent les plates-formes continentales dans les différents océans, les dépôts océaniques actuels sont essentiellement représentés par la sédimentation pélagique dans les environnements profonds.

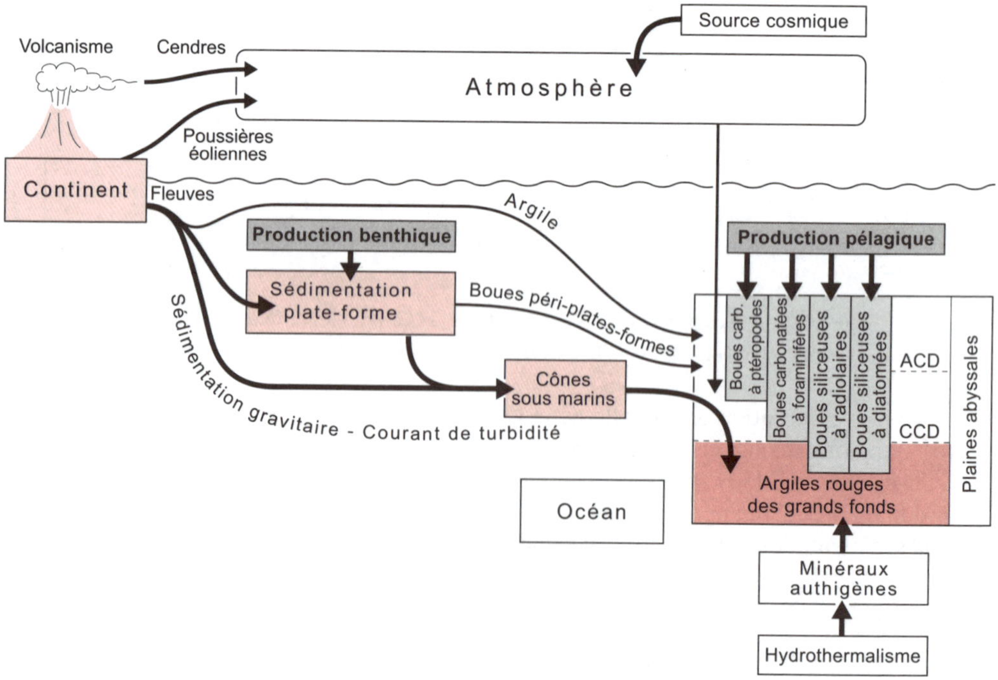

Figure 50.1 – Représentation schématique de la sédimentation océanique.

1. LES COMPOSANTES DE LA SÉDIMENTATION PÉLAGIQUE

a) Les différents types de sédiments et classification

L'essentiel de la sédimentation pélagique est classiquement composé de particules d'origine biologique formées en surface mais aussi par une part non négligeable de sédiments qui peuvent être d'origine éolienne, extraterrestre ou authigène. Du fait de la variété des processus mis en jeu et de la variabilité de la composition des sédiments pélagiques, une classification peut être proposée qui tient compte de la proportion relative des composantes biogènes, terrigènes et authigènes et où le sédiment sera identifié en fonction du constituant principal.

Constituant principal (abondance > à 50 %)		Constituant secondaire (abondance entre 25 et 50 %)	Profondeur de dépôt
Biogène			
Carbonatée	Boue calcaire	Nannofossiles Foraminifères Ptéropodes	Au-dessus de la CCD
Siliceux	Boue siliceuse	Radiolaires Diatomées	Sous la CCD
Non biogène			
En fonction de la taille des grains	Argile, Silt, Sable	Argiles rouges des grands fonds	Sous la CCD
Composants authigéniques ou chimiques	Oxydes et hydroxydes, silicates, sulfures et sulfates, phosphates et chlorures		Sous la CCD
Composants volcaniques	Verre, cendres et poussières, oxydes Mn et Fe (origine hydrothermale)		Sous la CCD
Composants cosmiques	Micrométéorites et tectites		Sous la CCD

b) Taux de sédimentation et épaisseur des sédiments océaniques

Les **taux de sédimentation** des faciès pélagiques sont considérablement moindres que ceux enregistrés en domaine de plate-forme, mais le domaine pélagique compense une faible productivité par sa très grande surface.

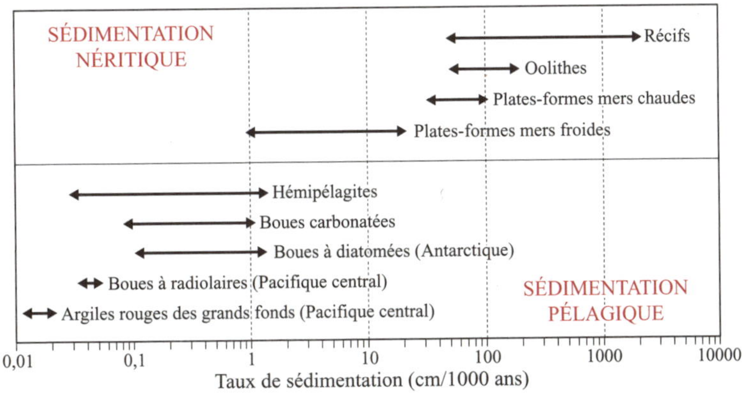

Figure 50.2 – Taux de sédimentation des environnements néritiques et pélagiques et carte des épaisseurs des sédiments marins.

2. RÉPARTITION DES DÉPÔTS OCÉANIQUES ACTUELS

La distribution actuelle de la sédimentation océanique profonde résulte de la conjonction :

- d'une **zonation méridienne** principalement commandée par la profondeur de la CCD (Fiche 49) en dessous de laquelle le flux carbonaté est absent et aboutissant à une répartition en bandes parallèles aux dorsales médio-océaniques ;
- d'une **zonation latitudinale** représentée par des ceintures de plus ou moins haute productivité carbonatée ou siliceuse qui peuvent être modulées pour chaque océan par le contexte physiographique (Fiche 29), courantologique (Fiche 9) et climatique, mais aussi par la présence d'upwellings, par le drainage hydrologique, la géologie des continents et par le degré de sous-saturation des eaux profondes vis-à-vis du $CaCO_3$.

Le rôle respectif des différents paramètres dans la distribution des sédiments pélagiques est particulièrement bien démontré en comparant la carte mondiale de répartition des sédiments et la carte des fonds océaniques.

3. CONCLUSION

Les dépôts océaniques actuels, d'origine biologique, terrigène ou authigène présentent une répartition latitudinale et méridienne dont les principaux facteurs de contrôle sont la profondeur, associée à la tectonique des plaques, et le climat.

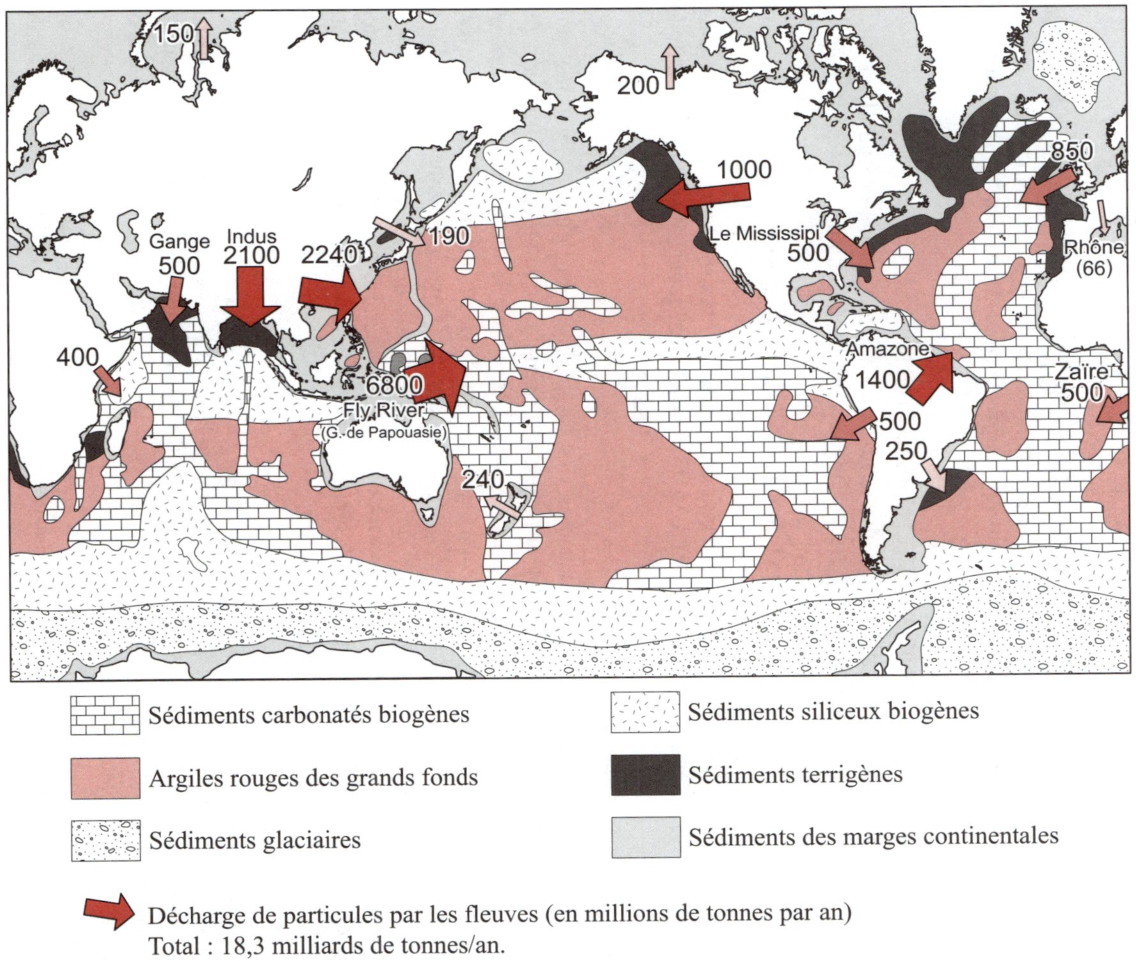

Figure 50.3 – Carte de répartition des principaux types de sédiments dans l'océan actuel.

51 Les variations du niveau marin

Mots clés

Apports sédimentaires, Climat, Eustatisme, Ligne de rivage, Subsidence, Tectonique

L'enregistrement sédimentaire (discontinu) dans les bassins océaniques, la nature, la géométrie et la cyclicité des dépôts dans l'espace et dans le temps sont fortement dépendants de facteurs internes (tectonique) et externes (climat) qui sont modulés et/ou contrôlent les oscillations du niveau de la mer (eustatisme).

1. L'EUSTATISME : VARIATIONS ABSOLUES DU NIVEAU MARIN

L'**eustatisme** correspond aux variations du niveau marin à l'échelle globale et traduit, en première approximation, le déplacement de la limite entre le domaine continental et le domaine marin appelée **ligne de rivage** permettant ainsi d'établir des périodes de hautes et de basses eaux globales. La courbe d'évolution du niveau marin (**cycles eustatiques**) au cours du Phanérozoïque, établi par rapport au niveau actuel de la mer (zéro marin : repère conventionnel correspondant au niveau moyen de la mer défini pour la France à Marseille), montre un emboîtement de fluctuations d'ordres différents tant pour la fréquence que pour l'amplitude des variations.

a) Les facteurs de l'eustatisme

Parmi les différents paramètres responsables des fluctuations eustatiques, l'un des plus important est sans conteste le facteur tectonique qui prend en compte la déformation du substratum des bassins océaniques à des échelles variables dans le temps et dans l'espace. Ainsi, la **subsidence** peut être identifiée sous trois formes différentes : **thermique** par refroidissement de la lithosphère océanique en s'éloignant de l'axe des zones d'accrétion (Fiche 32), **tectonique** due aux processus de déformation de la lithosphère (par exemple : l'amincissement crustal) et **gravitaire ou isostasique** (Fiche 18) en fonction du remplissage des bassins sédimentaires par la production terrigène (silicoclastique) ou biogénique *in situ* (carbonatée ou siliceuse) (Fiche 50).

b) Mise en évidence de l'eustatisme

En domaine littoral, le niveau marin peut être assimilé au **niveau de base** qui, au sens géomorphologique, correspond à la surface en dessous de laquelle il y a sédimentation et au-dessus de laquelle il y a érosion. Ce sont les variations de la ligne de rivage ainsi que l'évolution du système fluviatile qui ont donc permis de mettre en évidence les fluctuations du niveau marin au cours des temps géologiques.

Les fluctuations du niveau marin s'expriment à différentes échelles de temps, de la dizaine de milliers d'années à la centaine de Ma et le contrôle de ces cycles eustatiques peut être tectonique ou climatique.

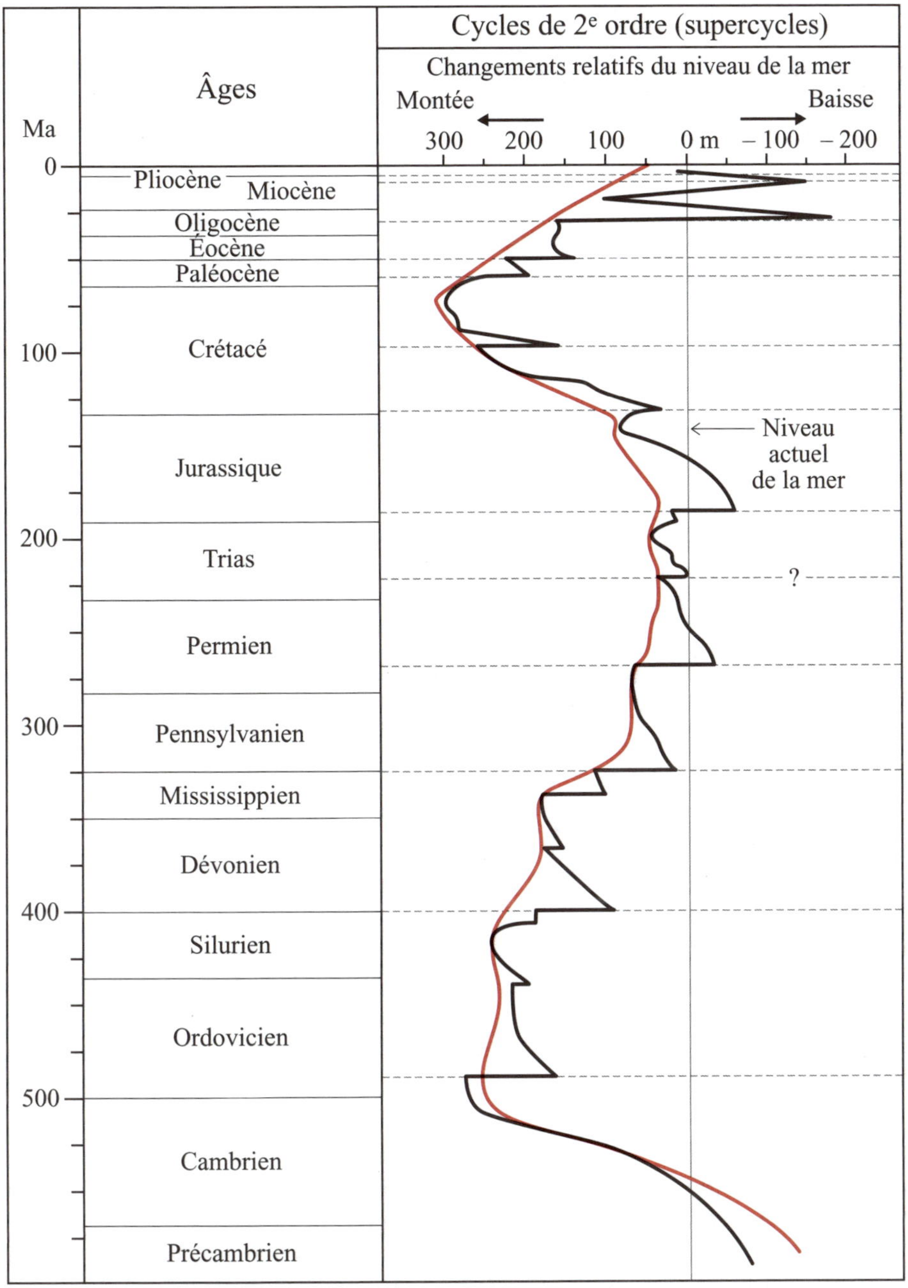

Figure 51.1 – Évolution du niveau marin au cours du Phanérozoïque.

L'ensemble des différents processus qui sont à l'origine des fluctuations eustatiques, ainsi que leurs principales caractéristiques (échelle temporelle et amplitude) et facteurs de contrôle est reporté dans le tableau ci-dessous.

Type eustatisme	Méca-nisme	Cause & contrôle	Échelle temporelle	Échelle spatiale	Ampli-tude
Glacio-eustatisme	Variation du volume d'eau des bassins océaniques	**Climatique :** rétention d'eau sous forme de glace au niveau des zones de haute latitude liée aux variations de l'ensoleillement de la surface terrestre via la variation des paramètres orbitaux de la Terre (Cycles de Milankovitch – Fiche 9)	**Haute fréquence de 20 000 à 400 000 ans (4e à 7e ordre)**	**Variable** mais plutôt globale	**10 à 100 m**
Tectono-eustatisme	Variation de la taille des bassins océaniques	**Tectonique :** dépend de la taille et donc du contexte géodynamique des bassins caractéristiques	**Basse fréquence**		
		– Convergence (Pangée) et divergence des continents conditionnant l'expansion plus ou moins importante des marges continentales	**> 50 Ma (1er ordre)**	**Divergence** – Rift 50-100 km – Marges passives 100 à 400 km **Convergence** – Bassin d'avant-pays 100 à 200 km	1 à 300 m
		– État thermique de la croûte océanique (variations de vitesse de subsidence)	**10-30 Ma (2nd ordre)**		
		– Variation de volume des dorsales en fonction des vitesses et des périodes d'expansion océanique	**1-5 Ma (3e ordre)**		
Thermo-eustatisme	Variation de hauteur de la surface marine	**Climatique :** capacité thermique des eaux océaniques (Dilatation thermique des masses d'eaux de mer, température, salinité...)	**Très haute fréquence**		cm à m
Autres		**Océanographique :** vents, marées et courants			1 à 2 m
		Géophysique : ondulation grande longueur d'onde due à l'inégale répartition des masses profondes de la croûte et du manteau			10 m

2. NOTION DE NIVEAU MARIN RELATIF

La résultante de l'eustatisme et de la subsidence correspond au **niveau marin relatif** auquel il convient de rajouter le **flux sédimentaire** qui tend à combler l'espace disponible pour l'accumulation des sédiments (**accommodation**) entre le fond et le niveau marin absolu et ainsi modifier la **bathymétrie**.

3. EUSTATISME ET SÉDIMENTATION

Les variations eustatiques peuvent être étudiées grâce aux séquences de dépôts provenant des corps sédimentaires formés sur les marges continentales.

Le modèle physique de dépôt des corps sédimentaires au cours d'un cycle de variation eustatique est fondé sur le concept de la variation de l'espace disponible permettant le dépôt dans le bassin ou sur la plate-forme. Cet espace dépend de trois facteurs essentiels :

- la vitesse de subsidence du bassin et de ses marges liée au refroidissement du plancher océanique ;
- la valeur de la variation du niveau marin ;

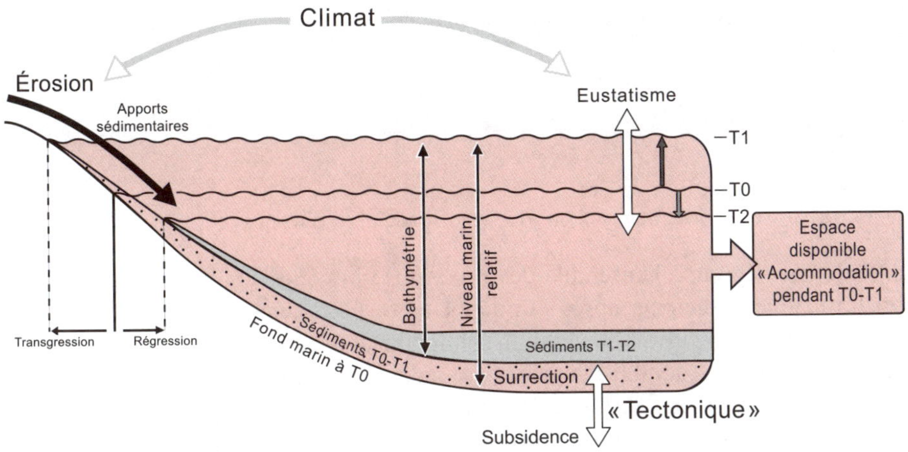

Figure 51.2 – Principaux paramètres agissant sur les apports sédimentaires dans un bassin.
On voit que l'espace disponible pour la sédimentation varie selon la position de l'interface air-eau (niveau marin) et de l'interface eau-sédiment.

- l'importance des apports sédimentaires, en fonction du temps (flux sédimentaire), depuis le continent ou le plateau continental exondé.

Transgressions (déplacement de la ligne de rivage vers la terre) et régressions (déplacement de la ligne de rivage vers la mer) traduisent l'évolution de la bathymétrie.

Progradation, aggradation et rétrogradation traduisent la géométrie des dépôts sédimentaires liée à des fluctuations du niveau marin relatif.

4. CONCLUSION

Les fluctuations du niveau marin jouent un rôle majeur sur l'agencement des sédiments et la géométrie des corps sédimentaires sur les marges, au même titre que la subsidence (contrôle tectonique de la sédimentation) et la quantité des apports sédimentaires, elle-même fonction de l'évolution des paramètres climatiques. L'étude des variations eustatiques dans les séries sédimentaires est à l'origine du développement de la **stratigraphie séquentielle**.

52 La diagenèse

Mots clés

Diagenèse précoce et tardive, Halmyrolyse, Processus biologiques, physiques et chimiques

La diagenèse regroupe l'ensemble des processus physiques, chimiques et biochimiques qui transforment les sédiments, après leur dépôt, en roches sédimentaires consolidées.

Ces transformations s'inscrivent dans un continuum et débutent sitôt qu'une particule sédimentaire est déposée sur le fond (à l'interface eau-sédiment) correspondant à la phase d'halmyrolyse. Elles se poursuivent par la diagenèse proprement dite lorsque le sédiment, recouvert par d'autres sédiments plus récents, se retrouve isolé de l'action des agents atmosphériques et des organismes vivants. C'est l'augmentation de pression et de température avec la profondeur ainsi que les circulations de fluides à travers les séries sédimentaires qui sont à l'origine des transformations diagénétiques.

La diagenèse ne comprend que les phénomènes affectant les sédiments entre la surface et une profondeur d'une dizaine de kilomètres où la température avoisine 300 °C. Au-delà de ces conditions de pression et de température, les modifications diagénétiques appartiennent au

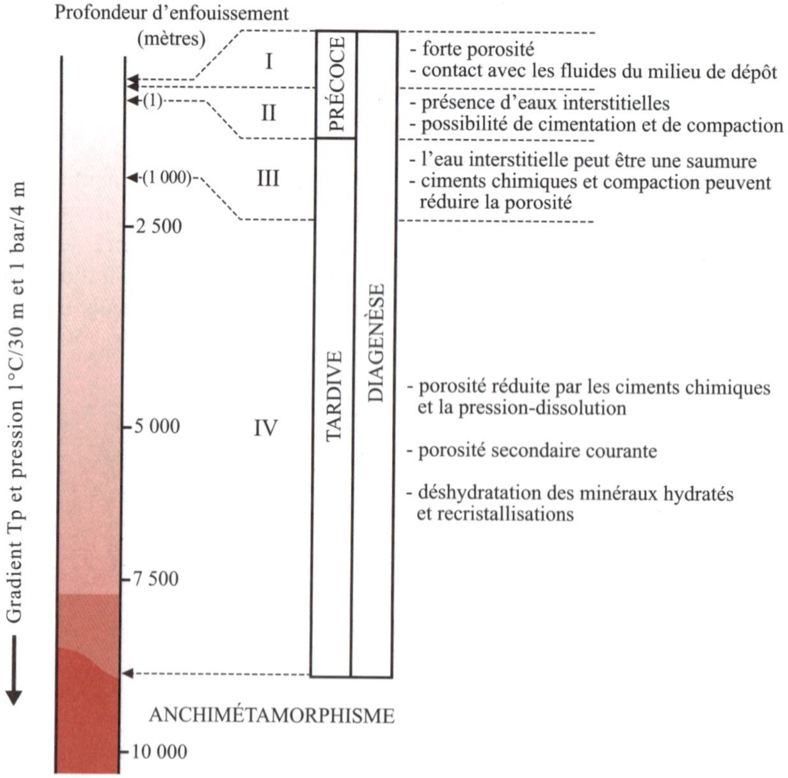

Figure 52.1 – Les différents stades de la diagenèse en fonction du gradient thermique (qui peut varier en fonction des conditions locales) et de pression.

domaine du métamorphisme (Fiche 45). On distingue généralement la diagenèse précoce (diagenèse syn-sédimentaire) de la diagenèse tardive (diagenèse d'enfouissement). La première se réfère aux modifications essentiellement biochimiques, rapides, dès le début de l'enfouissement. La diagenèse tardive comprend tous les autres changements physico-chimiques, beaucoup plus lents (compaction, dissolution et transformations minéralogiques).

1. LES FACTEURS ET MÉCANISMES DE LA DIAGENÈSE

À partir de l'influence de nombreux paramètres biologiques, physiques et chimiques impliqués dans les transformations diagénétiques, on peut distinguer les processus suivants :

- les processus biologiques (bioturbations et décomposition de la matière organique par l'activité bactérienne) ;
- les mécanismes physiques, dominant dans les premiers stades de la compaction ;
- les transformations chimiques qui traduisent les interactions entre les fluides interstitiels et les particules solides.

a) Les facteurs biologiques

Les végétaux par les acides de leurs racines, les champignons, les animaux marins (crustacés, mollusques bivalves, vers) ou continentaux (arthropodes), qui homogénéisent le sédiment (bioturbation), ou encore certaines activités anthropiques qui modifient l'évolution naturelle des sols participent de manière importante aux modifications diagénétiques superficielles caractérisant l'**halmyrolyse**. Plus récemment, on a pu constater que l'activité bactérienne joue un rôle majeur dans cette zone au cours des processus de fossilisation (pyritisation des coquilles, silicification). L'importance de l'activité biologique dépendra avant tout de la vitesse de sédimentation et des conditions de milieu de vie des organismes.

b) Les facteurs physiques et chimiques

La **compaction** résulte d'une augmentation de la pression sous l'action du poids des sédiments sus-jacents (charge lithostatique) et induit une diminution du volume général de la roche.

Ce mécanisme se manifeste par un réarrangement des particules les unes par rapport aux autres (**compaction mécanique**) conduisant à l'établissement d'un assemblage plus compact des grains (réduction de la porosité) par expulsion d'une partie de l'eau interstitielle ainsi qu'à une réduction du volume et à une augmentation de la densité du sédiment. Lorsque les possibilités de réarrangement simple sont épuisées, la déformation ou la fragmentation des particules peut être observée. Si l'intensité de la pression augmente encore, des transformations dues à la **compaction chimique** (dissolution et reprécipitation) peuvent alors se développer. Les profondeurs auxquelles la compaction mécanique laisse place à la compaction chimique dépendent de la granulométrie des sédiments et de la composition chimique initiale des particules. Pour certains types de sédiments et en fonction du degré de compaction, les phénomènes de pression/dissolution peuvent conduirent à la formation de structures caractéristiques comme des contacts, entre les grains, concavo-convexes et suturés (**grains impréssionnés**) ou des surfaces irrégulières formées d'un ensemble de colonnettes appelées **stylolithes**.

La **dissolution** correspond à la mise en solution des constituants chimiques des particules ou des ciments des sédiments ou des roches sédimentaires. Elle contribue à la modification de la composition minéralogique originelle et à la création d'une porosité secondaire.

La **précipitation**, par de nombreux aspects, peut être considérée comme la réaction inverse de la dissolution. Elle est caractérisée par la cristallisation, dans les pores du sédiment, de solides à partir d'une solution aqueuse conduisant, après nucléation et croissance cristalline, à une réduction de la porosité (par cimentation) et à la transformation de sédiments meubles en roches dures lorsque les conditions physicochimiques (température, pH, saturation) sont favorables.

La **recristallisation** est un processus qui conduit à une modification de la taille et/ou de la forme des cristaux sans changement de composition chimique mais favorisant une plus grande stabilité. Certains minéraux, de même composition chimique, qui recristallisent dans des systèmes différents sont appelés polymorphes (transformation aragonite-calcite).

Le **remplacement** est une réaction diagénétique qui correspond à la dissolution d'un minéral et à la précipitation quasi-simultanée d'un autre minéral, sans modification de volume mais avec un changement de composition chimique entre le minéral remplacé et celui qui le remplace (phénomène de pétrification par remplacement du bois par de la silice ou les processus de dolomitisation des calcaires).

2. LES PHASES DE LA DIAGENÈSE

Les différents facteurs et mécanismes qui ont été définis précédemment peuvent agir simultanément ou successivement et manifester une plus ou moins grande intensité en fonction de la durée et de la profondeur d'enfouissement. L'évolution diagénétique peut être divisée en quatre phases principales de durée inégale et croissante.

	Phase I	Phase II	Phase III	Phase IV
Mécanismes	Diagenèse biochimique Pédogenèse	Mobilité des ions en solution interstitielle et compaction mécanique	Dissolution et début de la compaction chimique	Déshydratation et compaction chimique à son intensité maximale
Résultats de la diagenèse	Évolution précoce des carbonates et de la silice	Authigenèse : épigenèse et néoformations	Cimentation (lithification) et réduction de la porosité	Recristallisations (métasomatose)
	HALMYROLYSE		DIAGENÈSE ss.	
	Diagenèse précoce (ou syn-sédimentaire)		Diagenèse tardive (ou d'enfouissement)	

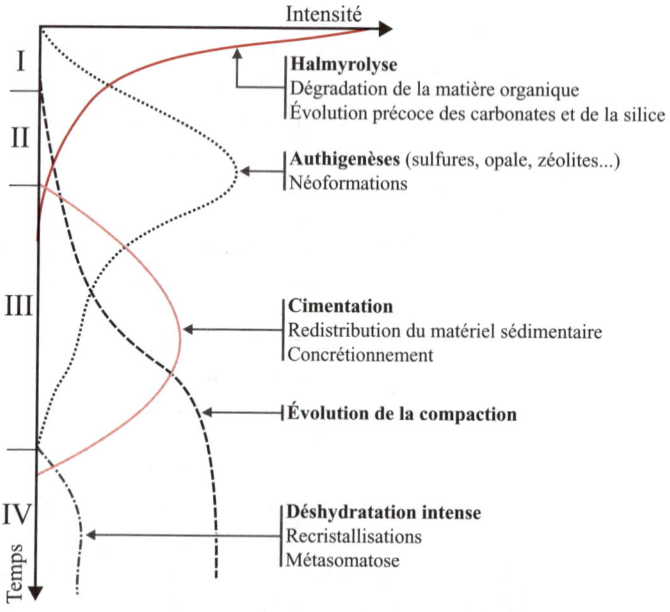

Figure 52.2 – Principales phases et mécanismes caractérisant la diagenèse.

3. EXEMPLES DE TRANSFORMATIONS DIAGENETIQUES

	Diagenèse siliceuse		Diagenèse carbonatée		
Domaine	Continental	Océanique	Continental	Littoral	Néritique
Mécanismes	Pédogenèse et/ou fluctuations saisonnières des nappes phréatiques	Dissolution et reprécipitation : - opale-A/ - opale-CT/ - quartz	Précipitation par diminution de la pression de CO_2	Dissolution et reprécipitation en fonction du volume d'eau météorique	Dissolution et reprécipitation
Résultats de la diagenèse	Grésification ------------------- Décalcification	Silicification précoce à partir de tests ou spicules de micro-organismes marins	Concrétionnements ------------------- Lithification	Cimentation carbonatée : - en zone vadose - en zone phréatique	Transformation aragonite / calcite Dolomitisation
Roches	Grès-quartzite ------------------- Meulières	Silex	Concrétions karstiques, tufs, travertins ------------------- Éolianites, calcrètes	Grès de plage ou beach-rocks	Calcaires recristallisés Dolomies

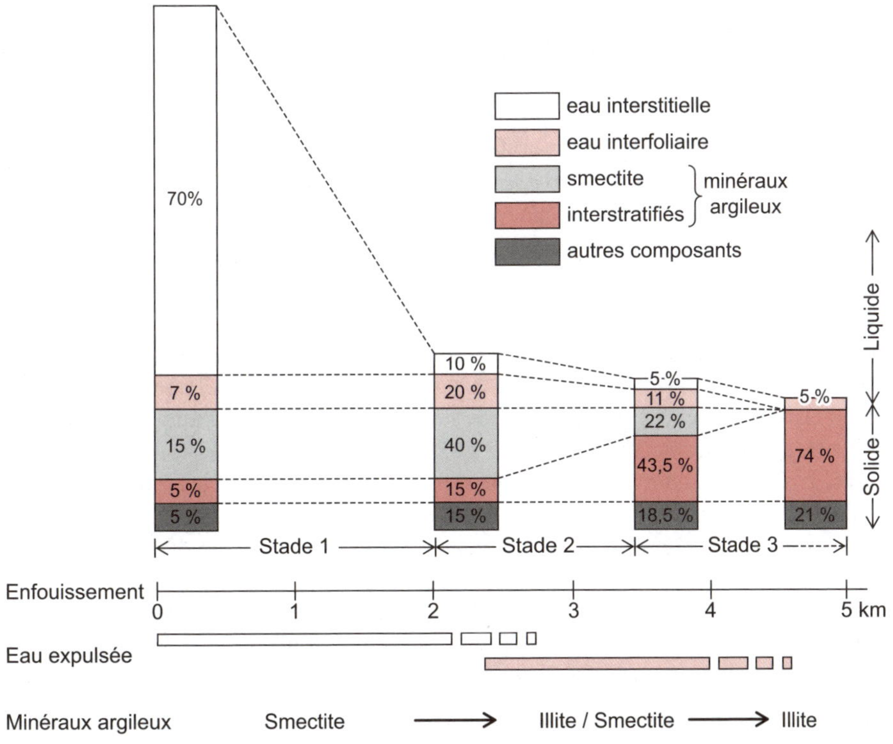

Figure 52.3 – Évolution de la composition des sédiments marins argileux lors de l'enfouissement.

53 L'hydrothermalisme sous-marin

Mots clés

Chimiosynthèse, Évents, Fumeurs, Lessivage des basaltes, Sources, Symbiose

La découverte, dans les années 1970, des **sources hydrothermales sous-marines** a fourni des éclairages nouveaux sur la chimie de l'eau de mer, la biologie des milieux extrêmes et l'évolution de la lithosphère. D'une manière schématique, l'hydrothermalisme sous-marin correspond à des circulations d'eau générées par des contrastes de température à travers la plaque océanique : l'eau froide entre dans la croûte très fissurée pour en ressortir plus ou moins réchauffée et enrichie en éléments chimiques.

1. HYDROTHERMALISME CHAUD ET FROID

Les sources hydrothermales peuvent être caractérisées par la température des fluides qui s'en échappent au niveau des **évents**. Les sources dites **chaudes** (350 °C) sont localisées proches des zones actives des **dorsales océaniques** alors que les sources **froides** (30 °C) sont réparties sur les plaines abyssales jusqu'aux **fosses océaniques** des zones de subduction. Il existe trois types d'émissions hydrothermales en fonction de la chimie et de la couleur des fumées qui s'échappent :

Caractéristiques	Fumeurs noirs	Fumeurs blancs	Émissions diffuses
Température	300-400 °C	200-300 °C	3 à 50 °C
Morphologie	Cheminées de plusieurs mètres de hauteur	Petits conduits ou dômes	Aucune
$[H_2S]$	Très élevée	Élevée	Faible
$[O_2]$	Nulle	Modérée	Élevée
Précipitations	Sulfures, pyrite	Silice, anhydrite, barite	Rares

2. HYDROTHERMALISME ET EAU DE MER

La composition de la croûte océanique (Fiche 28) étant très différente de celle de l'eau de mer, les fluides traversant la croûte vont se « débarrasser » de certains éléments chimiques (sulfates et magnésium) et s'enrichir en composés solubles (lithium, potassium, calcium, baryum), en métaux (fer, cuivre, zinc, manganèse) et en gaz dissous (He, S, CH_4). Au niveau des fumeurs, les concentrations chimiques sont parfois extrêmement élevées : les teneurs en manganèse y sont par exemple un million de fois plus fortes que celles de l'eau de mer.

Le bilan géochimique du système océanique a donc été fortement amélioré par la découverte de ces systèmes. Jusqu'alors, les « entrées » minérales (éléments et particules) correspondaient aux apports par les fleuves et les rivières, les « sorties » à la sédimentation. L'hydrothermalisme est maintenant considéré comme le troisième vecteur de régulation de la composition chimique des océans avec l'érosion et la sédimentation.

3. ÉCOLOGIE DES SYSTÈMES HYDROTHERMAUX

Les sources hydrothermales sont le lieu d'une **faune luxuriante** adaptée à des conditions de vie extrêmes : pression due aux grandes profondeurs, absence de lumière et de forts gradients chimiques et thermiques. La vie est basée sur un système de production primaire **chimio-synthétique** et sur la **symbiose** entre les bactéries et les invertébrés. Ces derniers approvisionnent en nutriments (puisés dans les fluides hydrothermaux) les bactéries symbiotiques qui, en retour, fournissent le carbone organique nécessaire à leur développement.

La vie au niveau des sources hydrothermales est strictement **inféodée** au fonctionnement de ces dernières et se concentre donc au niveau des fumeurs ou dans les fractures du plancher. Les gradients chimiques et thermiques y étant très importants, un éloignement de quelques mètres de la source suffit à voir disparaître totalement toute forme de vie.

Ces **oasis de vie** regroupent des formes vivantes variées, endémiques et parfois de très grandes tailles, dont les plus connues sont les vestimentifères (***Riftia***), des bivalves géants du genre ***Calyptogena*** et ***Bathymodiola*** ou les vers blancs aux tentacules rouges appelées ***Alvinella***.

4. HYDROTHERMALISME ET PLAQUE OCÉANIQUE

En circulant à travers le plancher océanique (plus ou moins chaud en fonction de l'éloignement de la dorsale) (Fiche 32), l'eau de mer joue le rôle de **liquide de refroidissement**. Ce phénomène se vérifie en comparant les données du flux de chaleur mesurées dans la croûte et celles calculées par un modèle de refroidissement par conduction uniquement. Au niveau de la dorsale, les deux courbes s'écartent ; les valeurs mesurées montrent un flux de chaleur réel plus faible que celui calculé à cause du refroidissement par l'hydrothermalisme.

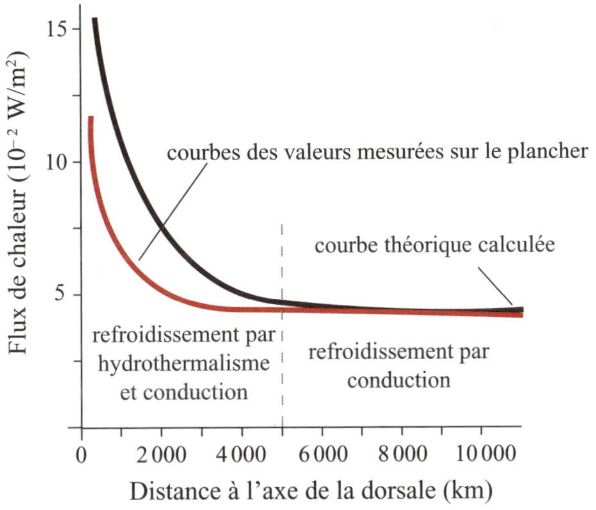

Figure 53.1 – Évolution du flux thermique de la lithosphère océanique et hydrothermalisme.

5. CONCLUSION

Les sources hydrothermales sont d'un intérêt majeur pour la biologie comme pour la chimie de l'eau de mer. Leur découverte a notamment permis l'émergence de nouvelles théories sur l'origine de la vie, ces environnements extrêmes étant considérées comme des analogues de ceux régnants sur la Terre primitive (Fiche 59). On estime que 0,3 à 9.10^7 g/an d'eau de mer percole dans les sources hydrothermales, soit un recyclage complet des océans en 5 à 6 Ma.

54 Les glaciers et le relief glaciaire

Mots clés

Cryosphère, Érosion, Glaciation, Inlandsis, Périglaciaire, Permafrost, Till, Tillite

D'énormes masses d'eau douce (24 millions de km^3) sont stockées sous forme de glace solide aux pôles, mais aussi sur les reliefs continentaux, sous forme de glaciers. Le volume de la glace fluctue au cours des temps géologiques, laissant son empreinte dans le paysage.

1. LE CONTEXTE GLACIAIRE

95 % de la **cryosphère** est stocké dans les calottes glaciaires centrées sur les pôles, ou **inlandsis**. Une partie de cette glace s'étale sur la mer, et forme la banquise, dont se détachent des **icebergs**. Au cours de l'ère quaternaire, la surface englacée a couvert jusqu'à 30 % du globe terrestre. Aujourd'hui, 5 % des glaces sont stockées dans des glaciers de type « alpin », centrés sur les reliefs. Ces glaciers ont une morphologie très particulière, en langues de glace coalescentes, et s'écoulent à une vitesse variable, de 10 à 100 m/an. La glace des glaciers « alpins » est plus plastique que celle des inlandsis, et flue plus aisément.

2. LE RELIEF GLACIAIRE

Les glaciers laissent une empreinte très marquée dans le paysage. La glace a un comportement de fluide très visqueux, et flue sous l'effet de la gravité, mais surtout de sa masse. Aussi, le profil d'érosion, très caractéristique, est fait de pentes et de contrepentes.

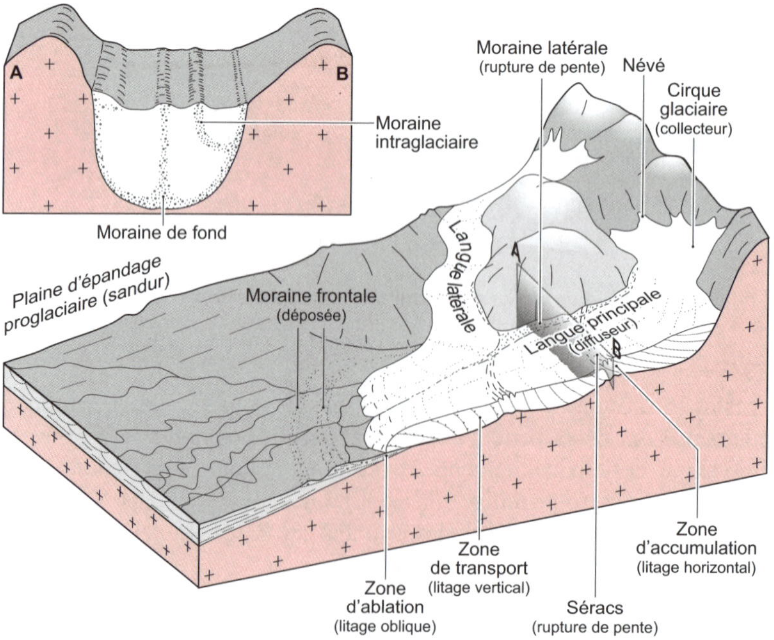

Figure 54.1 – Différentes parties d'un glacier alpin.
(D'après *Géologie de la surface*, M. Campy et J.-J. Macaire, 2e édition, Dunod, 2003).

La neige s'accumule et se compacte dans des cirques glaciaires où elle se transforme progressivement en glace, puis, sous l'effet de son poids déborde et s'écoule.

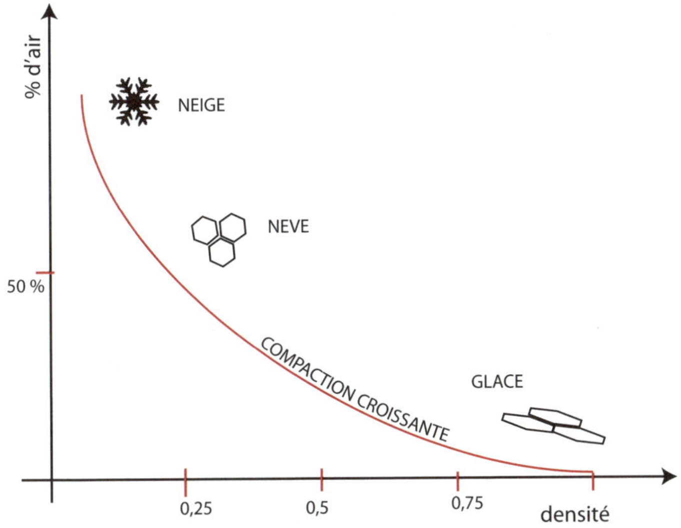

Figure 54.2 – Transformation de neige en glace.

Les glaciers ont une action érosive due à l'effet conjoint des chocs thermiques, qui fragmentent les roches, une action ablative, la glace délogeant les fragments et les entraînant et une action abrasive, due aux roches morainiques à la base du glacier, qui strient usent et moutonnent le substratum rocheux. Sous le glacier, des écoulements d'eau saisonniers dus à la fonte des glaces incisent vigoureusement le relief.

Le glacier recule et fond, il abandonne sa charge rocheuse : on reconnaît des cordons et des arcs de moraines frontales ou latérales, des vallées en U ou en auge, bordées par des épaulements, des cirques glaciaires aux bords abrupts et au relief vigoureux, des roches polies, cannelées et striées, ainsi que des blocs erratiques de grande taille. Au terme de moraine, on préférera celui de « **till** » pour qualifier les sédiments glaciaires : les tills sont des sédiments non classés, hétérométriques, pas ou peu altérés. Lorsque les tills sont indurés, on parle de **tillite**. La fonte des glaciers est marquée par des réajustements gravitaires (Fiche 74) et sédimentaires.

3. LES FORMES DE RELIEF PÉRIGLACIAIRES

En périphérie des zones glaciaires se développe un relief caractérisé pas de grandes plaines d'épandage (**sandur**) où les rivières à régime nivo-torrentiel s'écoulent en tresse, charriant des sédiments morainiques très peu évolués. Les sols souvent gelés (**permafrost**) sont cryoturbés, et découpés par des réseaux de fentes parfois hexagonales. Dans le sol se forment des lentilles de glace décamétriques à hectométriques, les **hydrolaccolithes**, ou **pingos**, qui donnent, à la fonte des glaces, des dépressions circulaires, ou laquets.

Le vent prend en charge les particules fines et les accumule sous forme de **lœss** (limon, argile et sable) plus ou moins riches en carbonates.

Dans les dépressions s'installent des lacs peu à peu comblés de façon saisonnière par des sédiments très fins (sables limons et argiles), formant des **varves**.

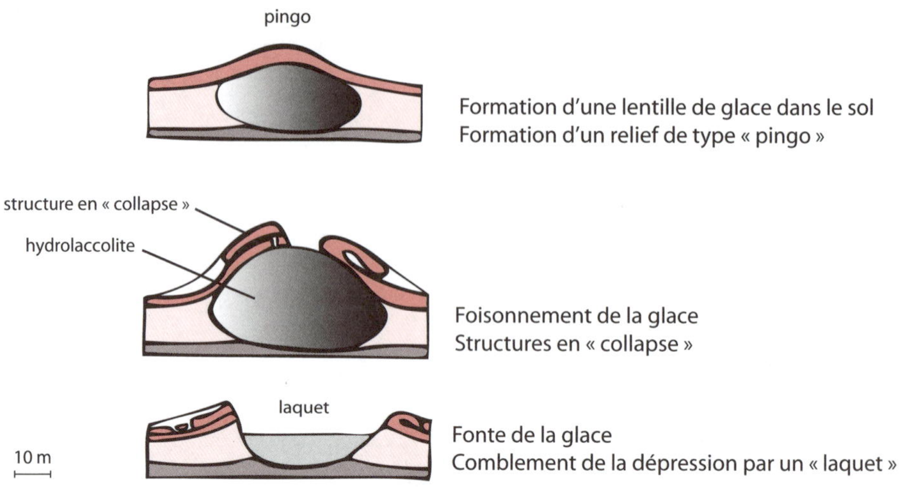

Figure 54.3 – Évolution d'un hydrolaccolithe et formation d'un laquet.

4. CONCLUSION

Les formes d'érosion glaciaires, les sédiments et les morphologies périglaciaires marquent les paysages de façon prégnante, et permettent de reconstituer les fluctuations climatiques du passé.

Figure 54.4 – Glacier de l'Argentière (Massif du Mont-Blanc).

55 Les glaciations

Mots clés

Calottes glaciaires, Cycles de glaciation, Isotopes de l'oxygène

La Terre est soumise à un régime de climats contrasté qui correspond à une période interglaciaire. À plus long terme, les paramètres orbitaux de la planète sont susceptibles de fluctuations périodiques à différents ordres de fréquence (Fiche 10) qui sont corrélables aux variations climatiques au cours des temps géologiques. La succession des cycles glaciaires-interglaciaires du Quaternaire mise en évidence grâce à la théorie astronomique des paléoclimats pourrait être généralisée aux époques antérieures.

1. LES GLACIATIONS AU COURS DU QUATERNAIRE

Les géologues alpins ont reconnu six cycles principaux au cours de la période plio-quaternaire : Biber, Donau, Gunz, Mindel, Riss et Würm, définis dans les Alpes à partir de l'étude des terrasses fluviales, des remplissages karstiques et des moraines.

Les paysages et les dépôts sédimentaires ont enregistré des phases d'extension glaciaire, mais ces phases sont également enregistrées dans les glaces polaires et dans la sédimentation océanique. Dans le détail, l'analyse isotopique de ces cycles corrélée aux datations absolues et relatives montre une grande complexité, avec des fluctuations cycliques de plusieurs ordres (Fiche 10). Le dernier épisode significatif, le Dryas, s'est produit dans l'hémisphère Nord, il y a 10000 ans. Ces phases de glaciation ont joué un rôle important dans l'implantation de la lignée humaine (Fiche 65), l'occupation de l'espace et la disponibilité des ressources alimentaires. Dans l'hémisphère Sud, moins continental, les glaciations montrent un décalage temporel avec l'hémisphère Nord, mais se retrouvent globalement dans les sédiments marins.

Les **paléotempératures** sont estimées principalement par des méthodes isotopiques à partir du rapport $\partial^{18}O$ des isotopes stables de l'oxygène piégés dans les glaces polaires ou les tests carbonatés, mais aussi par d'autres paléothermomètres, comme l'indice d'insaturation des alcénones.

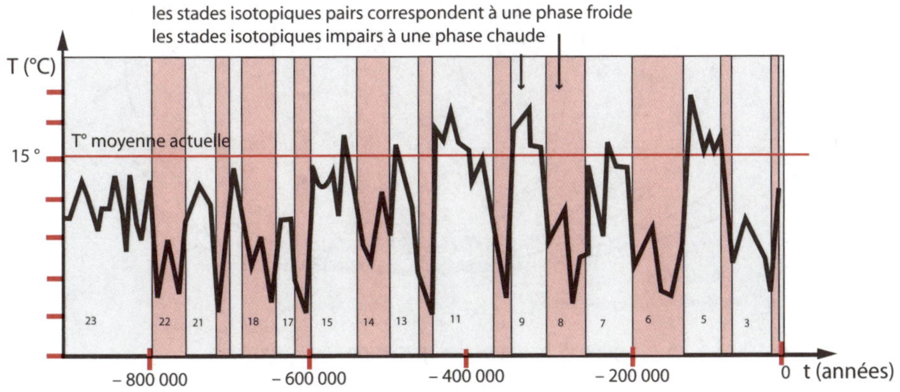

Figure 55.1 – Courbe des paléotempératures et des stades isotopiques au cours des 800 000 dernières années (les numéros indiqués renvoient aux stades d'Emiliani).

Le rapport des isotopes stables ^{16}O et ^{18}O est lié à la température. Dans l'eau de mer, le rapport

$$\partial^{18}Ow = [(^{18}O/^{16}O)_{ech}/(^{18}O/^{16}O)smow - 1] \times 1\,000$$

(SMOW = *Standard Mean Oceanic Water*)

Le $\partial^{18}O$ des carbonates est calculé selon le même principe, mais rapporté à un standard PDB. La température est liée au $\partial^{18}O$ des carbonates par la relation

$$T = 16{,}9 - 4\ (\partial^{18}O\ carb - \partial^{18}O\ w)$$

Ce rapport en réalité varie, car en période froide, l'évaporation préférentielle de l'isotope léger (^{16}O) enrichit l'eau de mer en ^{18}O et appauvrit les glaces polaires en isotope lourd.

2. LES GLACIATIONS ANCIENNES

a) Les glaciations cénozoïques

Le refroidissement périodique à l'origine des glaciations débute en réalité au cours du Cénozoïque, avec la mise en place progressive des calottes glaciaires : il y a 35 Ma, la calotte antarctique, puis il y a 15 Ma, les premiers cycles de glaciation, avec l'apparition de sédiments marins à débris rocheux (IRD ou *Ice Rafted Debris*), et enfin, il y a 3 Ma, l'installation permanente de la calotte arctique.

b) Les cycles climatiques mésozoïques

Le climat était globalement plus chaud et assez stable. On connaît moins bien les alternances climatiques mésozoïques, déduites d'arguments isotopiques, mais aussi d'arguments paléo-écologiques : la fin du Crétacé a connu un refroidissement qui a culminé à la fin du Maestrichtien (Fiche 64).

c) Les glaciations paléozoïques et protérozoïques

L'existence de dépôts de tillites paléozoïques et protérozoïques montre l'existence de grandes phases de glaciation à la fin du Dévonien, au Carbonifère et à l'Ordovicien.

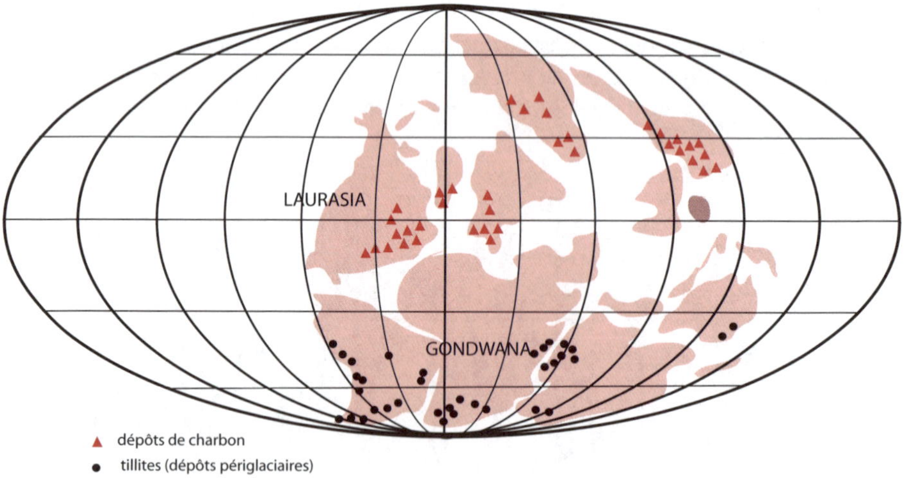

Figure 55.2 – Carte des glaciations au Carbonifère.

Depuis le Précambrien on admet une succession de phases glaciaires (– 2,4 à – 2,2 Ga phase huronienne, – 950 Ma, 770 Ma, 600 Ma et peut-être à – 545 Ma).

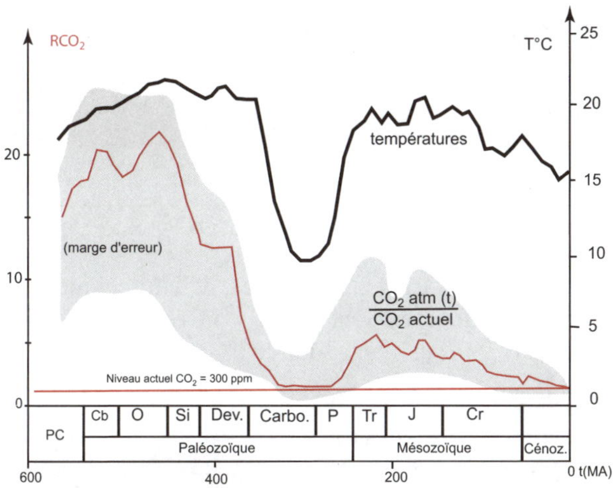

Figure 55.3 – Échelle des temps géologiques et phases de glaciations déduites de l'évolution de la concentration atmosphérique de CO_2 depuis 600 Ma (modèle GEOCARB).

L'importance de l'extension géographique des glaciations anciennes a conduit à l'hypothèse encore controversée d'une terre entièrement englacée à plusieurs reprises (*Snow Ball Earth Theory*).

3. L'ORIGINE DES CYCLES GLACIAIRES

Pour les périodes récentes, la corrélation entre les cycles astronomiques et l'alternance de phases glaciaires et interglaciaires semble démontrée. Pour les périodes plus anciennes, la terre semble avoir oscillé entre des périodes globalement froides (Icehouse) avec des calottes glaciaires permanentes, et des périodes chaudes (Greenhouse). On peut relier les périodes icehouse anciennes à une diminution de l'effet de serre et du taux de CO_2 atmosphérique due à l'apparition des stromatolites, aux prémices des mouvements des plaques et à l'activité volcanique, ainsi qu'à la distribution des masses continentales qui auraient modifié les circulations océaniques et atmosphériques.

Deux hypothèses s'affrontent : Walker propose une terre thermostatée où le taux de CO_2 atmosphérique est lié à la température par des mécanismes de rétrocontrôle.

L'hypothèse de Raymo relie les grands orogènes susceptibles de séquestrer du CO_2 et les glaciations.

4. QUEL CLIMAT POUR DEMAIN ?

La température moyenne a augmenté de 0,6 °C au cours du XXe siècle. Actuellement, la tendance est à une fonte importante des inlandsis et de la banquise, ce qui entraîne une diminution de l'albedo et donc de la quantité d'énergie réemise. Ce phénomène amplifie la tendance au réchauffement global.

À la lumière du passé, il est difficile de prévoir une évolution climatique à court terme, et de se prononcer sur le futur des calottes glaciaires. Les modifications anthropiques (émissions de gaz à effet de serre, déforestation) s'opposent à la tendance au refroidissement liée aux cycles astronomiques.

Les modifications anthropiques sont-elles suffisantes pour amplifier les cycles naturels et modifier durablement la dynamique climatique terrestre ? Allons-nous vers un réchauffement inéluctable ou bien une nouvelle glaciation ?

56 Hydrogéologie

Mots clés

Aquifère, Isohypses, Loi de Darcy, Nappe, Perméabilité, Pollution, Porosité, Surface piézométrique

L'hydrogéologie est l'étude des eaux souterraines, de leur chimie et de leur écoulement. En France, les réserves en eau souterraine sont de $2 \cdot 10^{12}$ m^3 réparties sur 450 aquifères. Ces aquifères fournissent annuellement $7 \cdot 10^6$ m^3 d'eau, dont 60% proviennent de nappes alluviales.

1. LES NAPPES AQUIFÈRES

L'eau souterraine est contenue dans des roches, dites roches réservoir. Dans un réservoir saturé, l'eau s'écoule : on parle alors d'**aquifère**. Toute l'eau souterraine n'est pas disponible : on distingue l'eau de constitution, emprisonnée dans les réseaux cristallins des minéraux, l'eau retenue par les contraintes électrostatiques à la surface des minéraux (eau capillaire et eau pelliculaire), l'eau retenue par absorption (eau hygrostatique), et l'eau libre. Seule cette part peut circuler dans l'aquifère (eau de percolation).

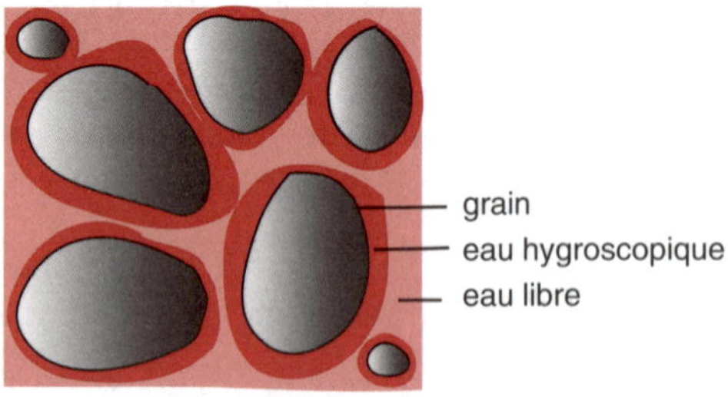

Figure 56.1 – Eau libre et de rétention d'une roche poreuse.

Le toit de la nappe aquifère est appelé **surface piézométrique** : il correspond au niveau de l'eau dans un puits. Le pompage de l'eau dans la nappe modifie la surface piézométrique,

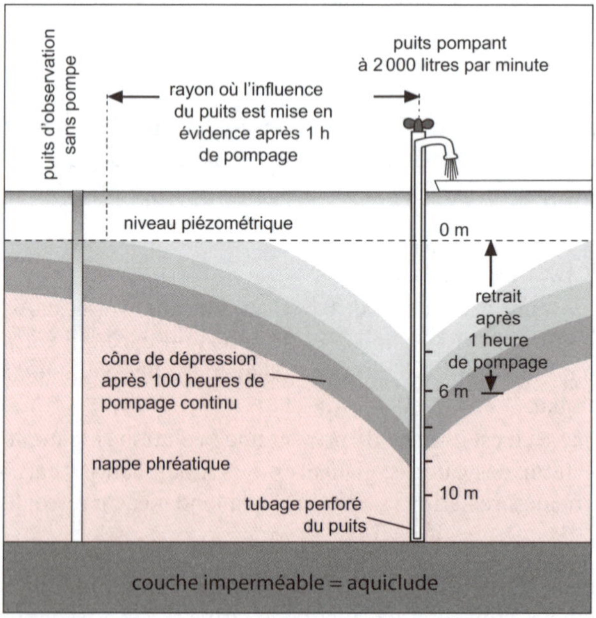

Figure 56.2 – Cône de rabattement lors du pompage d'une nappe.

Les nappes des alluvions sont directement en relation avec les cours d'eau superficiels.

Les nappes superficielles, et facilement accessibles, sont dites **phréatiques**. Les nappes piégées par un niveau imperméable ou **aquiclude**, sont dites captives. Les nappes artésiennes sont des nappes captives dont la surface piézométrique est au-dessus du sol : l'eau jaillit des **puits artésiens**.

Les nappes se rechargent par infiltration des eaux superficielles.

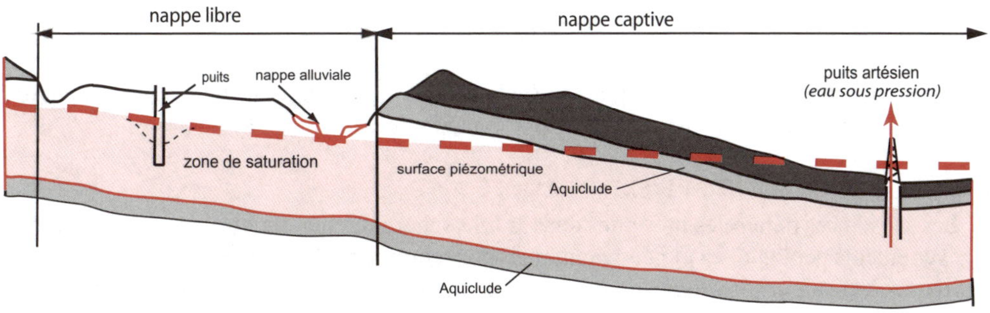

Figure 56.3 – Schéma des nappes libres et captives.

2. L'ÉCOULEMENT DANS UN AQUIFÈRE

La **porosité** est la capacité d'une roche à retenir une quantité d'eau. Par fracturation ou altération, des roches peu poreuses au départ acquièrent une importante porosité secondaire.

La perméabilité est la propriété qu'à une roche à se laisser traverser par l'eau. Lorsqu'un volume d'eau Q s'écoule d'une hauteur h dans une roche d'une section donnée, la vitesse d'écoulement dépend de la perméabilité K de la roche aquifère. K est donné par la loi de Darcy : **Q = K A h/l**

Q = quantité d'eau traversant le milieu ($m^3 \cdot s^{-1}$), **A** est la surface (m^2), **h** la différence de hauteur et **l** (m) la longueur parcourue. La roche est dite aquifère quand $K > 10^{-4}\ m \cdot s^{-1}$.

Nature de la roche	K, perméabilité ($cm \cdot s^{-1}$)
Sable	10^{-1} à 10^{-4}
Limon	10^{-6} à 10^{-7}
Argile calcaire	10^{-7} à 10^{-8}
Argile plastique	10^{-8} à 10^{-9}

Les roches les plus perméables sont les roches meubles, non cimentées, comme les sables, les conglomérats. Les eaux s'écoulent dans l'aquifère par gravité. La nappe est définie par des courbes isohypses (intersection d'un plan horizontal avec les limites de la nappe), la direction d'écoulement est perpendiculaire aux isohypses.

3. CONCLUSION

La connaissance des nappes, de la qualité et de la disponibilité de l'eau est un des enjeux du XXIe siècle : les nappes d'eau sont activement exploitées par des puits et des captages pour alimenter en eau une population toujours croissante. Il faut protéger la ressource des pollutions, mais aussi en gérer l'exploitation pour en garantir la pérennité.

57 Les ressources minérales

Mots clés

Anomalie, Clarke, Code minier, Exploitabilité, Gisement, Prospection, Recyclage

Les gisements minéraux ont toujours fourni aux hommes de quoi satisfaire leurs besoins techniques et technologiques. Qu'est-ce qu'un gisement et comment se forme-t-il ?

1. NOTION DE GISEMENT ET D'EXPLOITABILITÉ

Les substances minérales présentes dans la lithosphère ont une teneur moyenne (Clarke). Des événements géologiques et géodynamiques concentrent certains éléments à des teneurs supérieures à la valeur moyenne : c'est une **anomalie**. Lorsque la teneur est suffisamment élevée, on peut parler de **gisement**. L'exploitation d'un gisement dépend des facteurs économiques : le cours du métal, l'accessibilité, la difficulté technique, et la difficulté du traitement. L'exploitabilité fluctue avec le marché mondial et la demande. La prospection minière vise à identifier les gisements potentiels afin d'estimer les ressources. Elle fait appel à la cartographie géologique, à la télédétection et à la prospection géochimique. Lorsque l'enveloppe du gisement est reconnue, une phase plus précise, utilisant des sondages et des analyses plus précises est mise en œuvre pour affiner la connaissance du gisement.

2. MINES ET CARRIÈRES

Le **code minier** définit précisément ce qui relève des mines et est concédé à l'exploitant, et ce qui est considéré comme carrière. En effet, d'après le droit français, le sous-sol appartient à l'État. Sont classés dans les ressources minières : les métaux (Cu, Pb, Fe, Cr, Ti, W), l'or et les platinoïdes, mais aussi les éléments radioactifs, les terres rares et le soufre, le sel et la potasse. Parmi les ressources exploitées en carrière, on citera le baryum, l'amiante, le talc, le kaolin, les argiles (briques, porcelaine, argiles expansées, tuiles), la silice et tous les carbonates exploités pour le ciment.

3. DES RESSOURCES NON RENOUVELABLES

Les matières premières minérales comme les ressources énergétiques ne sont pas renouvelables : on note dans le marché actuel une part de plus en plus importante du recyclage : ainsi 13 % de la production annuelle du cuivre vient du recyclage. On estime à 2 millions de tonnes la quantité d'or contenu dans les microprocesseurs des ordinateurs aux USA, alors que 69,2 milliards de canettes en aluminium ont été recyclées en 1996. L'exploitation des déchets et des haldes des anciennes exploitations est une source non négligeable de minerai : on utilise pour cela des bactéries pour extraire l'or et le cobalt.

4. TYPOLOGIE DES GISEMENTS MINERAUX

Un gisement est le résultat d'une conjonction de facteurs exceptionnels : on peut les classer en fonction de leur âge : ainsi, les concentrations de fer rubané et les coulées ultrabasiques à pyrrhotite et pentlandite archéennes ainsi que les *green-belts* (ceintures de roches vertes ultrabasiques) ne peuvent plus se produire. En effet, à l'Archéen le géotherme était bien plus élevé qu'aujourd'hui et les conditions d'oxydo-réduction étaient très différentes.

Élément	Teneur moyenne	Production	Année	Principaux pays producteurs
Fer (Fe)	5 %	614 000 000 t	1995	Brésil, Australie, Chine, États Unis, Inde, Canada, Afrique du Sud, Suède
Nickel (Ni)	80 ppm	872 000 t	1994	Russie, Canada, Nouvelle Calédonie, Indonésie, Australie, Chine, République Dominicaine
Cuivre (Cu)	5 ppm	109 120 000 t	1996	Chili, États Unis, Canada, Indonésie, Australie, Russie, Pérou, Zambie
Zinc (Zn)	80 ppm	7 192 000 t	1996	Canada, Chine, Australie, Pérou, États-Unis, Mexique, Irlande
Plomb (Pb)	16 ppm	2 850 000 t	1996	Canada, Chine, Australie, Pérou, Mexique, Suède
Antimoine (Sb)	0,1 ppm	89 338 t	1994	Chine, Bolivie, Australie, Mexique
Or (Au)	5 ppb	2 346 t	1996	Afrique du Sud, Australie, États Unis, Canada, Chine
Uranium (U)	3-4 ppm	34 600 t	1996	Canada, Australie, Niger, Namibie, Ouzbékistan, Russie, Afrique du Sud
Aluminium (Al)	8 %	124 667 000 t	1996	Australie, Guinée, Jamaïque, Brésil, Chine, Inde, Venezuela

On peut aussi dresser une typologie des gisements en fonction de l'origine des éléments et des facteurs de concentration. Les éléments d'origine profonde mantellique sont remontés à la surface par convection et magmatisme, et concentrés par des phénomènes géodynamiques : ainsi, les « porphyry copper » des marges actives, où les fluides de la plaque subduite percolent les roches mantelliques et dissolvent les éléments lithosphériques de l'encaissant. Ces gisements accompagnent les intrusions magmatiques des marges actives. Au contact des intrusions, les calcaires métamorphiques sont parfois minéralisés, formant des **skarns** ou des « mantos » lorsque la roche intrusive est plus éloignée.

La connaissance des sources hydrothermales des dorsales (Fiche 53) a permis d'expliquer la formation des amas sulfurés à pyrite, chalcopyrite, bornite, blende et galène.

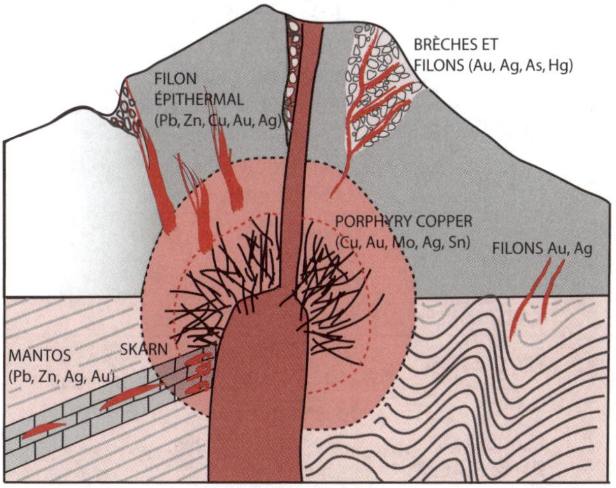

Figure 57.1 – Gisements hydrothermaux et metasomatiques.

ORIGINE MAGMATIQUE	CUMULATS ULTRABASIQUES	Chromites litées et amas podiformes (Great Dyke, Zimbabwe, Nouvelle Calédonie) EGP : platinoïdes lités (Bushweld)	Cr, Pt, Pd, Ni
	INTRUSIONS	Kimberlites à diamants Carbonatites Pegmatites	C, Zr, Nb, terres rares Be, Li, Sn, Rb, Cs, Nb, Ta, U
	COULÉES	Komatiites : coulées ultrabasiques à sufures massifs	Ni, Cu, Fe, Co
	MÉTÉORITE	Sudbury (sulfures)	Ni, Cu
ORIGINE HYDROTHERMALE MÉTASOMATIQUE	MÉTASOMATOSE	« Porphyres » cuprifères Chuquicamata (Chili) Porphyres à molybdène (Bingham USA) Porphyres argentifères et stannifères (Cerro Potosi, Perou)	Cu, Pt, Au, Mo, Sn, W
		« Mantos », amas de sulfures massifs (Zacatecas-Mexique)	Cu
		Filons « sulfate-acide » (Julcani, Perou) Filons à séricite-adulaire (Comstock)	Au, Ag, As
	SKARNS	Métamorphisme de contact (granite / roche carbonatée) (Tras Os Montes, Portugal, Salau, France)	W, Mo, Au, Co, Sn, Bi, Be, B
	SYNGÉNÉTIQUES-AMAS SULFURÉS	ABITIBI – ceintures de roches vertes	Cu, Zn
		KUROKO – exhalatif	Cu, Zn, Pb
		CHYPRE (Troodos)	Cu, Zn
	SÉDIMENTAIRES EXHALATIFS (SEDEX)	Brocken Hill	Pb, Zn, Ba
	FILONS	Quartz	Au, Ag, Pb, Zn
ORIGINE DIAGÉNÉTIQUE	FILON ET AMAS	Filons de socle couverture (Chaillac, France) Fentes en extension Karsts minéralisés (Mouthoumet, France)	Pb, Zn, Ag, Ba, F, Cu, Sb, As
	IMPRÉGNATION DIAGENÈSE	*Red Beds* cuprifères (ceinture cuprifère du Zaïre)	Cu, platinoïdes, Co, Ag
		Mississippi valley	Pb, Zn, Ag, Ba, F, Cu, Sb, As, Sr
		Grès plombifères (Largentière, France)	Pb, Zn
		Uranium (front d'oxydo-réduction) grès uranifères, calcrètes	U
ORIGINE SÉDIMENTAIRE	LATÉRITES NICKELIFÈRES	Gisements de Nickel de Nouvelle Calédonie (Goro)	Ni, Co
	STRATIFORMES	Manganèse sédimentaire (Nikopol) Phosphorites	Mn P
	ÉVAPORITES	Salars Chotts Diapirs et cap rocks	N, Li Na Ba, Sr, Fe, Pb, Zn
	KARST MINÉRALISÉS	Bauxites de Provence	Al
	FER STRATIFIÉ	BIF (*Banded iron Formation*) Minette de Lorraine (fer oolitique)	Fe
	PLACERS ET PALÉOPLACERS	Pierres précieuses (Sri Lanka) Diamant (Namibie) Or (Guyane) Chromite (Nouvelle Calédonie)	Au, C, Be, Sn, Cr

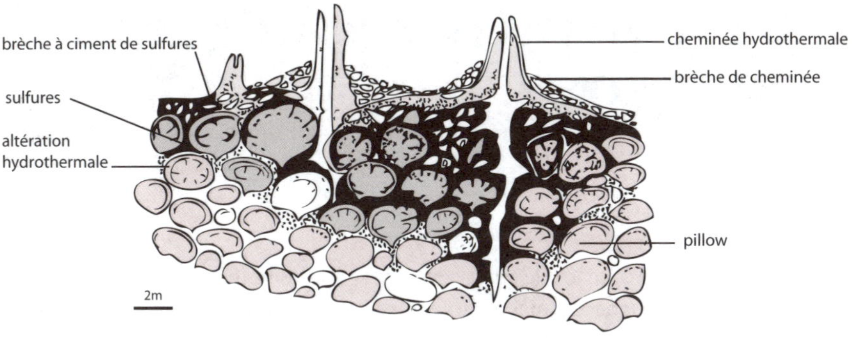

Figure 57.2 – Formation de sulfures hydrothermaux.

À tous ces processus de dépôt et de concentration se surimposent les déformations tectoniques qui modifient la géométrie des corps minéralisés et qui les expose à l'érosion. Dans les processus sédimentaires, les éléments minéraux vont être concentrés pas des phénomènes physiques (gravité) ou remobilisés par des processus diagénétiques (Fiche 52). Enfin, l'altération peut mobiliser et concentrer des éléments, comme dans le cas des encroûtements à garniérite de Nouvelle Calédonie, qui représentent 30 % des réserves mondiales de nickel.

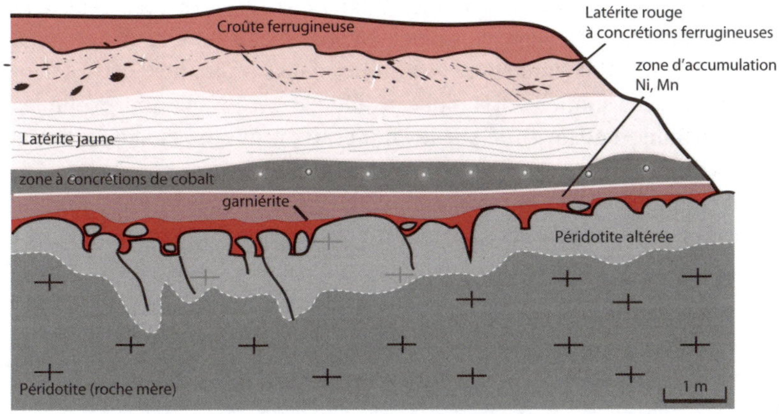

Figure 57.3 – Gisement de latérites nickelifères de Nouvelle Calédonie.

Le tableau ci-contre regroupe de façon synthétique la plupart des gisements de substances minérales en fonction de leur origine.

5. LES GISEMENTS EXTRATERRESTRES

Les planètes et les astéroïdes renferment des ressources minérales que des projets d'exploration humaine de l'espace pourraient rendre exploitables : en effet, vu le coût des lancements, il est plus intéressant d'exploiter des ressources *in situ*. Dans cette catégorie rentrent les roches et le régolite, pour isoler une base lunaire ou martienne, des oxydes, pour en extraire de l'oxygène. L'exploitation de l'^{3}He, un isotope de l'hélium piégé dans les particules du régolite à partir du vent solaire est proposée comme ressource énergétique pour la fusion nucléaire. L'exploration martienne a montré des roches différenciées et des processus de concentrations minérales : la prospection des ressources martiennes peut commencer dans l'optique d'une occupation humaine de la planète rouge.

58 De la matière organique au pétrole

Mots clés

Maturation, Migration, Pièges, Préservation, Roche mère

Le pétrole (comme le gaz) est une ressource énergétique combustible dite « fossile ». Il s'agit d'un composé naturel riche en macromolécules très polymérisées. Puisé dans des réservoirs géologiques naturels, le pétrole résulte de la succession de plusieurs phénomènes géologiques au cours d'une histoire longue et complexe.

1. LA MATIÈRE ORGANIQUE : ACCUMULATION ET PRÉSERVATION

Le pétrole, comme tous les composés sédimentaires riches en matière organique, fait partie de la famille des **roches carbonées** (Fiche 25). La première condition nécessaire à la formation de pétrole est donc l'accumulation dans un bassin sédimentaire d'une quantité importante de matière organique (MO).

Cette matière organique a deux origines : **continentale** (débris de végétaux supérieurs véhiculés par les fleuves) et/ou **marine** (phyto- et zooplanctonique, bactérienne). Elle est constituée de protéines, lipides, sucres et lignine (pour les plantes terrestres) et s'accumule dans les sédiments sous forme particulaire. On estime classiquement que seul 1 % de la matière organique produite se fossilise, le reste étant dégradé par les bactéries dans la colonne d'eau ou dans les sédiments.

La préservation de la matière organique résiduelle est en général expliquée par plusieurs phénomènes comme l'**adsorption** sur les minéraux argileux, la **sulfuration naturelle** ou la **préservation sélective**.

Les analyses chimiques montrent que 99 % de la matière organique est constituée de C, H, O, S et N (abondances décroissantes). La mesure des rapports atomiques H/C et O/C permet de caractériser la MO sédimentaire en quatre types principaux notés I, II, III et IV.

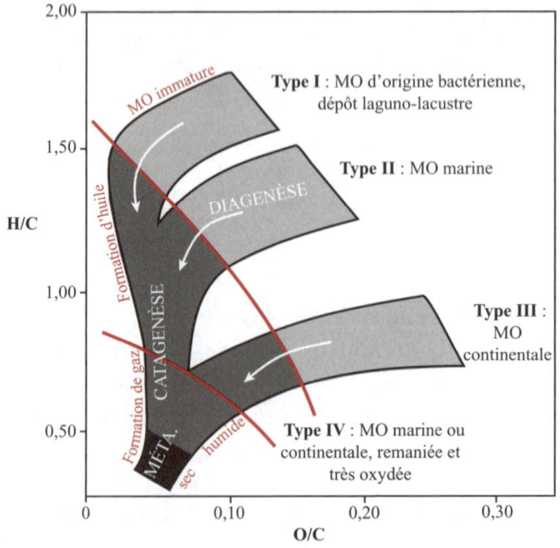

Figure 58.1 – Évolution de la MO au cours de l'enfouissement des roches (diagramme de Van Krevelen).

2. ÉVOLUTION ET MATURATION DE LA MATIÈRE ORGANIQUE FOSSILE

Une fois déposée et préservée, la matière organique va être recouverte de sédiments et va donc s'**enfouir** de plus en plus profondément avec le temps. Le gradient géothermique augmentant avec la profondeur, la MO va évoluer thermiquement : c'est la **maturation** qui va modifier les structures chimiques en trois étapes successives :

Étape	Évolution chimique	Transformation
1 – **Diagenèse** : 0 à 2 000 m de prof. $T°_{max}$ = 60 °C.	O/C diminue	La MO se transforme en **kérogène**, protopétrole et CH_4 biochimique.
2 – **Catagenèse** : 1 000 à 4 000 m de prof. $T°_{max}$ = 150 °C	H/C diminue	Le kérogène se transforme en **hydrocarbure** (huile et gaz)
3 – **Métagenèse** : au-delà de 4 000 m et de 150 °C.	H/C continue à diminuer	Ne subsiste que des gaz secs et du carbone résiduel (**anthracite** puis **graphite**).

On appelle **fenêtre à huile**, la zone en profondeur où se produit la transformation des kérogènes en hydrocarbures. La roche contenant de la MO évoluée (le pétrole par exemple) est appelée **roche-mère**.

3. MIGRATION ET PIÉGEAGE DES HYDROCARBURES

Le pétrole s'accumule d'abord au cours de la catagenèse dans les parties les plus poreuses de la roche mère. Mais ce pétrole, non miscible dans l'eau et peu dense, va naturellement quitter la roche mère : c'est la **migration primaire** ou **expulsion**. Il aura donc tendance à remonter et donc se diluer dans les zones plus superficielles. Pour éviter cette dispersion, il faut impérativement :

- un **toit imperméable** (une couche argileuse par exemple) afin d'éviter que le pétrole ne rejoigne la surface ;
- une **formation poreuse** (sable, grès, grainstone…) permettant au pétrole de circuler latéralement.

Ces deux conditions réunies permettent la **migration secondaire**. Les hydrocarbures peuvent ainsi parcourir plusieurs dizaines de kilomètres avant de rejoindre une structure géologique stoppant leur migration : le **piège ou réservoir** (diapirs, grands anticlinaux, failles dont le plan est colmaté par de l'argile, discordance…).

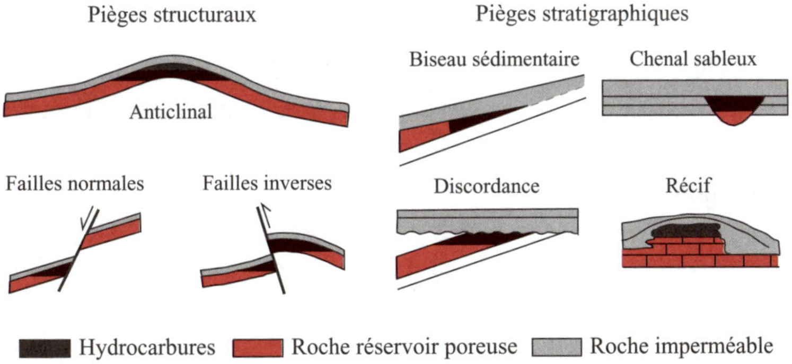

Figure 58.2 – Exemples de pièges à hydrocarbures (structuraux et stratigraphiques).

4. CONCLUSION

La présence et la qualité du pétrole (ou du gaz) résulte donc de la succession de plusieurs étapes dont la durée cumulée peut atteindre plusieurs millions d'années : accumulation et préservation de MO en quantité suffisante, évolution thermique, contexte géologique favorable à la migration et au piégeage. Avant utilisation, le pétrole devra être raffiné (distillation, craquage, désulfurisation…) de manière plus ou moins importante en fonction de la qualité originelle du pétrole brut.

59 Les hypothèses sur l'origine de la vie

Mots clés

Photosynthèse, Protobiontes, Soupe primitive, Stromatolites

En constatant que tous les embranchements sont présents dans les mers dès le Cambrien (– 540 Ma), il reste à expliquer comment la vie apparaît et se diversifie depuis la création de la Terre, il y a plus de 4 500 Ma (Fiche 1). Les premiers arguments sont issus du terrain : premières roches sédimentaires (– 3 800 Ma, *Isua* au Groenland) et plus anciennes structures organiques reconnaissables (microsphères datées – 3 000 Ma, *North Pole* en Australie). La découverte de ces premiers indices s'accompagne ensuite d'hypothèses et d'expériences en laboratoire recréant les conditions de la Terre primitive.

1. LES PREMIÈRES TRACES FOSSILES

De petites structures organiques ont été découvertes dans la formation siliceuse de *North Pole* en Australie. Datés de 3 000 Ma, ces fossiles se présentent sous trois formes :

Coccoïdes	Coques ovoïdes, rappelant les cocci de bactéries, riches en matière organique charbonneuse. Se retrouvent isolées, ou regroupées en grappes et filaments.
Sphéroïdes	Formes sphériques présentant une paroi très nette avec à l'intérieur une tâche noire nettement visible appelée pylome (sorte de pore).
Stromatolites	Structures biosédimentaires composées de laminations rythmiques très fines liées à une activité cyano-bactérienne.

D'autres gisements ont fourni des traces fossiles de cellules **procaryotes** : Fortescue (Australie, – 2 800 Ma) et Gunflint (Canada, – 2 000 Ma). La reconnaissance de plus grosses cellules (diamètre > 20 µm) témoigne de la présence des cellules à noyau ou **eucaryotes** vers – 2 000.

2. L'ORIGINE DES PREMIÈRES MOLÉCULES ORGANIQUES

La vie est exclusivement dépendante de la présence de composés organiques dont l'apparition sur Terre peut être expliquée par trois hypothèses différentes :

a) La « soupe chaude primitive »

Les composés de l'atmosphère primitive (CO_2, N, NH_3, SO_2, CH_4, NCH), en solution dans les mers de la Terre primitive, se combinent sous l'effet du rayonnement UV (absence de couche d'ozone). C'est l'hypothèse de Oparin et Haldane (1924) vérifiée par Miller en laboratoire (1953).

b) Les sources hydrothermales

Dans les mers primitives, au contact des sources hydrothermales productrices de H_2S, l'activité bactérienne sulfo-oxydante génère des composés organiques identiques ($C_6H_{12}O_6$) à ceux produits par la photosynthèse.

c) La panspermie

C'est la seule hypothèse où la vie n'apparaît pas dans les mers. Elle postule pour un ensemencement de la surface terrestre par des composés organiques extraterrestres au cours de l'intense bombardement météoritique aux premières heures de la Terre.

3. L'ÉVOLUTION PRE-BIOLOGIQUE

Les premières molécules organiques sont des composés simples (les **monomères)** qui vont évoluer vers des composés plus complexes : les **polymères**. Dans une cellule vivante, cette polymérisation est réalisée grâce aux enzymes. Sur la Terre primitive, l'énergie nécessaire à cette étape peut être fournie par la chaleur ou des minéraux comme les argiles et la pyrite. Ces minéraux contiennent en effet des sites électriques chargés (liaisons avec les monomères) et des atomes métalliques qui libèrent des électrons pour catalyser les réactions. Les polymères **non biologiques** produits sont les **protéinoïdes** qui se regroupent spontanément pour former les **protobiontes**. Ces derniers sont dotés d'une membrane et capables de sélectivité et d'échange chimique avec le milieu ambiant. Les expériences en laboratoire ont permis d'en former trois types : les **microsphères** (expérience de Fox), les **coacervats** (expérience de Oparin) et les **liposomes**.

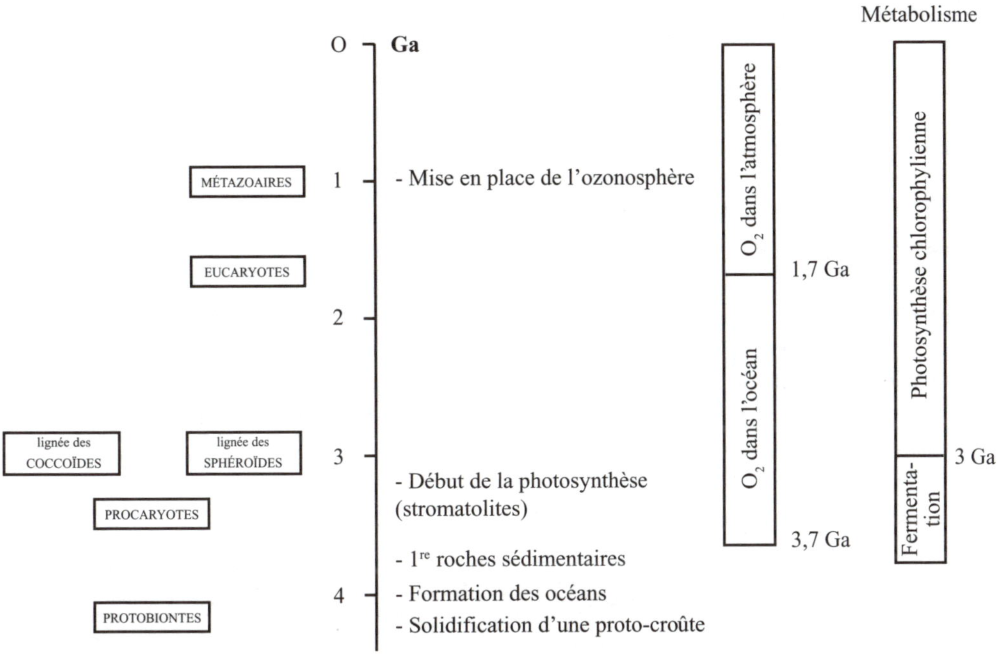

Figure 59.1 – Évolution schématique de la biosphère (Ga = milliards d'années).

4. CONCLUSION

Les protobiontes évoluent ensuite pour devenir de vraies cellules. L'évolution devient biologique (apparition de la réplication) depuis les procaryotes hétérotrophes (fermentation anaérobie) vers l'autotrophie (chimio- puis photosynthèse) puis l'hétérotrophie avec respiration cellulaire.

60 L'échelle des temps géologiques

Mots clés

Étage, GSSP, Stratotype, Unité chronostratigraphique

La géologie est une discipline historique qui nécessite l'établissement d'une chronologie des événements ou des processus enregistrés dans les roches et les séries géologiques présentes à la surface de la Terre. Des outils lithologiques et paléontologiques (lithostratigraphie et biostratigraphie – Fiche 4) associés à des méthodes radiochronologiques (Fiche 5) ont permis d'élaborer les échelles stratigraphiques (Fiche 75) successives en subdivisant le temps long (depuis 4,6 Ga) à l'aide d'événements marquants dont on peut également estimer la durée.

1. ÉTABLISSEMENT DE L'ÉCHELLE STRATIGRAPHIQUE

La chronostratigraphie est une branche de la stratigraphie qui traite du découpage, en **unités chronostratigraphiques**, des terrains, processus et phénomènes géologiques enregistrés pendant un certain intervalle de temps (**unité géochronologique**), et qui se sont succédés dans l'histoire de la Terre.

a) Les unités fondamentales de l'échelle : étage et stratotype

Dans la hiérarchie des termes chronostratigraphiques, l'**étage** est la plus petite des unités chronostratigraphiques, que l'on puisse identifier de façon **universelle**, et caractérisée par un ensemble de critères paléontologiques, lithologiques ou structuraux. Les étages sont définis à partir d'une coupe de référence (**stratotype**) située dans une localité type. L'**âge** (unité géochronologique) est l'intervalle de temps qui correspond à l'étage. En principe, le nom de l'étage est celui (français ou latin) de la localité type, suivi du suffixe *–ien* (par exemple Lutèce – Paris – pour l'étage Lutétien).

b) Les principales coupures stratigraphiques

Unités chronostratigraphiques (subdivision sédimentaire)	Unités géochronologiques (subdivision temporelle)
Éonothème	Éon
Érathème	*Ère*
Système	*Période*
Série	*Époque*
Étage	Âge

La pratique géologique a consacré une terminologie employée à contenu aussi bien chronostratigraphique que géochronologique dont les termes les plus usités apparaissent en italiques dans le tableau.

2. LES SUBDIVISIONS DE L'ÉCHELLE STRATIGRAPHIQUE

Les critères paléontologiques permettent de distinguer des ères qui font suite aux terrains antécambriens caractérisés par l'absence de fossiles. Ces ères constituent l'éon Phanérozoïque (période de la « vie visible ») :

- l'ère primaire ou Paléozoïque, limitée à sa base par une crise d'apparition de fossiles possédant des tests et des coquilles et se termine par une crise d'extinction (95 % des espèces fossiles dont les Trilobites et certains grands Foraminifères benthiques) à la limite Permo-Trias ;

- l'ère secondaire ou Mésozoïque, caractérisée par le développement des Ammonites et des grands reptiles, et limitée à son sommet par l'extinction de ces deux groupes d'animaux à la limite Crétacé-Tertiaire ;
- l'ère tertiaire ou Cénozoïque marquée par l'apparition d'autres Foraminifères et par la diversification des Mammifères et des plantes à fleurs. L'ère quaternaire, qui n'était envisagée que pour signaler l'apparition de l'Homme et les grandes glaciations, est maintenant intégrée à l'ère Cénozoïque.

Les temps qui précèdent l'éon Phanérozoïque ont été également subdivisés en éons (Hadéen, Archéen et Protérozoïque) dont les limites correspondent à des modifications géologiques majeures (mais sans repères fossiles) et les dates fixées arbitrairement par des valeurs radiochronologiques (par exemple le début de l'Archéen, à 3 800 Ma, correspond aux plus anciennes roches connues sur Terre et encore préservées).

Parfois, le temps peut être subdivisé en intervalles correspondant à la création de chaînes de montagne ou à l'évolution de cycles orogéniques marqués par d'intenses phases de déformations : orogenèse cadomienne, hercynienne, alpine…

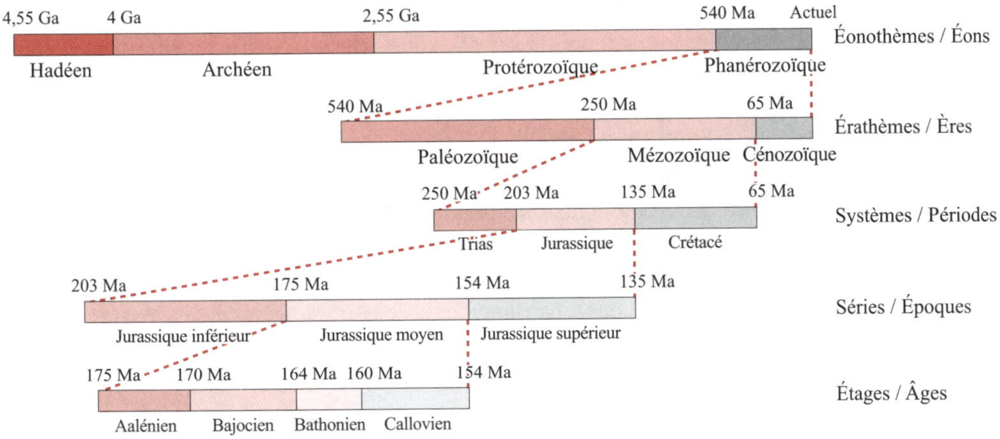

Figure 60.1 – Découpage stratigraphique de l'enregistrement géologique et subdivisions chronologiques.

Si le temps est continu, la sédimentation ne l'est pas toujours et peut entacher la définition précise d'un stratotype. Afin d'améliorer la définition des étages, les stratigraphes cherchent aujourd'hui à proposer des repères précis, concrets et fixes, corrélables sur de grandes distances et correspondant à la limite entre deux unités chronostratigraphiques : le stratotype de limite. Sur l'affleurement ou la coupe choisi alors comme stratotype de limite à valeur internationale, cette limite est identifiée par l'expression anglo-saxonne : GSSP (*Global Boundary Stratotype Section and Point*).

3. CONCLUSION

La succession, dans le temps, des différentes unités à des niveaux hiérarchiques divers (étages à éon), constitue l'échelle chronostratigraphique mondiale (Fiche 75). Les unités de cette échelle englobent tous les terrains formés pendant un certain intervalle de temps et dont les limites sont contemporaines en tous lieux. Le contenu paléontologique et les caractéristiques physiques de ces terrains permettent d'élaborer des échelles « thématiques » (biochronologique, magnétostratigraphique (Fiche 73) et numérique), qui combinées fourniront le cadre à l'échelle des temps géologiques.

61 Les fossiles

Mots clés

Biochronologie, Biostratigraphie, Classification, Fossile, Paléoenvironnement, Phylogénie

L'établissement de l'échelle des temps géologiques (Fiche 60) repose en grande partie sur la reconnaissance et l'évolution du contenu paléontologique des couches sédimentaires. La **paléontologie** est littéralement la science qui étudie la vie ancienne et plus précisément les organismes disparus ayant laissé dans les terrains sédimentaires, grâce aux mécanismes de la fossilisation (Fiche 62), des traces de leur existence et de leurs activités. Ces vestiges ou traces d'organismes piégés, souvent transformées et enfin préservées dans les roches sédimentaires sont appelés **fossiles**.

1. QU'EST CE QU'UN FOSSILE ?

Les fossiles sont donc les restes (coquilles, tests, squelettes, os, dents…) complets ou partiels d'organismes, les traces de leur existence ou de leur activité (empreintes de pas, déjections, terriers…), enfouis plus ou moins rapidement dans les sédiments après leur mort. Les fossiles sont importants à plus d'un titre puisque :

- ils sont présents dans les sédiments aussi bien du domaine continental que du milieu marin ;
- ils ont enregistré une très longue histoire biogéologique de plus de 3,5 Ga (Fiche 59) ;
- ils constituent une grande partie de la production sédimentaire (surtout carbonatée et siliceuse) ;
- ils permettent la reconstitution des environnements de dépôts et des climats anciens ;
- ils permettent d'établir une chronologie relative des dépôts sédimentaires (Fiche 4) ;
- ils permettent de tester des théories sur l'évolution de la Vie (Fiche 59).

Les fossiles sont généralement rangés dans deux catégories : les **macrofossiles** désignent des fossiles animaux (macrofaune) ou végétaux (macroflore) de grande taille (supérieure à 5 mm) par opposition aux **microfossiles** qui désignent des fossiles uniquement observables à la loupe ou avec du matériel de microscopie (optique – Fiche 21 – ou MEB – microscope électronique à balayage). L'étude des microfossiles à parois minérales correspond à la micropaléontologie, celle des microfossiles à parois organique à la palynologie.

2. UTILISATION DES FOSSILES

a) Classification et systématique

La classification des fossiles comme celle des êtres vivants est appelée **taxinomie** ou **taxonomie**. Pour donner un nom à un fossile, il existe trois cas de figure :

- le fossile trouvé correspond à un organisme inconnu, un nom lui sera alors attribué en utilisant la nomenclature binomiale : le Genre (avec une majuscule) suivi de l'espèce (avec une minuscule) ;
- le fossile trouvé correspond à un organisme déjà connu si les critères morphologiques et autres paramètres sont identiques à une espèce déjà recensée. Il sera alors placé dans la même espèce ;
- le fossile trouvé correspond à un élément d'organisme (par exemple : œufs de dinosaure, conodontes, ichnofossiles, coprolithes). Les paléontologues utilisent alors la parataxonomie qui

correspond à l'établissement d'une classification propre en fonction de critères de l'élément considéré.

b) Les fossiles marqueurs de l'évolution

L'évolution des êtres vivants associe des processus génétiques et environnementaux permettant ainsi d'organiser les organismes actuels et fossiles (principe de l'actualisme) en unité fondamentale que l'on appelle l'espèce. Les espèces évoluent au cours du temps en subissant une ou plusieurs modifications. L'étude de la variabilité et de l'état des caractères (essentiellement morphologiques) grâce à diverses techniques (statistique, etc.) permet d'exprimer les **relations phylogénétiques** des espèces fossiles au cours du temps.

c) Les fossiles marqueurs du temps

La paléontologie stratigraphique se base sur l'étude des groupes très abondants (céphalopodes, bivalves, oursins ou encore arthropodes et brachiopodes) bien plus abondants que les fossiles de vertébrés. Un fossile stratigraphique est caractérisé par : une grande répartition géographique (qui peut dépendre du mode de vie du fossile en question) et une relative faible extension verticale dans les dépôts (signifiant que des générations successives d'organismes définis par une forme donnée ont peuplé le milieu de formation du sédiment pendant un laps de temps géologiquement court). Les fossiles répondant alors à ces critères spatio-temporels (notion de **biozone**) ont permis l'établissement des **échelles biostratigraphiques** (Fiche 4).

d) Les fossiles marqueurs de l'environnement

Un fossile peut, par contre, être limité à une lithologie, ce qui revient à dire que l'organisme fossile ne vivait que dans un environnement bien défini. Il peut ainsi fournir de multiples informations sur les conditions physicochimiques, paléoenvironnementales et paléoécologiques du milieu où vivaient ces organismes, pour un lieu géographique et pour un intervalle de temps donnés.

La description d'un fossile ou d'une accumulation de fossiles dans un affleurement est caractérisée par plusieurs critères :

- définir la composition taxinomique c'est-à-dire si l'accumulation fossilifère est marquée par la présence d'un organisme majoritaire (assemblage monotypique) ou de plusieurs organismes différents (assemblage polytypique) ;
- déterminer la géométrie, l'arrangement tridimensionnel et l'orientation préférentielle des fossiles ;
- estimer également l'énergie du milieu de dépôt, identifier des critères de polarité (permettant de savoir si la couche sédimentaire n'a pas subi d'inversion, Fiche 3), identifier des déformations morphologiques indiquant alors la direction de contraintes tectoniques.

Les traces fossiles (ichnofossiles), liées au comportement ou à l'action des organismes (locomotion, habitat, alimentation, reproduction...), sont étudiées en **paléoichnologie**.

3. CONCLUSION

Les fossiles sont les restes ou les traces des êtres vivants contenus dans les roches sédimentaires. Leur détermination permet de situer un terrain dans une échelle de temps relative réalisée à partir des successions paléontologiques (biochronologie) et de corréler différents terrains géographiquement éloignés (biostratigraphie). La présence ou l'absence de fossiles dans les différents terrains peuvent avoir d'importantes conséquences dans les reconstitutions paléogéographiques et géodynamiques.

62 La fossilisation et ses modalités

Mots clés

Anoxie, Conservation, Épigénies, Parties dures, Parties molles, Taphonomie

Les **fossiles** témoignent des formes disparues des êtres vivants au cours des temps géologiques (Fiche 61). La **fossilisation** correspond à l'ensemble des processus physicochimiques qui permettent la conservation totale ou partielle des organismes ou de leur existence dans les roches sédimentaires.

1. FOSSILES ET FOSSILISATION

Les fossiles sont les restes (coquilles, tests, squelettes, os, dents, feuilles, spores…) d'organismes, ou les traces de leur existence ou de leur activité (empreintes de pas, déjections, terriers…), enfouis dans les sédiments après leur mort.

a) Notion de taphonomie

On désigne par le terme de **taphonomie**, l'ensemble des études consacrées aux **processus de fossilisation**. Dans une acception plus large, la taphonomie recouvre l'examen de toutes les transformations depuis la mort de l'organisme jusqu'à la récolte de l'objet fossilisé. La fossilisation reste un phénomène exceptionnel dans les séries sédimentaires et dépend de nombreux facteurs comme :

- la constitution de l'organisme vivant ;
- les conditions de l'enfouissement et la nature du sédiment encaissant ;
- la rapidité de consolidation du sédiment ;
- les transformations chimiques au sein du sédiment (diagenèse – Fiche 52) ;
- les déformations des objets fossilisés par la tectonique.

b) Les objets fossiles

D'une manière générale, les organismes vivants sont constitués de matière organique (les **parties molles** à faible potentiel de fossilisation) avec ou sans coquille ou squelette minéralisé (les **parties dures** à fort potentiel de fossilisation). En fonction de la composition de l'organisme originel, différents modes de fossilisation peuvent intervenir pour garantir la préservation plus ou moins fine de l'objet fossile dans les sédiments et les roches.

2. LES CONDITIONS DE LA FOSSILISATION

a) Les facteurs du milieu

Tous les environnements ne sont pas également favorables à la fossilisation. Le milieu continental est moins propice à la conservation que le milieu marin. Néanmoins, les conditions variables des paramètres physiques, chimiques (**oxygénation**) ou biologiques (**bioturbation**) du milieu marin peuvent perturber l'enregistrement des fossiles dans les roches. Le transport des organismes morts, l'action d'autres organismes perforants ou nécrophages et certaines dissolutions minéralogiques nuisent à la fossilisation. Par contre, les accumulations de tests ou de coquilles ou l'**anoxie** du milieu sont considérées comme des facteurs favorables pour la fossilisation.

b) Diagenèse des fossiles

Les fossiles sont le résultat de nombreuses transformations physiques et chimiques précoces ou plus tardives et progressives (compaction, dissolutions, épigénies, recristallisations, etc.) des êtres vivants conduisant à leur conservation dans les roches sédimentaires.

3. LES MÉCANISMES DE LA FOSSILISATION

Modes de fossilisation	Exemple	Fossilisation parties molles	Fossilisation parties dures
Carbonification	Végétaux (feuilles, fougères) à l'origine des charbons	X	
Perminéralisation	Remplacement de la matière organique par une substance minérale Bois silicifié Phosphatisation	X	
Inclusion Congélation	Ambre (insecte), Glace (Mammouth)	X	X
Momification	Tourbières, vases	X	X
Conservation	Composition minéralogique préservée de l'organisme originel		X
Épigénie	Substances minérales originelles remplacées molécule par molécule – Calcite remplacée par la silice – Calcite remplacée par la pyrite – Coquille en aragonite se transformant en calcite		X
Moule interne	Remplissage de la partie interne d'une coquille qui sera ensuite dissoute		X
Moule externe	La coquille vide laisse son empreinte dans le sédiment avant de disparaître par dissolution (contre empreinte)		X
Conservation de trace d'activité	Déplacement (reptation, trace de pas) Mode de vie (pistes, terriers) Alimentation (broutage, coprolithes)		X

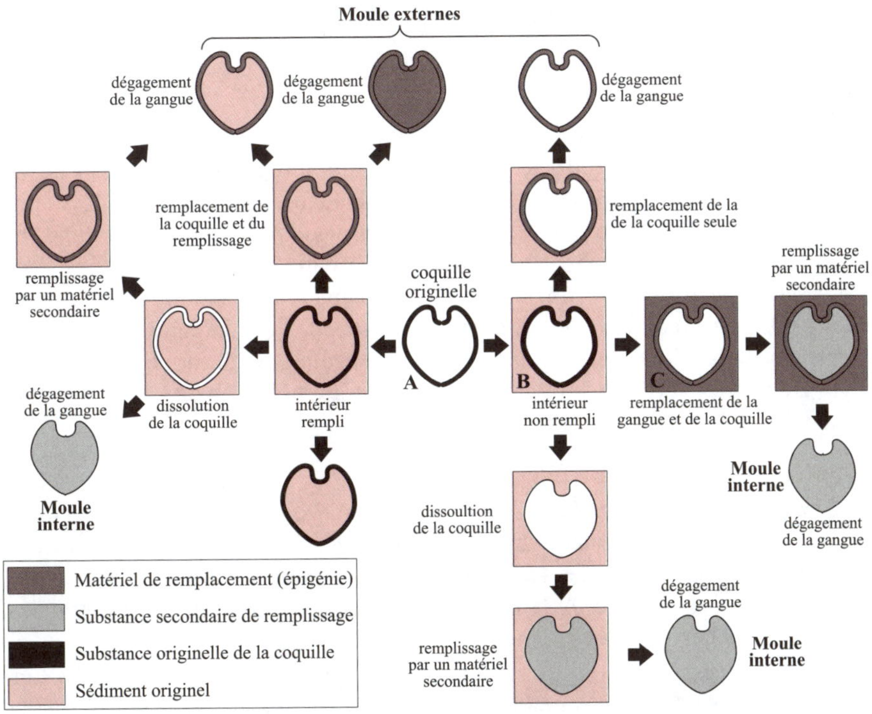

Figure 62.1 – Principaux modes de fossilisation à partir d'une coquille originelle.

63 Les grandes étapes de l'évolution

Mots clés

Colonisation, Métazoaires, Radiation cambrienne, Squelettes

Les premiers stades de la vie sur Terre sont essentiellement « moléculaires » (Fiche 59). La mise en place de l'ozonosphère, vers 1 000 Ma, en protégeant la Terre des rayons cosmiques, ne permet plus la synthèse de nouvelles formes organiques. Le matériel nécessaire au développement d'une forme de vie complexe est présent et nous parcourrons ici les étapes marquantes de l'évolution de la vie sur Terre.

1. LES SITES FOSSILIFÈRES D'EDIACARA DE TOMMOT ET DE BURGESS

Le site fossilifère d'**Ediacara** (Australie, 630 Ma) révèle des animaux dont l'organisation est complexe (coelentérés et annélides en majorité). Il s'agit d'un site important dans l'évolution de la vie sur Terre puisque ces fossiles sont les premières traces de métazoaires. Leur origine est encore incertaine (vers – 1 000 Ma) et leur filiation avec les organismes plus récents est difficile. Certains chercheurs estiment que les fossiles d'Ediacara correspondent à une tentative avortée d'explosion de la vie sous une forme évoluée.

La faune dite **tommotienne** (530 Ma, Sibérie) présente les premières évidences de minéralisation de squelettes de métazoaires. Vers 528 Ma (base du Cambrien inférieur), les schistes canadiens de **Burgess** ont fourni des spécimens fossiles d'une qualité exceptionnelle. Les organismes, tous marins, sont pourvus de squelette et représentent le départ des radiations évolutives de tous les embranchements. On parle de « **radiation cambrienne** ».

2. LA VIE HORS DE L'EAU

La vie s'est tout d'abord développée dans l'hydrosphère puisque c'est là que se trouvait l'oxygène. On estime d'ailleurs que pour l'apparition d'organismes pourvus de squelette, la concentration en O_2 doit être supérieure à 1 mg/l. Du fait de l'activité des algues photosynthétiques chlorophylliennes, l'oxygène sature l'eau et passe progressivement dans l'atmosphère (à partir de 1700 Ma). La photolyse de l'oxygène dans l'atmosphère forme l'ozonosphère (– 1000 Ma). Quand vers **400 Ma**, la concentration en O_2 atmosphérique devient suffisante et que les organismes se dotent de poumons, la vie sort de l'eau et colonise les milieux aériens. Les premières traces de cette colonisation sont végétales (Ptéridophytes du genre Rhynia, Silurien-Dévonien), puis animales (amphibiens et batraciens à la fin du Dévonien), probablement accompagnées d'arthropodes (arachnides).

3. LES PRINCIPALES ÉTAPES DE L'ÉVOLUTION

Le **Paléozoïque** est l'ère qui, outre la sortie des eaux, voit l'apparition des premiers poissons (agnathes, placodermes et cartilagineux). Les amphibiens et les batraciens précèdent les vertébrés terrestres. Ces derniers sont des amniotes, ils pondent leurs œufs à terre et non dans l'eau, et apparaissent au Carbonifère. À la fin du Paléozoïque, se développent les grandes forêts de **gymnospermes** à l'origine des gisements houillers du Carbonifère.

Le **Mésozoïque** est une période de stabilité orogénique et climatique. Les mers sont peuplées de récifs, d'**ammonites** et de **bélemnites**. Les **grands sauriens** dominent le milieu continental et les **oiseaux** colonisent progressivement le milieu aérien (premier oiseau : *Archaeopteryx*, Jurassique supérieur). Les premières angiospermes et les mammifères apparaissent mais le Secondaire reste l'ère des gymnospermes et des reptiles.

Le **Cénozoïque** marque l'avènement des **mammifères** et des **angiospermes**. Au Néogène, les **graminées** s'épanouissent en même temps que les **herbivores**. Au **Miocène**, les lignées des singes sans queue (gorilles et chimpanzés) se séparent des hominidés (Fiche 65). L'**homme** moderne apparaît durant le **Quaternaire** et ses glaciations, il y a environ 100 000 ans.

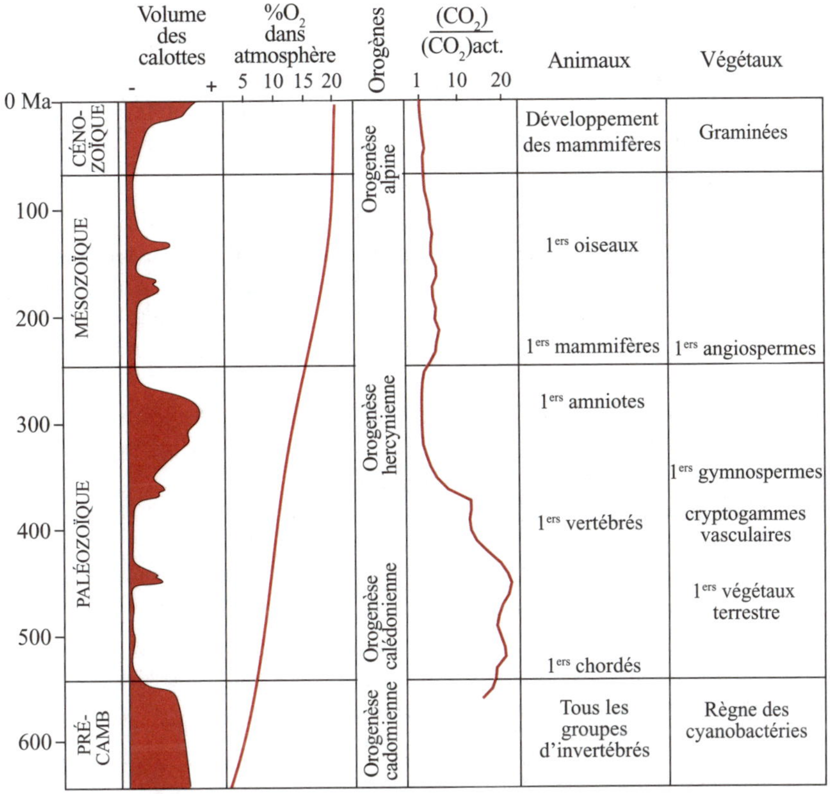

Figure 63.1 – Évolution biologique, climatique et tectonique depuis 650 Ma.

4. CONCLUSION

Depuis l'apparition des premiers squelettes ou carapaces, il s'est écoulé moins de 600 Ma. Cette évolution et cette diversité morphologique formidables suivent une période de près de 4 milliards d'années pendant laquelle, la vie apparaît pour « n'aboutir » qu'aux premiers métazoaires. L'histoire géologique de la planète et l'évolution apparaissent fortement liées : évolution de l'hydrosphère et de l'atmosphère, phases orogéniques, évolution climatique sont autant de paramètres qu'il est difficile de dissocier de l'histoire biologique. Cette histoire est ponctuée de crises biologiques (mineures et majeures) pour façonner la biosphère telle que nous la connaissons actuellement (Fiche 64).

64 Les crises biologiques

Mots clés

Biosphère, Évolution, Extinctions, Fossiles

L'évolution de la biosphère continentale et marine n'est pas régulière. Elle est marquée par des phases de diversification (exploitation de nouvelles niches écologiques, nouvelles formes d'adaptation) encadrées par des périodes de crises biologiques (ou bio-évènements) pendant lesquelles les **extinctions** de groupes s'accélèrent.

1. LA NOTION DE CRISE

Seuls les 540 derniers Ma (Phanérozoïque) sont pris en compte lors de l'étude des crises affectant le monde du vivant. C'est en effet au Cambrien qu'apparaissent les « squelettes » et donc les données disponibles (fossiles) dans les archives géologiques. Reconnaître et estimer une crise consiste à étudier dans le temps une lignée voire la diversité taxinomique d'ensembles ou des groupes biologiques. Afin de hiérarchiser les crises biologiques, il a été défini, en fonction du taux d'extinction :

- les crises **principales** ou en **masse** qui se définissent selon trois critères : la disparition de taxons (au minimum des familles) ou une chute importante de la biodiversité, un déroulement rapide. Elles sont géographiquement quasi-globales ;
- les crises **intermédiaires** qui affectent essentiellement la diversité spécifique et générique mais aussi quelques familles ou un groupe ;
- les crises **mineures** qui se traduisent par la disparition de genres ou d'espèces. Elles coïncident souvent avec les limites d'étages ou de sous-étages.

Au-delà de cette terminologie, il existe en fait un **continuum** entre les crises majeures et mineures. Dans le détail, on a pu montrer que presque 40 % de toutes les disparitions d'espèces au Phanérozoïque ont eu lieu à la faveur de petites (mais nombreuses) crises. Les crises majeures n'ont par contre engendré que 4 % des extinctions.

2. LES PRINCIPALES CRISES BIOLOGIQUES

Au Phanérozoïque, il est possible d'identifier une soixantaine de crises dont cinq sont classiquement considérées comme majeures ou en masse : à l'**Ordovicien terminal** (–436 Ma), au **Dévonien supérieur** (limite Frasnien-Famennien, –365 Ma), à la limite **Permien-Trias** (–250 Ma), au **Trias supérieur** (–203 Ma) et à la limite **Crétacé-Tertiaire** (–65 Ma). La crise du Permien terminal est la plus importante puisque l'on peut noter la disparition de plus de 50 % des familles (soit quatre fois plus qu'à la limite Crétacé-Tertiaire !), de près de 80 % des genres et d'environ 90 % des espèces marines.

3. LES CAUSES

L'évolution de la biosphère dépend, dans la plupart des cas, de la conjonction de plusieurs facteurs. Pour cette raison, il existe autant de scénarios que de crises étudiées ce qui nourrit encore aujourd'hui de nombreuses discussions entre spécialistes. Si les extinctions intermédiaires et mineures apparaissent surtout liées à des périodes de dysoxie-anoxie des eaux de fond et à des régressions (en domaine marin – Fiche 51), il faut retenir des phénomènes plus globaux (appelés facteurs extrinsèques globaux) pour expliquer les crises majeures parmi lesquels :

- le volcanisme ;

- les impacts de corps extraterrestres ;
- les variations climatiques ;
- les variations de la physico-chimie des océans ;
- les réorganisations paléogéographiques ;
- les variations du niveau marin ;
- les inversions du champ magnétique terrestre.

		Ordovicien terminal	**Dévonien supérieur**	**Permien-Trias**	**Trias supérieur**	**Crétacé-Tertiaire**
CAUSES PROBABLES	Météorites	?	x	?	x x	x x
	Champs magnétiques		?	x		x
	Régression	x x	x x	x x	x	x
	Climat	x x	x x	x x	?	x
	Chimie des océans	x x	x x	x x	x	
	Paléogéographie	x	x	x	x	x
	Volcanisme	?	x	?	x x	x x
% de taxons disparus (estimations)		~ 23 % des familles ~ 55 % des genres ~ 85 % des espèces marines	~ 21 % des familles ~ 53 % des genres ~ 75 % des espèces marines	~ 53 % des familles ~ 77 % des genres ~ 90 % des espèces marines	~ 22 % des familles ~ 47 % des genres ~ 76 % des espèces marines	~ 15 % des familles ~ 45 % des genres ~ 76 % des espèces marines

4. LA RECONQUÊTE

Après chaque crise, la biosphère « allégée » continue néanmoins son évolution. Les espèces éteintes (ou exterminées) le sont définitivement (irréversibilité de l'évolution) mais certains taxons résistent et partent à la **reconquête** des niches écologiques laissées vacantes. Les préadaptés possèdent, avant la crise, des particularités physiologiques leur permettant de résister à l'extinction. Les généralistes écologiques (dont les **opportunistes**) sont peu spécialisés donc tolérants aux modifications de l'environnement. Enfin, les taxons « Lazare » disparaissent dans des milieux « refuge » en attendant le retour à des conditions plus favorables.

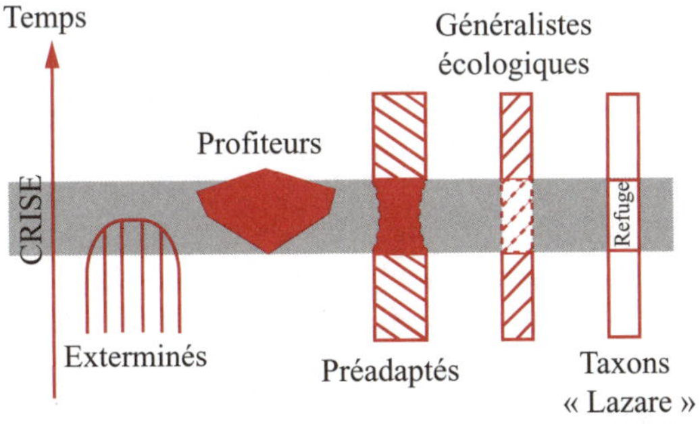

Figure 64.1 – Comportement de certains taxons au cours d'une crise biologique (modifiée d'après Lethiers, 1998).

5. CONCLUSION

Les crises de la biosphère, y compris les extinctions en masse, entraînent un renouvellement des taxons et favorisent la réorganisation des systèmes métaboliques.

65 L'apparition de l'homme

Mots clés

Bifaces, Bipédie, Choppers, Évolution buissonnante, Hominisation, Lignée humaine

L'homme est le représentant actuel d'une lignée buissonnante apparue depuis 7 millions d'années environ. L'histoire de la lignée humaine et de l'hominisation est une histoire fragmentaire, liée à la rareté et au mauvais état de conservation des trouvailles paléontologiques.

1. L'ORIGINE DE LA LIGNÉE HUMAINE

La lignée humaine s'est individualisée à partir d'un ensemble de grands primates caractérisés entre autres par des pouces opposables, des ongles plats et l'absence de queue. La séparation entre la lignée humaine et les paninés (chimpanzés actuels) semble s'être faite il y a 8 millions d'années. Les caractères dérivés propres à la lignée humaine sont la régression de la face, l'augmentation du volume crânien et l'aptitude à la bipédie plus ou moins permanente.

Tous les fossiles trouvés jusqu'à aujourd'hui proviennent d'Afrique. La période la plus fertile en trouvailles correspond à une période d'instabilité climatique, où l'alternance de phases glaciaires (Fiche 53) se répercute sur le paysage et le biotope, qui passe de phases à couvert forestier à des phases de savane plus ou moins boisée, et qui ont favorisé l'émergence d'espèces qui ne sont pas exclusivement arboricoles.

Le premier fossile rattaché à la lignée humaine, *Sahelanthropus tchadensis* (Toumaï) vivait il y a 7 Ma dans un paysage de savane humide. Son crâne montre une face très droite, des canines réduites et un trou occipital à 90°, compatible avec une bipédie avancée. *Orrorin tugensis* (– 6 Ma) possédait un fémur allongé et une tête de fémur sphérique, indice de bipédie.

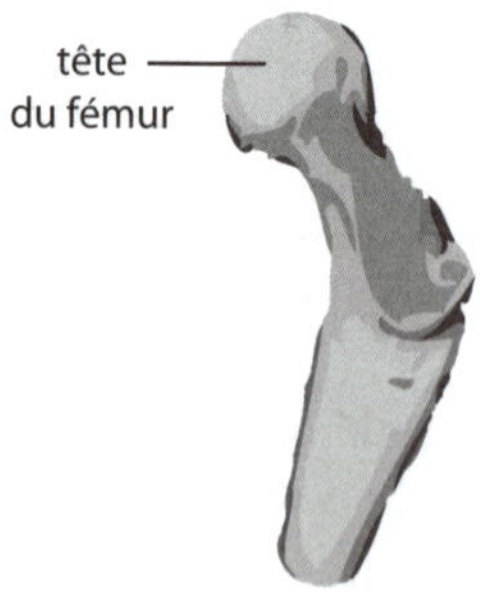

Figure 65.1 – Fémur de *Orrorin tugenensis* (– 6 Ma).

Les empreintes de pas de Laetoli, en Tanzanie, ont été conservées dans une couche de cendres volcaniques datée de –3,7 Ma : on y reconnaît deux séries d'empreintes de taille différente. Les pistes, attribuées à des australopithèques, montrent une bipédie indiscutable, mais la forme du pied se rapproche de celle des grands singes, chimpanzé ou gorilles, avec un pouce opposable. Les nombreux fossiles d'australopithèques (*Australopithecus afarensis*, surnommée Lucy, *A. africanus*, *A. bahrelghazali*, *A. anamensis*) retrouvés entre – 3 et – 1,8 Ma en Afrique montrent une capacité crânienne de 380 à 430 cm^3, un bassin large et court, des fémurs obliques mais des membres supérieurs capables de brachiation. Les espèces montrent à des degrés divers un dimorphisme sexuel, mais les canines sont réduites. Contemporains des Australopithèques, les *Paranthropus robustus*, (– 2,2 Ma) et *boisei* (2,4 à 1,2 Ma) avaient une ossature très robuste et des dents puissantes.

2. ÉMERGENCE DU GENRE *HOMO*

Aux fossiles du genre *Homo* sont associés des outils lithiques, des galets retouchés ou *chopping tools* qui témoignent d'une technique élaborée et d'un apprentissage social. Les *Homo habilis* (2,5 à 1,6 Ma), de petite taille (1,30 m) ont un volume crânien de 550 à 680 cm^3 et une locomotion bipède. L'Afrique connaît alors la radiation des *Homo rudolfensis*, plus grand et au crâne plus volumineux, et *H. ergaster*, de –1,9 à –1 Ma, à l'ossature plus gracile et plus élancé.

L'outillage lithique est plus élaboré (industrie oldowayenne) et on retrouve associé à *Homo ergaster* des bifaces, outils à tranchant, qui marquent le début de l'Acheuléen. On retrouve en Asie des traces d'industrie lithique oldowayenne, ce qui semble indiquer une migration très précoce de populations d'*Homo ergaster*.

Il y a 1 Ma, les hommes anciens disparaissent, à l'exception d'*Homo erectus* : avec une capacité crânienne de 1 000 cm^3, un outillage varié et un mode de vie nomade de chasseur cueilleur, *Homo erectus* essaime en Asie et en Europe. Les importantes variations climatiques entraînent des glaciations et des variations du niveau marin qui tour à tour isolent et réunissent des populations d'*Homo*, dont les derniers représentants semblent être asiatiques et sont datés de –40 000 ans. Le crâne des *Homo erectus* est très caractéristique et montre un bourrelet au-dessus de l'arcade sourcilière et un front fuyant. En Europe et Asie mineure, *Homo heidelbergis* (–0,8 à –0,3 Ma) possède un cerveau plus volumineux (1000 à 1300 cm^3) mais conserve un torus supraorbital puissant et un front fuyant.

galet aménagé ou chopper (oldowayen) — biface acheuléen

Figure 65.2 – Chopper et biface.

Il y a 550 000 ans, *Homo erectus* maîtrise le feu. Cette invention humaine se développe en Afrique, Asie et Europe de façon quasi simultanée, ce qui suppose une communication efficace. La maîtrise du feu modifie le comportement social et l'alimentation.

3. LES TEMPS MODERNES

En Europe et Asie mineure, il y a 120 000 ans vivaient des hommes très robustes et trapus, au crâne volumineux (1550-1750 cm^3) et au front fuyant, les hommes de Néanderthal. Ces hommes ont coexisté avec les premiers *Homo sapiens*. L'analyse de l'ADN mitochondrial montre que ces deux espèces, génétiquement trop distantes, n'ont pas pu s'hybrider mais cette affirmation est de plus en plus remise en question. La culture humaine a fait un bond prodigieux : l'outillage s'est spécialisé, les premiers ornements et parures ornent les corps enterrés selon des rites religieux.

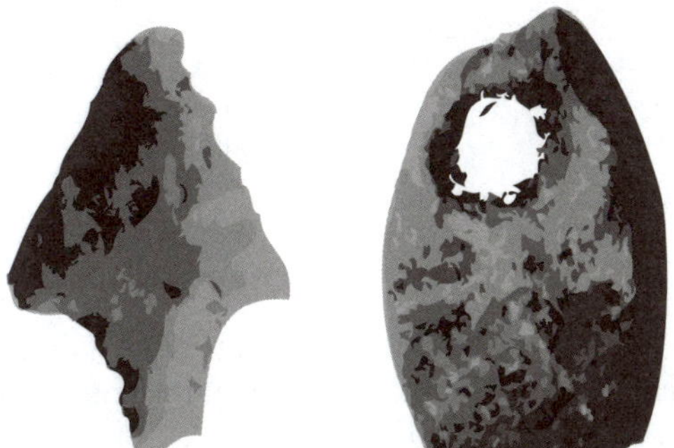

Pointe de flèche — Pendeloque en stéatite

Figure 65.3 – Outillage et parures du Paléolithique supérieur.

Les parois des cavernes sont ornées de gravures et de peintures abstraites ou figuratives. Il y a 32 000 ans, l'homme de Néanderthal disparaissait, alors qu'en Asie s'éteignaient les derniers *Homo erectus*. Dans l'île indonésienne de Flores, l'*Homo sapiens* semble avoir cohabité avec un homme de très petite taille au cerveau de 380 cm^3, *Homo floriensis*. Les fossiles de Florès sont apparentés aux *Homo erectus*, et sont associés à des outils évolués (lames, perçoirs, grattoirs).

	Datation âge	Volume cerveau	Forme du crâne	Forme du bassin	Outillage
Sahelanthropus tchadensis	7 Ma		Face plate, pas de front	?	Aucun
Australopithecus afarensis	4,1-2,9 Ma	380-430 cm^3	Prognathisme marqué Front étroit et fuyant Faible bourrelet	Bassin court et évasé	Pas d'outillage
Paranthropus robustus	2,2-1 Ma	400-500 cm^3	Prognathisme important Front réduit Crête sagittale	Large et ouvert	Pas d'outillage
Homo habilis	2,5-1,6 Ma	550-680 cm^3	Prognathisme Front incliné, étroit	Court	Galets aménagés (choppers)
Homo rudolfensis	2,4-1,7 Ma	650-700 cm^3	Face réduite Front fuyant		
Homo ergaster	1,9-1 Ma	800-950 cm^3	Face réduite Gouttière post-orbitaire	Court	Choppers
Homo erectus	1 Ma-40 000 ans	900-1 100 cm^3	Face réduite Pommettes saillantes Front très fuyant Gros bourrelet supraorbitaire Constriction	Court, en cuvette	Grattoirs, bifaces, lames retouchées
Homo neanderthalensis	120 000-32 000 ans	1550-1750 cm^3	Front fuyant Torus en deux arches	Court	Bifaces, lames, lamelles, perçoirs, perles d'os, parures
Homo floriensis	80 000-12 500 ans	380 cm^3	Front fuyant Gros bourrelet supraorbitaire	Court	Outillage taillé
Homo sapiens	100 000 ans -actuel	1350 cm^3	Front bombé Crâne bulleux Pas de bourrelet supraorbitaire	Bassin en cuvette	Pierre taillée, pierre polie, métaux...

4. CONCLUSION

Apparue en Afrique, la lignée humaine, dont *Homo sapiens* est le seul survivant, a conquis la terre entière. Avec une population de plus de 6 milliards d'individus en constante progression, se pourrait-il qu'il en soit le dernier représentant ?

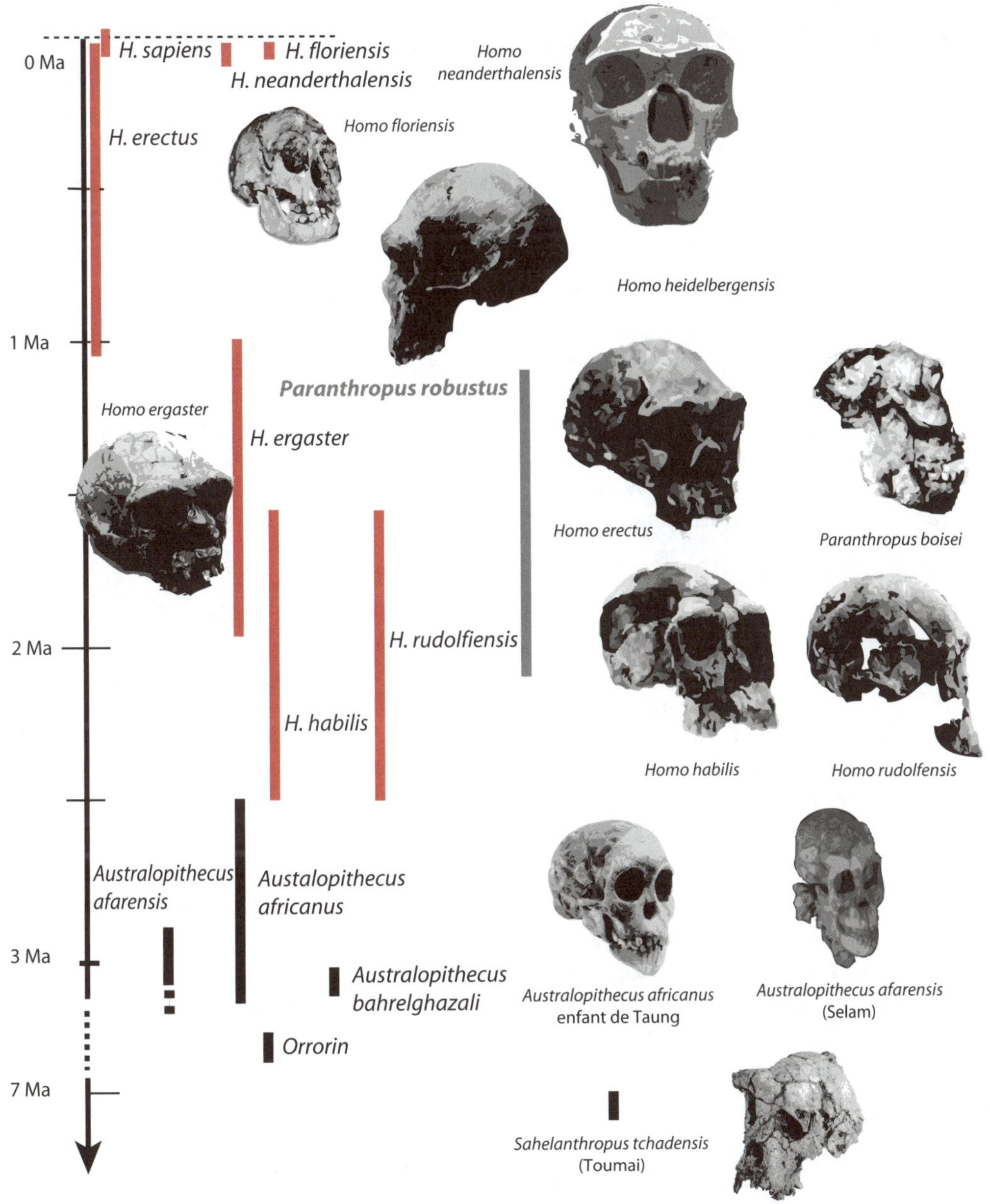
0 Ma
1 Ma
2 Ma
3 Ma
7 Ma
H. sapiens
H. floriensis
H. neanderthalensis
H. erectus
Homo neanderthalensis
Homo floriensis
Homo heidelbergensis
Paranthropus robustus
Homo ergaster
H. ergaster
Homo erectus
Paranthropus boisei
H. rudolfiensis
H. habilis
Homo habilis
Homo rudolfensis
Australopithecus afarensis
Austalopithecus africanus
Australopithecus bahrelghazali
Orrorin
Australopithecus africanus enfant de Taung
Australopithecus afarensis (Selam)
Sahelanthropus tchadensis (Toumai)

Figure 65.4

66 Les météorites

Mots clés

Chondres, Impactites, Isotopes, Système solaire

Les **météorites**, ou pierres tombées du ciel nous renseignent sur la formation du système solaire et nous éclairent sur la structure interne du globe (Fiche 15). Chaque année, plus de 1 000 t de matériel extraterrestre tombe sur terre, essentiellement sous forme de poussières.

1. L'ORIGINE DES MÉTÉORITES

La plupart des météorites proviennent des ceintures d'astéroïdes, issues de la fragmentation de petits corps planétaires, principalement situés entre Mars et Jupiter (Fiche 1). Les objets célestes sont chauffés et parfois volatilisés (étoiles filantes) lors de la traversée de l'atmosphère. Les chutes de gros blocs sur terre sont exceptionnelles. Une famille d'achondrites SNC (Schergotty, Nakhla, Chassigny) datées à 1300 Ma a une composition isotopique compatible avec une origine martienne. De même, certaines météorites à structure bréchique et très différenciées chimiquement ont une origine lunaire.

2. CRATÈRES ET IMPACTITES

a) Les cratères d'impact

L'impact des météorites (dont la vitesse avoisine 10 à 20 m/s) avec la lithosphère est à l'origine de structures circulaires, appelées cratères d'impact, associés à des formations de brèches et à des roches de très haute pression (*shatter cones*). On y trouve aussi des minéraux de haute pression (stishovite, forme de quartz lamellaire, cœsite et baddeleyte, un zircon de haute température). Sur Terre, la tectonique et l'érosion effacent les traces des cratères les plus anciens. Sur d'autres planètes à l'atmosphère moins dense et tectoniquement inactives, les cratères sont abondants et préservés : leur abondance décroît dans le temps.

b) Les impactites et autres roches associées aux impacts de météorites

L'étude des cratères montre l'existence de roches bréchiques, à matrice vitreuse, englobant des minéraux choqués, appelées **impactites**. Les **tectites** sont des éjectas résultant de la vitrification des roches impactées dont elles portent la signature isotopique. Leur forme est due au refroidissement rapide dans l'air. Les tectites, australasites ou larmes de dragon (0,7 Ma), les verres de Lybie, les moldavites (14,7 Ma), bediasites et autres irzighites, se répartissent en vastes « champs » elliptiques autour de l'impact présumé.

3. UNE CLASSIFICATION DES MÉTÉORITES

Les météorites se classent selon leur nature pétrographique et leur composition minéralogique en météorites « ferreuses » ou **sidérites**, en lithosidérites et en météorites pierreuses. 90 % des météorites pierreuses sont des **chondrites**, formées de sphérolithes silicatés dans une matrice opaque souvent recristallisée. Les achondrites sont des roches silicatées plus différenciées.

Les lithosidérites (pallasites et mésosidérites) contiennent des éléments silicatés et du ferronickel en proportions égales. Les sidérites ou météorites ferreuses sont les plus abondantes. On les classe selon leur teneur en nickel. Elles présentent des figures caractéristiques (figures de Widmanstätten) dues à des phénomènes d'exsolution.

Classification	Type		Caractéristiques minéralogiques	Exemple
MÉTÉORITES FERREUSES	HEXAHÉDRITES		5 à 6 % Ni	
	OCTAÉDRITES		7 à 15 % Ni	
	ATAXITES		Ni > 16 %	
LITHO-SIDÉRITES	PALLASITES		Olivine gemme dans une matrice FeNi	
	MÉSOSIDÉRITE		FeNi, pyroxène et plagioclase	Chinguetti
	LODRANITES		FeNi, olivine, pyroxène	
MÉTÉORITES PIERREUSES	CHONDRITES	EI	Fer < 12 %	
		EH	Fer > 12 %	
		H	*High metal*, bronzite et olivine	
		L	*Low iron*, hyperstène et olivine	
		LL	*Low Low Iron*, 30 % olivine	L'Aigle
	CHONDRITES CARBONÉES	CI	3 à 5 % C	Orgueil
		CM	0,6 à 2,9 % C	
		CO	1 à 0,2 % C	
		CV	C < 0,2 %	Allende
	ACHONDRITES	Achondrites riches en Ca	Angrites (ANG) Eucrites (EUC) Howardites (HOW)	
		Achondrites pauvres en Ca	Digénites (DIO), Urélites (URE) Aubrites (AUB) SNC	Chassigny

4. LES TROIS ÂGES DES MÉTÉORITES

a) L'âge de formation

Les datations absolues (Fiche 5) réalisées sur les météorites chondritiques les moins différenciées, dont la composition est la plus proche de la composition chimique primitive du système solaire donnent un âge de 4,566 Ga, ce qui permet de dater la formation du système solaire. Les météorites différenciées donnent un âge semblable (4,56 à 4,40 Ga). L'analyse d'éléments fils d'isotopes à courte durée de vie permet de resserrer l'intervalle de formation du système solaire.

L'étude isotopique a en outre permis de trouver des traces de fractionnement isotopique reliques de processus de nucléosynthèse antérieurs à la formation du système solaire.

b) Durée d'exposition

L'étude des isotopes des météorites ($^{21}Ne/^{24}Mg$) permet de connaître la durée d'exposition au rayonnement cosmique : en effet, le rayonnement cosmique agit sur le noyau des atomes de la météorite créant des isotopes stables et radioactifs (spallation). Cette réaction cesse lors de l'impact. On calcule ainsi l'âge d'exposition : de l'ordre de 100 Ma pour les chondrites, il est parfois de 2 000 Ma pour les sidérites.

c) Âge de l'impact

Le troisième âge des météorites est celui de son impact avec la terre : des méthodes isotopiques permettent là encore de dater la plupart des météorites retrouvées et d'attribuer un âge aux cratères d'impact. Ici encore, ce sont les sidérites qui ont les âges les plus importants.

67 Les tsunamis

Mots clés

Glissement de terrain sous-marin, Onde, Séisme

Tsunami (en français raz-de-marée) est un mot d'origine japonaise qui signifie littéralement « vague portuaire ». Les tsunamis sont des phénomènes catastrophiques et très destructeurs.

1. L'ORIGINE DES TSUNAMIS

Les tsunamis sont de grandes vagues liées à des glissements de terrains sous-marins, des séismes (Fiche 37), des éruptions volcaniques (Fiche 24), des débâcles glaciaires (Fiche 54) ou des impacts de météorites (Fiche 66).

Le tsunami meurtrier de décembre 2004 a été déclenché par un séisme d'une magnitude de 9,3 survenu le long d'une faille liée à la subduction (Fiche 34) de la plaque indienne. Le mouvement de la masse d'eau se propage à des vitesses qui dépassent les 800 km/h. Peu perceptible en mer, où la vague mesure souvent moins d'un mètre, le phénomène s'amplifie par résonance à proximité des côtes, que la mer envahit sur des centaines de mètres pendant de longues minutes en vagues successives. La plus grande vague de tsunami observée s'est produite en Alaska en 1950 à la suite d'un glissement de terrain : elle s'est élevée à plus de 500 mètres, mais n'a fait que deux victimes.

Date	Origine	Localisation	Hauteur de la vague	Nombre de victimes
1883	Éruption du Krakatoa	Îles de la Sonde	40 m	300 000 morts
1972	Glissement de terrain	Japon	?	15 000 morts
17/07/98	Séisme, magnitude 7.1	Nouvelle-Guinée	10 à 15 m	15 000 morts
26/12/04	Séisme magnitude 9.3 (?)	Indonésie	30 m	200 000 morts
9/07/58	Glissement de terrain	Lituya (Alaska)	500 m	2 morts
22/05/60	Séisme magnitude 9.5	Chili	25 m	5 000 morts

2. CARACTÉRISTIQUES D'UN TSUNAMI

Un tsunami peut se modéliser comme la propagation d'une onde dans un liquide. Il est caractérisé par une énergie, E, sa longueur d'onde, λ et sa période T. Le phénomène s'amortissant avec la distance, il conviendrait plutôt de parler de pseudo période. L'onde du tsunami se propage à grande vitesse, comprise entre 500 et 1000 km/h. Comme la profondeur de l'océan $h < \lambda/2$, on parle de *shallow water wave* ou d'onde d'eau peu profonde : la vitesse est alors approximativement donnée par la relation

$$v = \sqrt{(g \cdot h)},$$

ou g est l'accélération de la pesanteur et h la profondeur de l'océan. Pour un tsunami d'origine tectonique, la vitesse est de 870 km/h pour une profondeur de 6 km. La longueur d'onde est grande, pour une périodicité T de 10 min à 1 h. Lorsque la profondeur diminue, la vitesse diminue, ainsi que λ. La quantité d'énergie étant conservée, la hauteur des vagues ralenties augmente et l'eau envahit les terres émergées. À la base des vagues se créent des courants et des contre-courants horizontaux et fréquemment ravageurs. Ces phénomènes sont amplifiés par la géométrie des côtes et du fond. La vague peut pénétrer très loin à l'intérieur des terres, détruisant tout sur son passage.

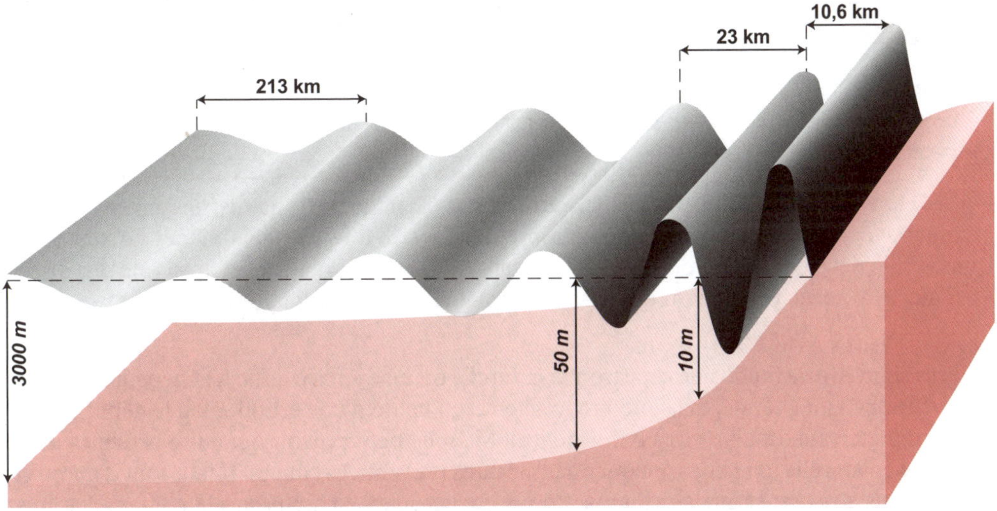

Figure 67.1 – Relation entre profondeur et longueur d'onde du tsunami.

Énergie tsunami = $E_{cinétique}$ (vitesse) + $E_{potentielle}$ (hauteur de vague) = $E_1 + E_2$

- Lorsque la profondeur est grande, la vitesse augmente, E_1 augmente, E_2 diminue : les bateaux ne sentent rien.
- Lorsque la profondeur diminue, la vitesse des vagues diminue, il y a transfert de E_1 vers E_2, E_2 augmente, la hauteur des vagues augmente : l'effet est dévastateur.

3. PRÉVISION ET SURVEILLANCE

La plupart des tsunamis se produisent dans l'océan Pacifique où un réseau de surveillance s'est mis en place (Fiche 68). L'un des centres de commande est situé à Hawaii, un autre à Palmer, en Alaska. Après le tsunami du 26 décembre 2004, le réseau de surveillance s'est étendu à l'océan Indien. Il comporte un réseau de marégraphes et de tsunamimètres, intègre des observations aériennes et navales, ainsi que le réseau de surveillance sismique et volcanique. On n'utilise pas encore les satellites d'observation de la Terre à cause de la durée de traitement des données, mais les données satellitales sont utilisées pour la cartographie des zones à risque. La prévention est un élément essentiel du dispositif : en effet, plus de la moitié de la population mondiale vit sur une frange côtière de 200 km de large potentiellement menacée par les tsunamis.

68 Les catastrophes naturelles : prévention et prévision

Mots clés

Catastrophe naturelle, Géocroiseur, Lahar, Norme parasismique, Réseau de surveillance, Satellites, Sismographe, Tsunami

Les catastrophes naturelles (séismes, éruptions volcaniques, tsunamis, glissements de terrain) font payer un lourd tribut aux populations humaines. Si tous les phénomènes ne sont pas prévisibles, le développement de réseaux d'observation et de surveillance, ainsi que des dispositifs d'alerte avancée permettent de sauver de nombreuses vies humaines.

1. PRÉVISION ET PRÉVENTION

Prévoir avec exactitude une catastrophe naturelle est un exercice difficile. On peut faire certaines prévisions à long terme, mais prédire exactement l'heure d'une éruption ou le début d'un glissement de terrain est un exercice très délicat. Si on ne peut prévoir quand se produira une catastrophe naturelle, on peut appliquer des mesures préventives ciblées. Il faut tout d'abord cerner les zones à risque et évaluer l'impact de la catastrophe, en analysant le contexte et l'histoire géologique (dynamisme des éruptions, nature des dépôts de cendres, niveaux de crue etc.).

Les mesures préventives sont difficiles à mettre en œuvre dans les pays émergents et à forte démographie.

		Évaluation du risque	Mesures préventives
Risque sismique	Cartographie des zones sismiques	Liquéfaction des terrains Rupture de canalisations Effondrements Éboulements Dommages aux installations nucléaires et chimiques	Application de normes parasismiques Sécurisation des installations industrielles et énergétiques Sécurisation des réseaux de distribution
Risque volcanique	Identification des volcans potentiellement dangereux	Retombées de cendres Nuées ardentes Coulées de lave Explosions Lahars (coulées de boue)	Application de règles d'urbanisme Délimitation de périmètres de sécurité
Tsunamis (raz de marée)	Cartographie des zones à risque	Inondations Destruction d'habitations et d'infrastructures Destruction de cultures (sols salés)	Non-urbanisation des zones inondables Construction de digues Éducation des habitants
Glissement de terrain-Éboulement	Identification des affleurements dangereux	Destruction d'habitations et d'infrastructures	Construction de murs de protection Sécurisation des réseaux de distribution Respect des consignes d'urbanisme
Inondation	Cartographie des zones inondables	Destruction d'habitations et d'infrastructures	Construction de digues et de dérivations Respect des règles d'urbanisme

2. LES RÉSEAUX DE SURVEILLANCE ET D'ALERTE

a) Le risque sismique

La prévention du risque sismique passe par une série de réseaux de surveillance à l'échelle d'un pays (Sismalp) ou de plusieurs pays (Dom Tom, Antigua et Trinidad). Des réseaux de balises sont reliés à une station qui centralise les données recueillies. Lorsqu'un séisme a lieu, les ondes sont enregistrées dans les stations et les données recueillies sont envoyées aux stations centrales des différents réseaux qui localisent et calculent la magnitude du séisme.

Peut-on prévoir un séisme ?

Les données enregistrées par le satellite Demeter indiquent une forte activité de la ionosphère avant les séismes : ces signes précurseurs pourraient être un moyen de prévision des séismes et des tsunamis (Fiche 70). Ainsi, le survol du Japon le 29 août 2004 a montré d'importantes perturbations ionosphériques, interprétées comme des signes précurseurs d'un séisme de magnitude 7 survenu le 5 septembre.

b) Les éruptions volcaniques

Les volcans actifs et potentiellement dangereux sont placés sous surveillance : des réseaux de capteurs sismiques, des distance-mètres et des écartomètres équipent la plupart des volcans, et décèlent les signes d'activité et de déformations dues à l'ascension d'une colonne de magma. Il n'est pas pour autant simple de décrypter les signes avant-coureurs d'une éruption volcanique et de faire évacuer des populations. En Indonésie, par exemple, les volcans les plus dangereux (Merapi, Pinatubo), sont dans des zones très peuplées, où une évacuation signifie le déplacement de dizaines de milliers de personnes, avec tous les risques humains que cela comporte.

c) Systèmes d'alerte tsunami

Dans le Pacifique, après la catastrophe du Chili en 1960 (Fiche 67), s'est mis en place un réseau d'alerte qui implique 28 nations : il comprend 69 stations sismiques et 65 stations de marées. Le Centre d'alerte international (ITWS) est situé à Honolulu. Le réseau détecte en premier les ondes sismiques, puis les marégraphes enregistrent les variations de la colonne d'eau. Les données sont centralisées et l'alerte est donnée, avec quelques heures d'avance sur l'arrivée des vagues. Ce système est opérationnel dans le Pacifique et devrait être étendu à l'océan Indien.

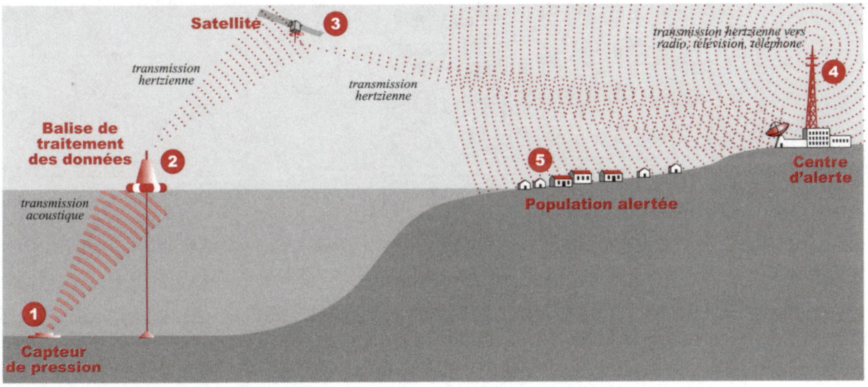

Figure 68.1 – Le réseau de surveillance Tsunami.

d) Les glissements de terrain

Les sites potentiellement dangereux sont équipés de capteurs et surveillés à distance : l'accélération de micromouvements, ou des facteurs externes (fortes pluies, séismes) peuvent déclencher une alarme : l'évacuation des populations est alors demandée. En France, elle est du ressort du préfet de police : la prévision est ici à court terme.

e) Impacts de météorites

Le risque de collision avec un astéroïde géocroiseur (dont la trajectoire croise celle de la Terre) n'est pas négligeable. La Nasa a mis en place un centre de surveillance qui recense les astéroïdes et évalue la probabilité d'un impact.

69 Les pierres précieuses

Mots clés

Cristal, Carat, Gemme, Kimberlite

Orfèvres, bijoutiers, joailliers travaillent sur des gemmes, des minéraux dont l'éclat et la beauté font la valeur commerciale. Parmi ces gemmes, quatre minéraux sont qualifiés de pierres précieuses : le diamant, l'émeraude, le rubis et le saphir. Les autres pierres, moins cotées sont qualifiées de semi-précieuses. L'unité de poids des pierres précieuses est le carat (5 carats = 1 g).

1. LE DIAMANT

Le diamant est un minéral cubique, constitué de carbone C. Sa dureté est de 10 sur l'échelle de Mohs. Un diamant doit être parfaitement limpide et exempt d'impuretés. Son **indice de réfraction** varie selon les longueurs d'onde, d'où son éclat, appelé aussi « feu », mis en valeur par une technique de taille très précise. Les gisements de diamants se trouvent dans des « pipes » de **kimberlite**, filons de roches ultrabasiques de type péridotite recoupant des zones cratoniques stables. Ils se forment dans des conditions de haute pression et haute température (Fiche 27). On en retrouve aussi dans des placers ou des alluvions issues du démantèlement de dykes ou de pipes de kimberlites.

	Composition	Substitutions	Système cristallin	Masse spécifique	Dureté	Indice de réfraction	Couleur
Diamant	C	Aucune	Cubique 	3,52	10	2,417	Incolore, variété noire, jaune, rouge, rose, bleue
Émeraude	$Al_2Be_3(Si_6O_{18})$	Cr_3^+, V_3^+, Mg_2^+, Fe_3^+,Li…	Hexagonal 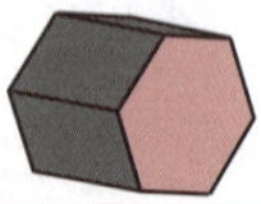	2,68-2,72	7,5	1,60	Vert
Saphir	Al_2O_3	Fe Ti, Va (variété violette)	Rhomboédrique	3,9-4,1	9	1,77-1,76	Bleu Variété violette
Rubis	Al_2O_3	Cr_3^+	Rhomboédrique	3,9-4,1	9	1,77-1,76	Rouge Variété sang de pigeon

2. L'ÉMERAUDE

L'émeraude est une variété de béryl. C'est un cyclosilicate de béryllium $Al_2Be_3(Si_6O_{18})$, cristallisant dans le système hexagonal. Les six tétraèdres de silice sont liés par des atomes d'aluminium et de béryllium avec de nombreuses substitutions (Cr_3^+, V_3^+ et Mg_2^+, Fe_3 Li ou Si). La structure cristalline emprisonne des éléments étrangers, ainsi que des inclusions qui forment des « givres », parfois très appréciés. Il existe deux types de gisements : les phlogopitites, en lentilles développées au contact d'intrusions granitiques dans des roches ultrabasiques (Brésil), ou les shales carbonatés métamorphiques (Colombie).

3. SAPHIR ET RUBIS

Saphir et rubis sont des variétés de corindon, Al_20_3. Le chrome (Cr) se substituant à l'aluminium (Al) dans le rubis lui confère sa couleur rouge profond, alors que la coloration bleue du saphir est liée à la présence de fer (Fe) et titane (Ti). Les rubis se forment dans des **cipolins**, marbres métamorphiques se développant dans des calcaires dolomitiques au contact d'intrusions granitiques. Les saphirs cristallisent dans les marbres, ainsi que dans les filons de pegmatite ou de basalte. Ces minéraux sont concentrés dans les gisements alluvionnaires.

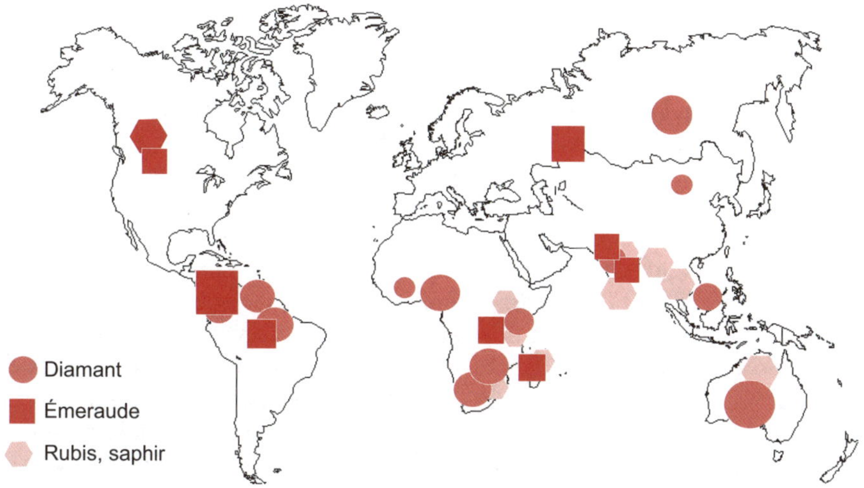

Figure 69.1 – Les principaux pays producteurs de pierres précieuses dans le monde.

4. LES CRISTAUX ARTIFICIELS

La rareté des pierres précieuses en fait la valeur. On fabrique des pierres artificielles pour des applications commerciales, industrielles ou bien militaires. On utilise pour ces synthèses des techniques de croissance cristalline dans des solutions sursaturées à partir de germes de croissance. Pour l'émeraude, on peut citer la cristallisation par dissolution hydrothermale ou encore par dissolution anhydre. Le diamant est obtenu dans des enceintes à une température de 1 300 à 2 000° et des pressions de 10^{10} Pa. Les diamants sont utilisés dans le domaine des hautes technologies pour ses qualités de semiconducteur (diamant en couches minces) sa dureté (microscalpels) ou encore pour fabriquer des enclumes à diamant (Fiche 26). Les rubis, anciennement prisés en horlogerie, sont à la base des technologies des lasers et sont utilisés dans les circuits intégrés.

70 Les satellites en sciences de la Terre

Mots clés

Altimétrie, Géodésie, GPS, Horloge atomique, Orbite, Radar

Les satellites d'observation en orbite autour de la terre sont devenus des outils incontournables de suivi, de détection et de cartographie. Les applications sont très nombreuses dans tous les domaines des Sciences de la Terre.

1. TÉLÉDÉTECTION

Les satellites sont équipés de capteurs qui mesurent le rayonnement émis par la surface terrestre. Les satellites météorologiques sont placés en orbite géostationnaire, à 35 680 km. Les autres satellites, à plus basse altitude, sont dits à défilement, et couvrent l'ensemble de la planète avec une période propre. Les capteurs embarqués peuvent être des appareils photographiques classiques, ou bien des radiomètres spécialisés dans des longueurs d'onde visibles, micro-ondes ou infrarouge. Les applications des images des satellites d'observations sont nombreuses en géologie, que ce soit pour la cartographie ou le suivi de phénomènes dynamiques (éruptions, inondations, modifications de lignes de rivage…). Le choix d'une gamme de longueur d'onde fait ressortir, après traitement, des données utiles, comme l'hygrométrie ou des flux de chaleur.

Le satellite Envisat, qui a succédé en 2002 à ERS 1 et 2 permet, en plus du suivi des pollutions, de suivre des phénomènes de gonflement ou de subsidence qui peuvent se produire en milieu industriel ou humain à la suite de travaux. On suit ainsi les modifications du sous-sol des anciennes mines en Lorraine ou dans le nord, et les déformations du sous-sol parisien.

La possibilité d'une image stéréoscopique fait du satellite un outil qui complète à plus grande échelle la couverture aérienne. La répétitivité des images crée des archives temporelles très précieuses pour enregistrer un phénomène dans le temps. Les données satellitaires peuvent se superposer aux données de terrain et d'autres types pour former un système d'information géographique (SIG).

2. ALTIMÉTRIE

Un altimètre est un radar qui émet des impulsions à haute fréquence (13 kHz) et qui reçoit en retour le signal réfléchi par la surface de l'océan, ce qui permet de connaître la distance entre le satellite et la surface. Pour que la mesure soit précise, il faut connaître la position exacte du satellite par rapport à un ellipsoïde de référence. Pour le satellite Jason-1, cette position est calculée grâce au système Doris (développé par le CNES). 50 balises au sol très précisément référencées permettent, en utilisant l'effet Doppler, de localiser le satellite et de réduire les perturbations dues à la traversée de la troposphère et de l'ionosphère. La précision des données est de l'ordre de 3 cm. Jason-1 est un satellite océanographique qui fait des mesures altimétriques. Il est en orbite à 1 336 km avec une orbite inclinée de 66°. Il repasse par les mêmes points tous les 10 jours.

La hauteur mesurée est la résultante du relief dû au champ de gravité terrestre (Fiche 16) et de la topographie dynamique, c'est-à-dire des courants marins et des déformations dues aux vents par exemple. Les applications sont nombreuses en océanographie, où elles permettent de suivre les déformations de la surface de la mer et des phénomènes tels que « el Niño ».

Néanmoins, les données altimétriques ne sont pas applicables à proximité des côtes. Autre application des mesures altimétriques : en inversant le calcul, on peut mettre en évidence les variations du relief sous-marin et obtenir des cartes bathymétriques d'une grande précision, si on les corrèle aux mesures topographiques des navires océanographiques.

3. LOCALISATION ET SYNCHRONISATION PAR SATELLITE

Les cartes topographiques sont désormais référencées en coordonnées GPS (Fiche 71). Le système GPS comporte une constellation de 24 satellites en orbite à 20 200 km. Galileo utilisera une constellation de 30 satellites. Ces satellites sont équipés d'horloges atomiques synchronisées. Pour indiquer la position, le système calcule le décalage de l'heure d'arrivée du signal, en utilisant trois satellites. Avec 4 satellites, la précision est encore plus grande. Les erreurs possibles sont dues entre autres aux perturbations de l'ionosphère et de la troposphère. La précision est améliorée en mode différentiel : des points fixes géodésiques parfaitement référencés permettent de calculer l'erreur et de la corriger.

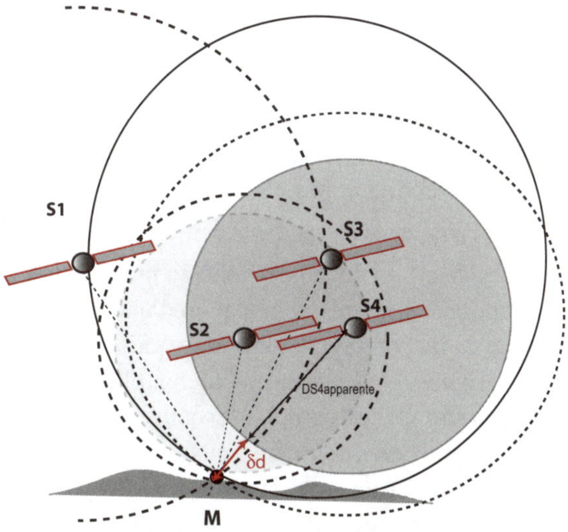

Figure 70.1 – Principe du positionnement par GPS.
La position du point M est donnée par la distance $D_{Si - M} = D_{apparente\ Si\text{-}M} + \delta d$, δd = erreur de synchronisation de l'horloge du récepeur. La position du point M est précisée par triangulation.

Les applications sont très nombreuses, que ce soit dans la surveillance de zones tectoniquement actives (Fiche 68), comme les failles du système de San Andreas, ou la surveillance de volcans (Piton de la Fournaise, Merapi). On peut ainsi observer le mouvement des plaques tectoniques ou mettre en évidence le rebond glaciaire dû à la fusion des calottes glaciaires (Fiche 18).

4. LES SATELLITES ET LA GÉOPHYSIQUE

Les applications scientifiques des satellites sont très nombreuses. Le microsatellite Demeter, développé par le CNES surveille les perturbations naturelles et d'origine humaine de l'ionosphère terrestre. Les mesures ont montré des corrélations entre les perturbations ionosphériques et certains séismes, ce qui constituerait une étape dans la prévision des séismes (Fiche 68).

Les satellites gravimétriques (Champ, Grace) mesurent avec une grande précision les anomalies de l'accélération de la pesanteur (g) liées à l'hétérogénéité de la Terre. Les mesures réalisées permettent d'affiner les mesures du champ de gravité terrestre et de mettre en évidence les perturbations globales du géoïde, et non seulement au niveau des océans, comme le font les satellites altimétriques. Parmi tous les résultats scientifiques, la mise en évidence du jeu de la faille de Sumatra responsable du tsunami du 26 décembre 2004.

71 La carte topographique

Mots clés

Coordonnées, Échelle, Planimétrie, Relief

La carte topographique est à la base de la carte géologique. Elle permet la localisation précise d'un lieu ou d'un objet, la définition de directions et nous renseigne sur l'évolution du relief d'une zone déterminée. Voici quelques clés pour la lecture et la compréhension d'un document où tout est reporté et projeté sur un plan.

1. PRÉSENTATION DE LA CARTE

La carte est un document (plié ou non) portant :

- un **titre** : généralement le nom d'une commune située sur la carte ;
- un cadre comprenant la surface cartographiée (dessin) et les **coordonnées** en X et Y ;
- l'**échelle** et la **légende** comprenant l'explication de tous les symboles de la carte.

Sur la surface cartographiée, sont représentés :

- la **toponymie** (noms des lieux) ;
- les données de l'**urbanisme** (constructions, voies de circulation…) ;
- l'**hydrographie** (vallées, rivières, lac, étangs, puits…) ;
- l'orographie ou le **relief** (courbes de niveaux et point côtés).

2. SE REPÉRER SUR LA CARTE

Il suffit de lire les coordonnées situées autour du cadre graphique. Ces dernières sont **géographiques** (unités angulaires où X = latitude et Y = longitude, exprimées en degrés, grades ou radians) ou **rectangulaires** (longueurs où X et Y sont en mètres). Elles sont données par rapport aux références « équateur » et « Greenwich ».

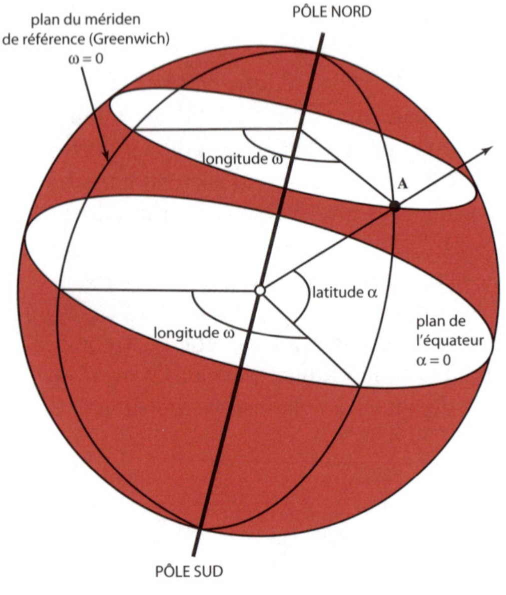

Figure 71.1 – Longitude et latitude. Le point A se situe à l'intersection des cercles de latitude α et de longitude ω.

L'échelle permet alors de transformer les distances mesurées sur la carte en distances horizontales réelles. Par exemple, une échelle au **1/25 000** signifie que 1 cm sur la carte équivaut à 25 000 cm sur le terrain (soit 1 cm = 250 m). Si le terrain n'est pas plat, il faut tenir compte de la pente (donc du relief) et faire une construction géométrique pour obtenir la distance « absolue ».

3. LES DONNÉES DU RELIEF

Les informations relatives au relief (variations d'altitude du sol) sont représentées en plan par les **courbes de niveau**. Ces courbes correspondent à l'intersection entre une succession de plans horizontaux équidistants les uns des autres et le relief. Toutes ces courbes sont ensuite projetées sur le fond de la carte. Les courbes de niveaux sont donc contenus dans des **plans horizontaux**.

L'altitude étant indiquée sur certaines courbes de niveau et compte tenu de l'équidistance (notée **e**) entre les courbes (indiquée dans la légende de la carte), un simple décompte des courbes successives permet d'avoir une estimation de l'altitude en un point donné de la carte. De plus, l'altitude de certains points remarquables (sommets) est indiquée : ce sont les points côtés.

Une succession de courbes de niveau resserrées traduit un relief escarpé. Inversement, quand elles sont espacées, les variations d'altitudes sont plus progressives.

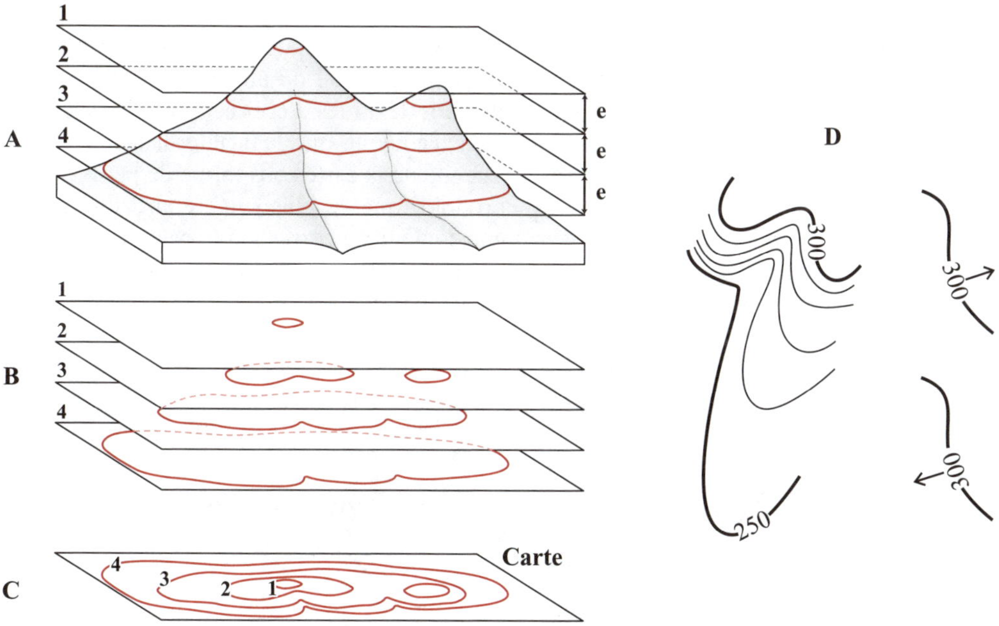

Figure 71.2 – Les courbes de niveau.

A : intersections de plans horizontaux équidistants avec les reliefs ;
B : courbes de niveau ;
C : projections sur le fond de carte ;
D : l'orientation du texte donne le sens de la pente (équidistance e = 10 m).

72 La carte géologique

Mots clés

Coupe et histoire géologiques, Failles, Pendages, Plis, Stratigraphie, Topographie

La carte géologique est l'outil indispensable du géologue. Elle comprend les données de la carte topographique (Fiche 71) complétées par des données géologiques issues essentiellement d'observations de terrain. Sa lecture et sa compréhension permettent au géologue, grâce à la réalisation de **coupes géologiques**, d'avoir une vision en profondeur des structures géologiques et donc de pouvoir appréhender l'histoire géologique d'un secteur ou d'une région.

1. PRÉSENTATION GÉNÉRALE DE LA CARTE GÉOLOGIQUE

La carte géologique se présente, comme la carte topographique, sous la forme d'un document à plat mais se distingue au premier regard par la présence de nombreuses **couleurs** et **figurés** correspondants aux données géologiques.

a) Les données stratigraphiques

Les couleurs correspondent principalement aux **âges** des formations géologiques rencontrées sur la zone cartographiée. Par convention, chaque période ou étage (Fiche 60) géologique correspond à une couleur et leur subdivision à des dégradés de ces couleurs. Une lettre ainsi qu'un chiffre (appelé indice) sont surimposés à la couleur afin de faciliter la lecture. Les âges (couleurs et indices) sont reportés dans la légende de la carte sous forme de petits rectangles (appelés cartouches) disposés par ordre chronologique, le plus jeune étant situé en haut à gauche. Sur le fond de carte, la largeur d'une couleur ne correspond pas à l'épaisseur de la formation géologique mais à l'intersection de cette dernière avec la topographie. Par conséquent, l'égalité largeur de la couleur-épaisseur de la formation géologique ne sera vérifiée que pour les formations verticales.

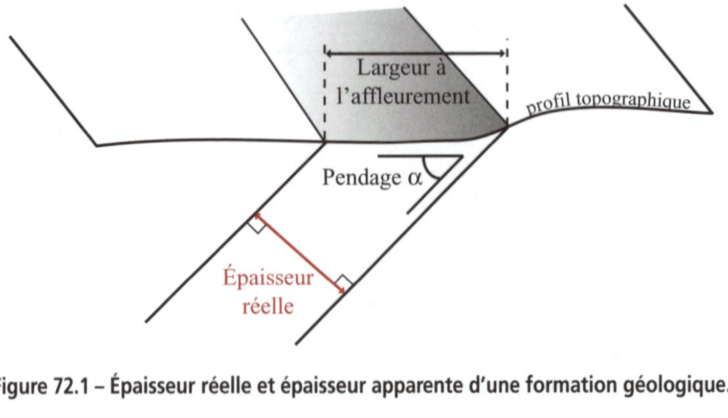

Figure 72.1 – Épaisseur réelle et épaisseur apparente d'une formation géologique.

b) Les données de la tectonique

Superposées aux données stratigraphiques s'ajoutent les informations tectoniques. Elles permettent de figurer sur un document plan les données géométriques en trois dimensions des différentes formations géologiques : failles, plis, pendages, chevauchements... L'ensemble des signes et des figurés, appelés **symboles**, ainsi que leur signification sont reportés dans la légende de la carte.

c) Les données du métamorphisme et des structures intrusives

Une formation métamorphique est représentée par la couleur correspondant à son âge sur laquelle on surimpose un figuré (pointillés, tirets...) témoignant du degré de métamorphisme.

Les formations intrusives (corps granitique par exemple) sont de couleur chaude et vive (comme le rouge) accompagnée d'un figuré et d'un indice caractéristique.

La légende explicite cela en y ajoutant les minéraux et roches caractéristiques du métamorphisme ou de l'intrusion.

2. CARACTÉRISER UN PLAN DANS L'ESPACE

Les figurés des contours géologiques (limites entre les formations, traits noirs fins) ainsi que les failles (traits noirs épais) correspondent à l'intersection entre deux plans : le plan géologique et la surface topographique représentée par les courbes de niveau (Fiche 71). Il faut donc interpréter cette donnée géométrique en deux dimensions (plan) en une information en trois dimensions. Les plans géologiques étant potentiellement inclinés, la première étape consiste à caractériser ces plans dans l'espace c'est-à-dire :

- **orienter** le plan ou orienter l'une de ces horizontales par rapport au Nord ;
- définir l'inclinaison du plan géologique par rapport à l'horizontal : le **pendage** noté α et exprimé en **degrés** ;
- donner le **sens du plongement** (« vers où plonge la couche ») par rapport aux points cardinaux.

La donnée de base est fournie par la topographie : les courbes de niveau sont, par définition, les intersections de plans horizontaux avec le relief.

Un plan géologique (limite de formations ou failles) parallèle aux courbes de niveau sera un plan horizontal (plan 1, figure 72.2). Il ne s'oriente pas, son pendage est nul donc sans sens.

Un plan géologique rectiligne, recoupant les courbes de niveau sans s'infléchir, est un plan vertical (plan 2, figure 72.2). Le trait (fin ou épais) le représentant indique directement sa direction par rapport au Nord. Son pendage est de 90°, sans sens puisque perpendiculaire au plan cardinal.

Entre ces deux cas « particuliers », on trouve les plans inclinés ($0 < a < 90°$). Une construction géométrique simple permet de caractériser ces plans (plan 3, figure 72.2) :

1- Tracer une droite reliant deux points d'intersection entre le plan géologique et une courbe de niveau.

2- Répéter l'opération sur une autre courbe de niveau. Les deux droites sont des horizontales appartenant à un même plan mais à des altitudes différentes. En plan, elles sont donc parallèles et permettent d'orienter le plan par rapport au Nord.

3- Tracer une droite perpendiculaire à ces deux horizontales. La mesurer sur la carte et convertir la donnée à l'échelle : c'est une longueur au sol notée **L**.

4- Le pendage α de la couche ou du plan sera obtenue par :

$$\tan \alpha = \Delta h / L$$

où Δh correspond à la différence d'altitude entre les deux horizontales choisies.

Le sens du pendage peut être déterminé à l'aide de la règle empirique du « V dans la Vallée ». Elle consiste, simplement, à observer sur la carte la forme d'un contour géologique ou d'une faille au niveau d'une vallée ou d'une rivière. Lorsqu'un plan incliné recoupe la topographie à cet endroit, sa limite en plan se « déforme » pour former un « V » (plus ou moins ouvert en fonction du pendage). La pointe de ce « V » est dirigée dans le sens du plongement.

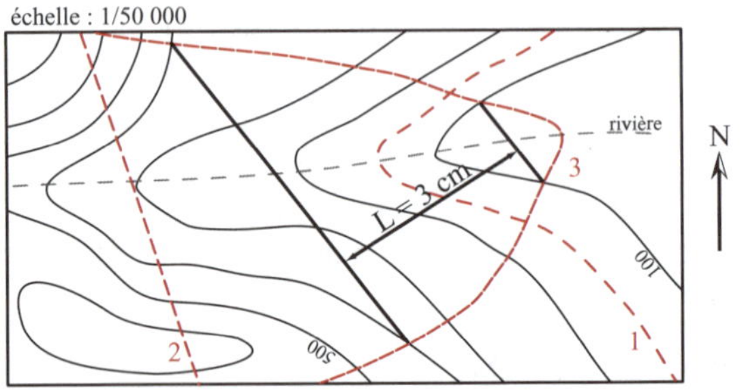

plan 1 : horizontal.
plan 2 : vertical : direction N180, pendage 90°.
plan 3 : direction N160
pendage vers l'Est,
$\tan \alpha = \Delta h / L = (400 - 100)/1500$
} plan N160, 11°E

Figure 72.2 – Exemples d'orientation de plans géologiques représentés en carte.

3. LES FAILLES ET LES PLIS

Les failles sont représentées par des **traits noirs épais**. D'une manière générale, plus le trait est rectiligne, plus le plan de la faille a un pendage élevé. Quand la faille génère des mouvements verticaux (faille normale ou inverse, Fiche 35), il faut tout d'abord regarder l'âge relatif (Fiche 3) des formations géologiques de chaque côté. Une fois le pendage de la faille déterminé, si le terrain le plus ancien repose sur le plus jeune, la faille est inverse (ou chevauchement). L'altitude relative (de chaque côté de la faille) des limites des formations horizontales comme le décalage de tout type de repère sont également de bons arguments pour déterminer le mouvement d'une faille.

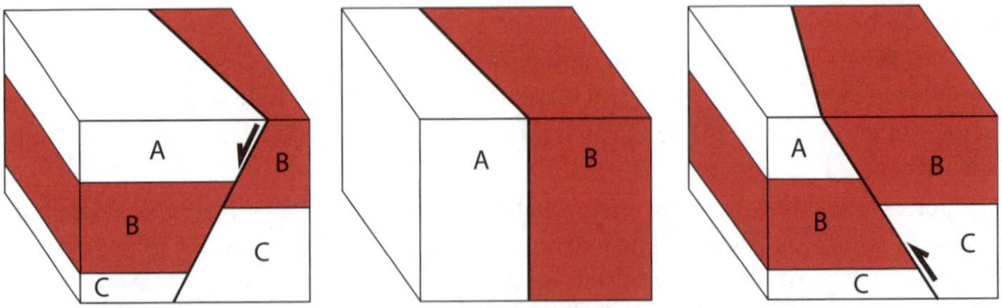

A plus jeune que B
B plus jeune que C
Faille normale

Faille verticale
Sans repères décalés,
le mouvement des blocs
est impossible à définir.

A plus jeune que B
B plus jeune que C
Faille inverse

Figure 72.3 – Pendage des failles et âge relatif des formations géologiques.

Les plis sont mis en évidence par la **répétition de couleurs** de façon **symétrique** par rapport à l'axe du pli. En se rapportant aux cartouches, on détermine l'âge de la formation axiale. Si elle est plus **ancienne** que les couches périphériques alors le pli est **anticlinal** ; inversement une formation axiale plus **jeune** traduira la présence d'un pli **synclinal** (Fiche 36).

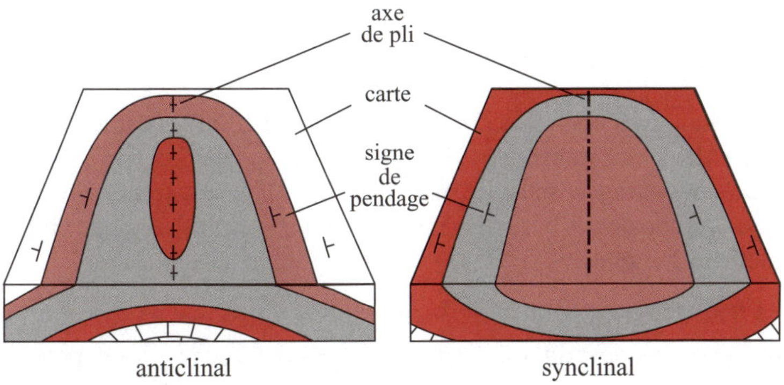

Figure 72.4 – Représentation schématique des structures plissées en carte.

4. COUPE GÉOLOGIQUE ET SCHÉMA STRUCTURAL

L'ensemble des informations portées sur la carte géologique permet de réaliser des **coupes géologiques**. Elles consistent à réaliser un profil en profondeur des structures rencontrées. Pour cela, on choisit deux points sur la carte entre lesquels on tracera un trait, généralement perpendiculaire aux principales structures. On réalise entre ces points le **profil topographique** (points d'intersection entre le trait de coupe et les courbes de niveau) c'est-à-dire un tracé de la surface tenant compte du relief. La géométrie des structures géologiques en profondeur est déduite des différentes informations (figurés, symbole, pendage…) représentées sur la carte aux abords du trait de coupe.

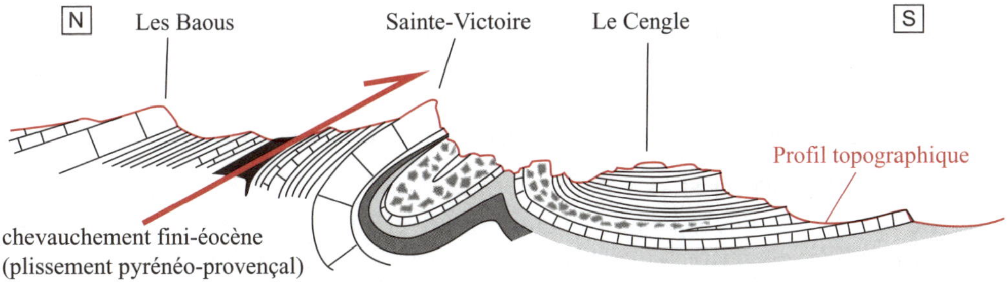

Figure 72.5 – Coupe géologique de la Ste Victoire (d'après Aubouin, Brousse, Lehmann, *Dunod*, 1975).

5. CONCLUSION

La carte géologique s'accompagne généralement d'une coupe « à main levée », d'un schéma structural et d'un livret (ou notice) explicatif détaillant les formations et l'histoire géologiques de la région concernée. Elle constitue un document riche en enseignements dont la compréhension comme la réalisation de coupes géologiques passent par de nombreuses séances de travaux pratiques.

73 La magnétostratigraphie

Mots clés

Aimantation, Inversion du champ magnétique, Magnétochrones

Les roches (volcaniques comme sédimentaires) enregistrent les caractéristiques magnétiques régnantes dans leur environnement de formation. Des paramètres tels que la direction et l'intensité de l'**aimantation rémanente naturelle** (ARN) où la **susceptibilité magnétique** peuvent être mesurés. L'étude de ces paramètres dans une série stratifiée (donc en fonction du temps) est la **magnétostratigraphie**.

1. NOMENCLATURE UTILISÉE

À partir des mesures des aimantations primaires des roches, il est possible de définir les successions (ou séquences) des inversions de polarité du champ magnétique terrestre (normale, inverse, normale…). Par association de données issues de l'analyse du plancher océanique, de séries sédimentaires et de coulées volcaniques, il a été établi une **échelle de polarité magnétique** de référence utilisant une nomenclature particulière. En simplifiant, elle est composée :

- de **magnétozones** c'est-à-dire de périodes pendant lesquelles le champ magnétique terrestre était identique (magnétozones **normales** colorées en noir) ou inversé (magnétozones **inverses** colorées en blanc) par rapport à celui d'aujourd'hui. La succession de magnétozones normale et inverse correspond à un **magnétochrone** ou **chron**. Ils sont notés C1 (chron actuel) à C34 (Aptien) puis M0 à M25 (Kimméridgien) suivi de la lettre **n** ou **r** si la période est respectivement normale ou inverse (reverse en anglais). Par exemple, la chron C33 du Crétacé supérieur (Campanien) est subdivisée en C33r (inverse) et C33n (normale) ;
- d'**événements** de polarité magnétique (ou **sous-magnétochrones**) correspondant à de courtes inversions du champ magnétique à l'intérieur même d'une magnétozone normale ou inverse. Pour les âges récents (du Pliocène à l'actuel), les événements portent des noms correspondants aux localités où ils ont été définis : Jamarillo, Olduvai, Réunion… ;
- d'**horizons** d'inversion de polarité magnétique correspondant à la limite entre deux ensembles de polarités distinctes. Compte tenu de la brièveté d'une inversion de polarité (inférieure à 10 000 ans), ces horizons sont en fait rarement mis en évidence dans les séries sédimentaires.

2. L'AIMANTATION RÉMANENTE NATURELLE (ARN)

L'ARN est le reflet du champ magnétique terrestre lui-même défini par sa déclinaison et son inclinaison (Fiche 2) en tout point du globe. Son analyse permet, dans les séries sédimentaires par exemple, d'identifier les **inversions de polarité** du champ magnétique. En effet, dans l'hémisphère Nord, une roche possédant une aimantation rémanente pointant vers le Nord et une inclinaison positive (donc vers l'intérieur du globe) aura enregistré une polarité normale.

En réalité, l'ARN n'est pas le reflet exact du champ magnétique régnant au cours de la formation des roches. En effet, une « pollution magnétique » se surimpose à l'**aimantation primaire** au cours de l'histoire géologique des dépôts. Ces aimantations « parasites » sont heureusement peu stables et peuvent donc être annulées en combinant une désaimantation thermique (chauffage croissant) et une désaimantation par champ magnétique alternatif des échantillons.

3. L'ÉCHELLE DE POLARITÉ MAGNÉTIQUE

Les séquences magnétostratigraphiques des séries sédimentaires doivent impérativement être datées par la biostratigraphie ou par la radiochronologie. D'une manière schématique, les magnétochrones et les sous-magnétochrones ont des durées variables respectivement de 1 à 10 Ma et de 100 Ka à 1 Ma.

L'échelle magnétostratigraphique est en constante évolution. Elle est bien documentée jusqu'au chron M25. Pour les temps **anté-Jurassique**, il n'existe plus de plancher océanique pouvant être analysés. Les études se reportent donc exclusivement sur les séries sédimentaires mais nécessitent d'être recoupées sur plusieurs sites d'étude largement répartis sur le globe et dans des paléoenvironnements variés. Dans les terrains anciens, il devient de plus en plus difficile d'extraire un signal originel mais des données sont d'ores et déjà disponible pour le Toarcien et quelques étages du Trias.

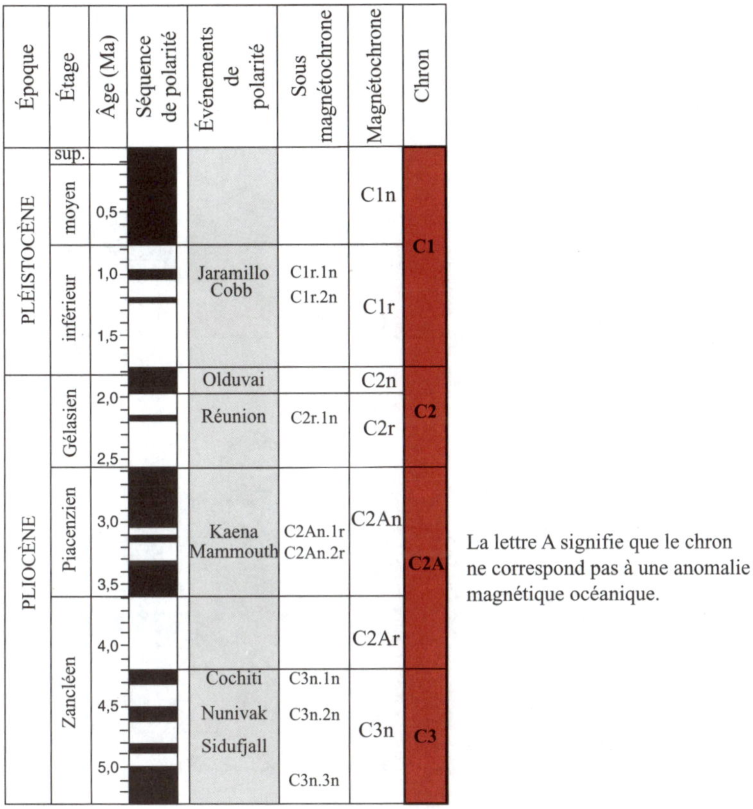

Figure 73.1 – Extrait d'une échelle de polarité magnétique et nomenclature associée.

4. CONCLUSION

La magnétostratigraphie présente l'intérêt de fournir des données chronologiques précises indépendantes de la paléogéographie et de l'environnement. Les données issues des séries sédimentaires sont facilement accessibles et permettent de s'affranchir de l'absence de croûte océanique ancienne. De plus, la magnétostratigraphie est un outil de corrélation performant mais qui nécessite l'existence d'une échelle de polarité de référence et des moyens de datations performants (Fiche 4).

74 Géomorphologie

Mots clés

Karst, Modelé, Morphogenèse, Relief monoclinal, Relief plissé

La géomorphologie est l'étude des formes de la surface et de leur évolution. La géomorphologie structurale étudie le relief et sa formation, alors que la géomorphologie climatique s'intéresse plus particulièrement au modelé.

1. GÉOMORPHOLOGIE STRUCTURALE

Les traits du relief résultent de l'interaction des facteurs externes (vent, pluie, neige, ruissellement) et du substratum rocheux. Selon sa nature et sa structuration, le paysage sera très différent. Pour une même lithologie, des couches monoclinales, avec ou sans pendage, n'évolueront pas comme des strates plissées ou faillées.

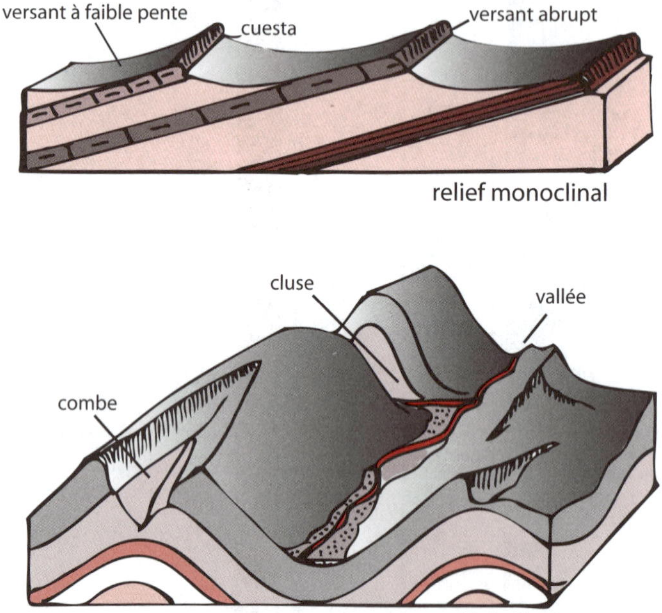

Figure 74.1 – Relief monoclinal et relief plissé.

Les reliefs sont liés à la nature lithologique du substratum rocheux. Les roches carbonatées (calcaires et dolomies) et les roches évaporitiques, facilement solubles évolueront vers un relief de type karstique, où le phénomène majeur est la dissolution du substratum. Ces roches sont aussi un aquifère (Fiche 56) très particulier, où l'eau aura un circuit très rapide lié aux précipitations. Dans les zones saturées se produisent des phénomènes de dissolution et de précipitation.

Le nom de **karst** vient d'une région de Slovénie, près de Trieste. On trouve des reliefs karstiques en France, dans le Larzac, les Causses et l'arrière-pays provençal.

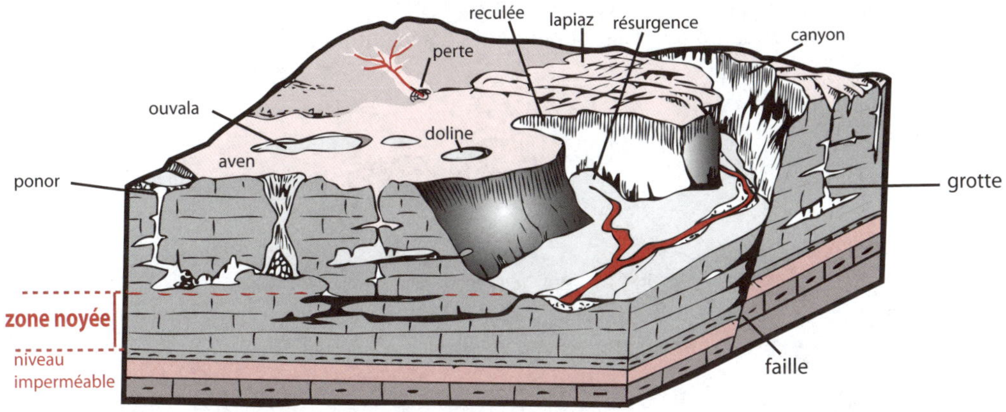

Figure 74.2 – Modelé karstique.

Les substratums moins solubles, comme les grès et les granites vont évoluer en climat tempéré à partir des diaclases et de la fracturation. L'altération et l'érosion (Fiche 46) caractéristique de ces roches forment des **chaos** rocheux, bien visibles en Bretagne (Plougastel), dans le Sidobre (Les Trois Fromages) et dans les grès de Fontainebleau.

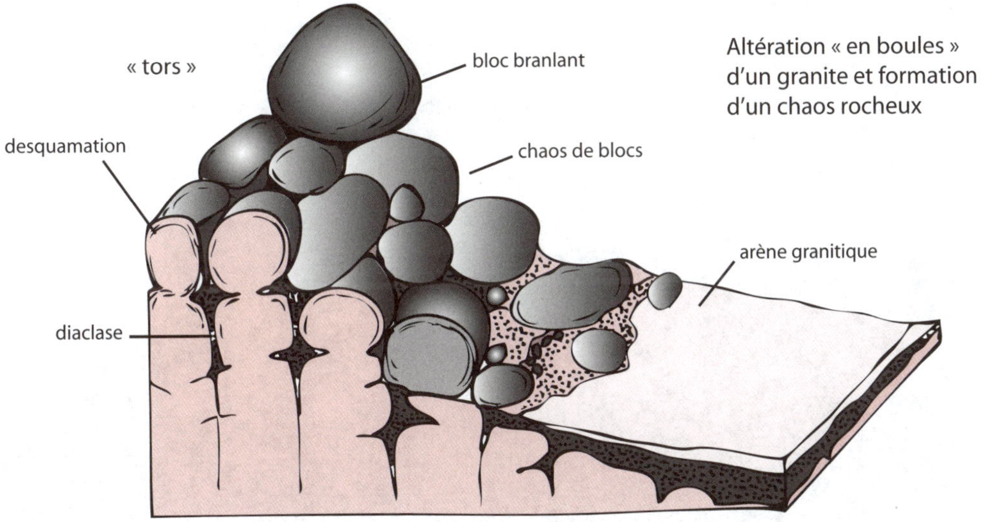

Figure 74.3 – Formation d'un chaos granitique.

2. GÉOMORPHOLOGIE CLIMATIQUE

L'influence du climat et des facteurs géodynamiques externes sur le modelé a déjà été abordée. Les reliefs glaciaire et périglaciaire (Fiche 54) en sont une bonne illustration. Soumis à un climat désertique, avec de forts écarts de température, un ruissellement violent mais sporadique et une forte érosion éolienne, les reliefs granitiques évoluent de façons très différentes : les dômes granitiques par exemple sont déchaussés, formant des **inselbergs**, alors que les flancs sont recouverts d'un glacis non trié de débris anguleux (pédiment). Les sols évoluent en croûtes gypseuses ou calcaires, et les blocs sont usés par l'abrasion des grains de sable. Le relief est tabulaire, avec des déserts de cailloutis (**reg**) et des zones d'accumulation sableuse éolienne (**erg**).

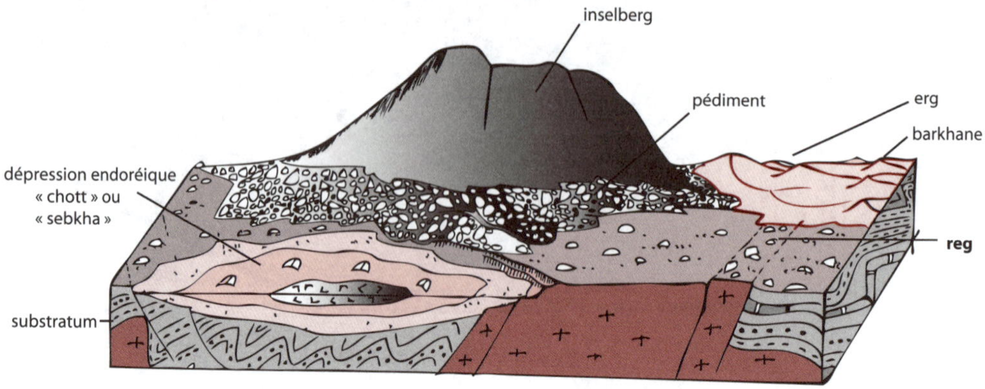

Figure 74. 4 – Morphologie en milieu désertique.

Les dépressions sont épisodiquement remplies d'eaux saturées en ions dissous. Ces dépressions endoréiques évoluent vers des lacs salés (**chotts** et **sebkhas**).
En milieu tropical humide, les karsts évoluent rapidement vers des formes de karsts « en tourelles » (baie d'Hong, Indonésie).

Figure 74. 5 – La baie de Rio de Janeiro : évolution en pain de sucre d'un granite en milieu tropical.

75 Les Alpes

Mots clés

Orogène, Apulie, Subduction, Collision

Géographiquement, les Alpes représentent la partie occidentale européenne des chaînes de montagnes périméditerranéennes. Large de quelques centaines de kilomètres, cette chaîne s'étend sur un millier de kilomètres avec de nombreux (82) sommets culminants à plus de 4 000 m. Classiquement, les Alpes correspondent, comme l'Himalaya, à une chaîne de collision (Fiche 34) liées à la convergence des plaques Afrique et Eurasie (Fiche 78) débutée il y a environ 80 Ma.

1. GÉNÉRALITÉS

Actuellement, la convergence entre l'Eurasie et l'Afrique est relativement lente (0,5 à 1 cm/an) – si l'on excepte la région anatolienne beaucoup plus rapide. L'histoire des Alpes débute en réalité il y a près de 175 Ma par la divergence Europe/Afrique suivant une direction globalement nord-sud et l'ouverture d'un océan (la Téthys occidentale). Vers 115 Ma, les mouvements entre les plaques deviennent décrochants, la plaque Afrique coulissant vers l'est parallèlement à la bordure sud de la plaque Eurasie. Le mouvement de convergence et la formation des chaînes périméditerranéennes liée à la remontée de la plaque Afrique vers le nord débutent il y a 80 Ma. La chaîne des Alpes se développe alors au niveau de la collision entre la plaque Eurasie au nord et la plaque **Apulie** au sud (partie de la plaque Afrique se détachant au Trias ou au Crétacé inférieur).

Du point de vue géodynamique, l'ensemble des chaînes périméditerranéennes correspond à une subduction (Fiche 33) de la plaque Afrique sous la plaque Eurasie (Espagne, Calabre, sud de la Grèce…). Au niveau des Alpes, la subduction est « inversée » avec le plongement de la lithosphère de la plaque Eurasie sous la plaque Apulie.

Cette subduction suivie d'une collision entraîne la fermeture (suture océanique) de deux petits bras océaniques de la Téthys formés au cours de la phase de distension : l'Océan Ligure (ou Liguro-Piemontais) à l'ouest et l'Océan Valaisan au nord et à l'est.

En regardant une carte géologique des Alpes, on peut voir que la majeure partie des terrains à l'affleurement correspond à l'Apulie (appelée également domaine austro-alpin). Dans la partie la plus occidentale des Alpes, l'Apulie est peu présente à l'affleurement ce qui laisse directement accès au domaine océanique Liguro-Piemontais et Valaisan. Plus à l'est, les affleurements correspondent essentiellement à l'Eurasie.

2. LES GRANDS DOMAINES ALPINS, DU VERCORS AU PIÉMONT

En suivant une coupe à travers les Alpes occidentales, on distingue classiquement un certain nombre de domaines géologiques (paléogéographiques) caractéristiques. En partant du Massif central à l'ouest et en se dirigeant vers la plaine du Pô à l'est, se succèdent les domaines Dauphinois, Briançonnais, Piémontais, Ligure et Austro-Alpin. Les trois premiers correspondent à la marge passive (Fiche 30) européenne et sont caractérisés par un socle pré-rift ante-Liasique surmonté d'une couverture sédimentaire syn-rift du Lias et du Dogger puis d'une série post-rift Jurassique à Miocène. Le domaine Ligure correspond à la partie océanique avec une couverture sédimentaire d'âge Jurassique supérieur et Crétacé reposant sur de la croûte océanique. Enfin, le domaine Austro-Alpin représente la marge nord de la plaque Apulie.

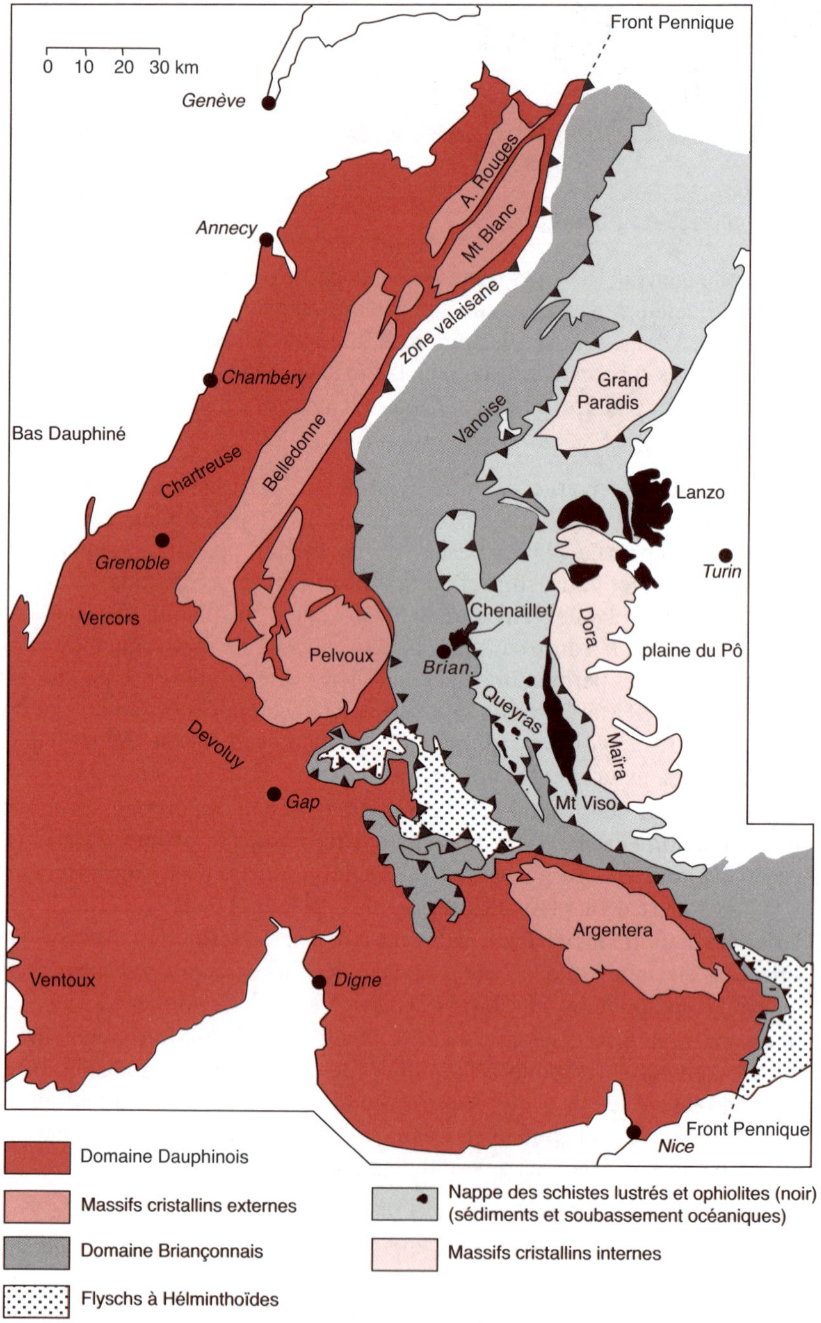

Figure 75.1 – Schéma structural simplifié des Alpes.

Le Front Pennique sépare le domaine Dauphinois des autres domaines délimitant ainsi les zones externes à l'ouest et les zones internes à l'est.

3. CHRONOLOGIE ET GÉODYNAMIQUE

L'étude des structures profondes, des assemblages minéralogiques et des séries sédimentaires permet de reconstituer l'histoire géodynamique des Alpes. De manière schématique, cette histoire peut se décomposer en trois phases successives : une subduction océanique, une subduction continentale puis une collision.

La subduction océanique débute vers 70 Ma par le plongement de la lithosphère océanique Ligure sous la plaque Apulie (domaine Austro-Alpin). Une partie des sédiments océaniques ainsi que la lithosphère sous-jacente n'entrent pas en subduction. À la faveur de grands détachements, ils formeront respectivement les Flyschs à Helmintoïdes et le massif du Chenaillet, chevauchant le domaine Briançonnais. Les sédiments accumulés dans le prisme d'accrétion, ainsi que la croûte océanique, qui sont entrainés en subduction et métamorphisés, donneront la formation des Schistes Lustrés et le Mont Viso.

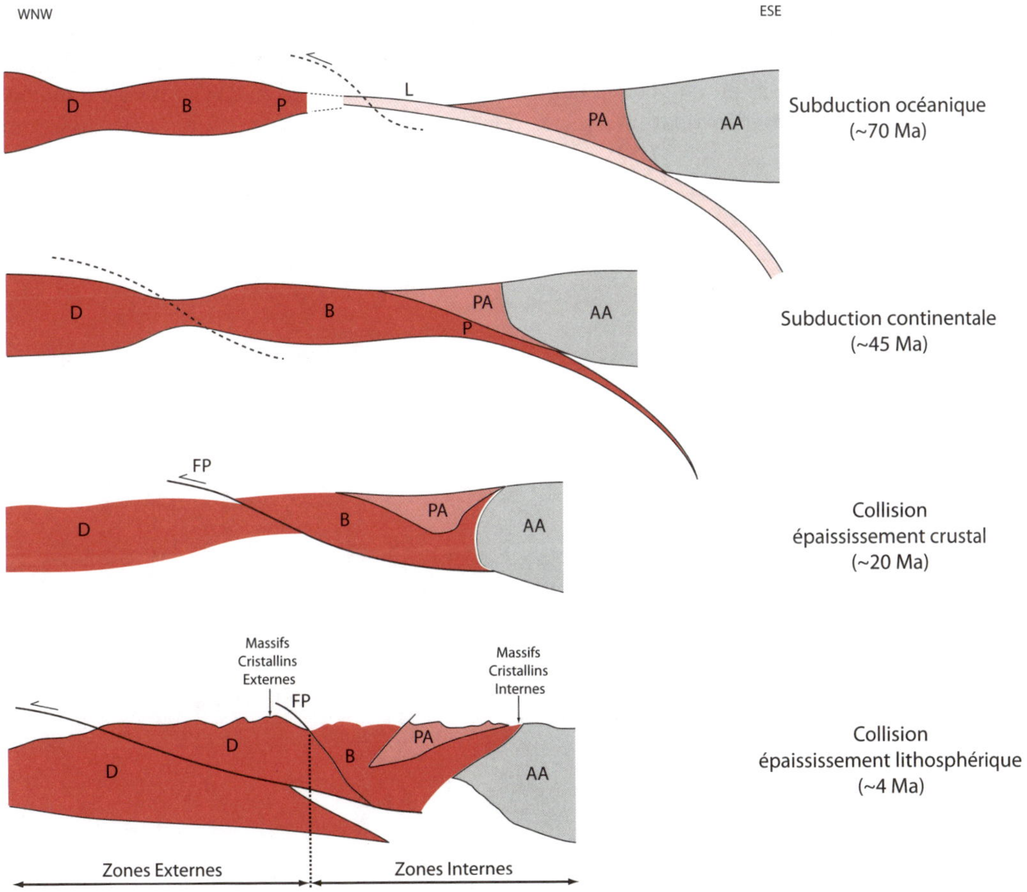

D = Domaine Dauphinois ; B = Domaine Briançonnais ; P = Domaine Piémontais ; L = Domaine Ligure
PA = Prisme d'accrétion océanique ; AA = Domaine Austro-Alpin ; FP = Front Pennique

Figure 75.2 – Histoire géodynamique des Alpes le long d'un transect globalement W-E.

Vers 45 Ma, la subduction devient continentale. Le domaine Piémontais puis Briançonnais (marge continentale) entrent en subduction sous la plaque Apulie. Cette subduction continentale s'arrête après quelques millions d'années. Le massif cristallin de Dora Maira correspond à une partie du socle de la zone interne Briançonnaise entraînée en profondeur par la subduction continentale.

La collision prend la suite de la subduction continentale. Les croûtes continentales s'affrontent faisant rejouer en inverse les failles normales héritées du rifting Mésozoïque. La superposition des croûtes (mise en place du Front Pennique) et les rétrochevauchements vers l'est contribuent au raccourcissement horizontal et à l'épaississement crustal. Au Pliocène, l'épaississement, qui se continue, atteint l'échelle lithosphérique.

4. CONCLUSION

À la fois chaîne de subduction et de collision, les Alpes et leur formation sont d'abord liées à la subduction de la plaque Eurasie sous la plaque Apulie. La collision entre les deux plaques engendre une suture océanique dont les vestiges sont visibles sur le terrain (ophiolites du Chenaillet). L'activité sismique comme les mesures géodésiques montrent que la déformation alpine, très faible, se poursuit actuellement. Des taux de surrection de l'ordre d'1 mm/an sont mesurés et sont mis en relation avec le rebond isostatique qui fait suite à l'épaississement crustal (Fiche 18).

76 Les Pyrénées

Mots clés

Chaîne à double vergence, Orogenèse alpine, Collision, Plaque Ibérique et Européenne, Tertiaire

Le massif des Pyrénées est une chaîne de montagne d'orientation Est-Ouest constituant une frontière naturelle entre la France au Nord et l'Espagne au Sud et son évolution est née de l'affrontement de deux plaques continentales : Ibérie au Sud et Europe au Nord au cours d'une histoire géologique principalement d'âge Tertiaire.

1. GÉNÉRALITÉS

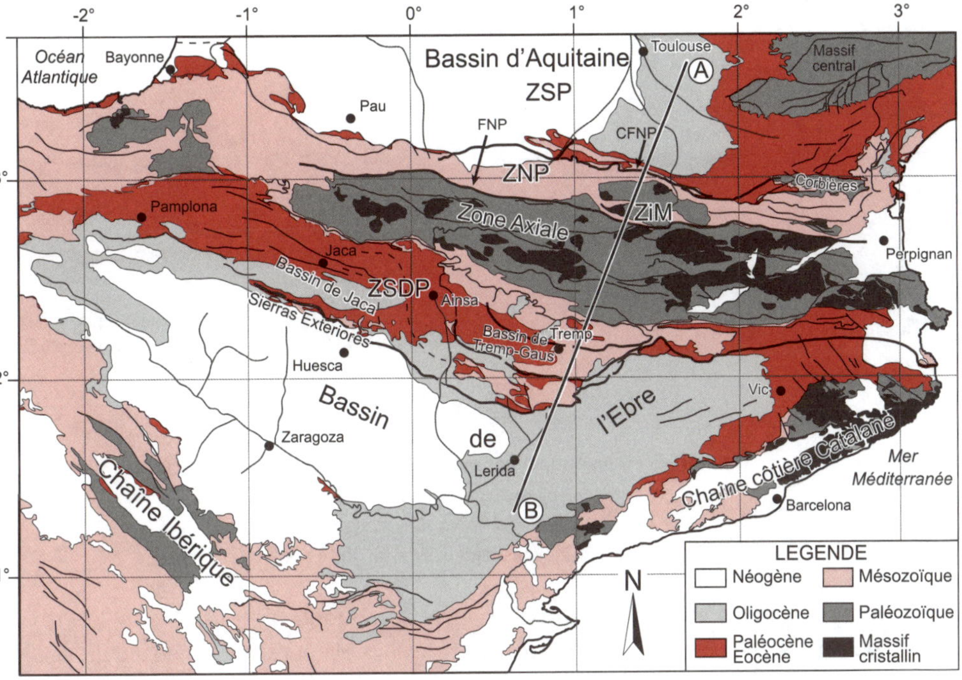

Figure 76.1 – Carte géologique des Pyrénées.

Le massif montagneux s'étend sur plus de 450 km de long par moins de 100 km de large et possède un point culminant à 3 404 m au niveau du Pic d'Aneto (figure 76.1). Parmi les chaînes de l'orogenèse alpine, la chaîne pyrénéenne en représente la partie la plus occidentale de la plaque Europe et montre une double vergence résultant de la collision entre les lithosphères continentales ibérique et eurasiatique (figure 76.2). Cette collision fait suite à une phase d'extension sans réelle océanisation et s'est initiée suite à l'ouverture de l'océan Atlantique Nord et du Golfe de Gascogne. De nombreux travaux indiquent que la phase de collision s'est déroulée entre le Crétacé supérieur (Santonien ~80 Ma) et le Miocène moyen (Langhien ~15 Ma).

La chaîne pyrénéenne est bordée par deux bassins d'avant pays : le bassin d'Aquitaine au Nord et le bassin de l'Ebre au Sud. Ces bassins sont le résultat de la surcharge tectonique exercée par la chaîne sur les marges continentales Ibérique et Européenne.

2. LA STRUCTURE DES PYRÉNÉES

La structure profonde des Pyrénées a pu être précisée grâce à des études sismiques et des données tomographiques qui suggèrent l'existence d'un prisme de croûte supérieure, au-dessus d'une subduction de la croûte inférieure et du manteau lithosphérique sous la plaque Eurasiatique. La croûte inférieure qui correspond à la plaque ibérique plonge sous la plaque européenne jusqu'à une profondeur de 100 km à l'Est et au centre de la chaîne. Plus à l'Ouest, aucune subduction n'a été observée ce qui implique que la convergence a été distribuée de manière différentielle grâce à un réseau de failles extrêmement dense dans la croûte européenne. De plus, l'épaisseur de la croûte est différente sous le bassin d'Aquitaine (30 km) et sous la chaîne pyrénéenne (50 km). Une analyse gravimétrique des anomalies de vitesse indique que la croûte inférieure subductée aurait pu être éclogitisée favorisant ainsi la subduction dans le manteau (figure 76.2).

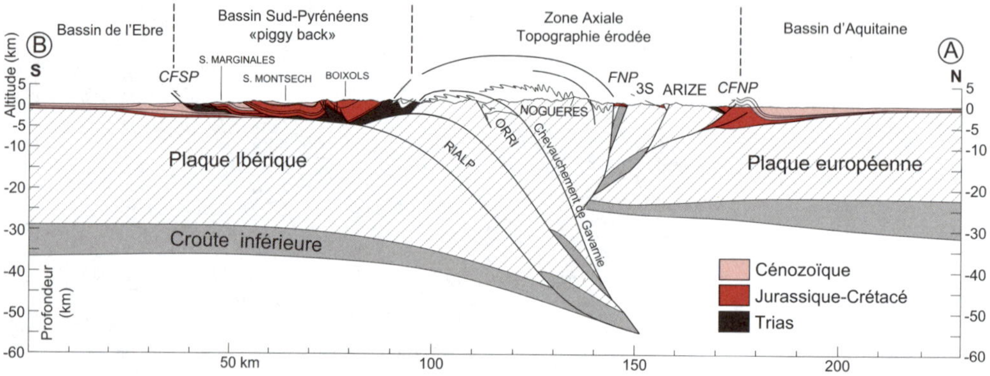

Figure 76.2 – Coupe simplifiée actuelle d'échelle crustale des Pyrénées.
***CFNP* : Chevauchement Frontal Nord-Pyrénéen**
***FNP* : Faille Nord-Pyrénéenne**
***CFSP* : Chevauchement Frontal Sud-Pyrénéen**

a) La structure actuelle et les différents domaines des Pyrénées

- Le **bassin d'Aquitaine** est le produit de la flexure de la plaque européenne induite par la charge orogénique en présentant une structure géométrique de bassin d'avant pays. La structuration du bassin Aquitain a été très fortement influencée par les structures héritées de l'orogenèse hercynienne, réactivées au cours de l'orogenèse pyrénéenne. Le remplissage sédimentaire a débuté au Trias et au Jurassique inférieur par un épisode évaporitique et s'est poursuivi par la mise en place de plates-formes carbonatées. La sédimentation s'est profondément modifiée au Cénozoïque, où après le développement de plates-formes carbonatées à foraminifères benthiques (alvéolines) au Paléocène, la sédimentation devient rapidement détritique et continentale, avec le dépôt d'une épaisse série molassique (le poudingue de Palassou) à partir de l'Eocène inférieur indiquant que le bassin était précocement sur-alimenté.
- La **zone Sous-Pyrénéenne** (ZSP) est essentiellement constituée par de larges structures plicatives d'âge Crétacé supérieur et Paléogène (e.g. Lavelanet, Mas d'Azil) et est limitée de la Zone Nord Pyrénéenne (ZNP) au Sud par le Chevauchement Frontal Nord Pyrénéen (CFNP).

- La **zone Nord-Pyrénéenne** (ZNP) est constituée de sédiments d'âge Mésozoïque, fortement plissés et faillés, localement métamorphisés (Haute Température – Basse Pression) à proximité d'un réseau de failles profondes verticales désigné sous le nom de Faille Nord-Pyrénéenne (FNP) constituant une subdivision locale appelée **zone Interne Métamorphique** (ZIM). Cette couverture, post-hercynienne, recouvre en discordance le socle cristallin, d'âge Paléozoïque, formant les massifs « Nord-Pyrénéens » (e.g. Agly, Arize, Trois-Seigneurs, Igountze et Mendibelza). À l'Est, la **nappe chevauchante des Corbières** est rattachée à cette grande unité structurale.
- La **zone Axiale** est constituée de séries sédimentaires et de granitoïdes d'âge principalement Paléozoïque bordée au Nord par la Faille Nord Pyrénéenne. Dans le détail, cette zone est constituée de granites affectés par l'orogenèse hercynienne, d'orthogneiss et de sédiments paléozoïques métamorphisés. La Zone Axiale est formée d'unités de socle empilées et déversées vers le Sud. On distingue un empilement de plusieurs nappes nommées de la base au sommet nappes de Lakhora/Lacourt, Nogueres/Gavarnie, Orri et Rialp.
- La **zone Sud-Pyrénéenne** (ZSDP) présente une chaîne plissée plus large que son équivalent Nord. On distingue nettement plusieurs bassins dont le développement est contemporain de la propagation de la déformation vers le Sud du prisme orogénique. La partie Ouest correspond au bassin de Jaca, dans le synclinal de Guarga, prolongé à l'Ouest vers le bassin de Pampelune. À l'Est, un assemblage complexe de plusieurs sous bassins de type « *piggy back* », actifs successivement entre le Crétacé supérieur et l'Oligocène (bassins d'Ainsa, de Tremp-Graus, d'Organya et d'Ager) constitue un ensemble nommé l'Unité Centrale Sud-Pyrénéenne (UCSP).
- Les coupes d'échelle crustale établies à partir des données de sismique et de sub-surface montrent que le style structural est très différent entre ces sous-bassins. À l'Est, l'interprétation du profil sismique ECORS (1988) montre que le prisme se propage dans la couverture sédimentaire, caractérisant un mode de déformation « *thin-skinned* », les nappes de socle s'empilant en arrière par un processus de sous-placage (figure 76.2). Trois nappes chevauchantes successives se sont mises en place dans cette partie du bassin, avec tout d'abord l'unité tectonique de Boixols à partir du Santonien qui délimite la bordure Sud du bassin d'Organya ; l'unité tectonique de Montsech à partir de l'Ilerdien (Yprésien inférieur) et le chevauchement des Sierras Marginales, dont la séquence de déformation est rendue délicate à interpréter du fait de l'influence du diapirisme salifère dans cette zone.
- Le **Bassin de l'Ebre** est une large dépression morpho-structurale comblée par des dépôts essentiellement cénozoïques syn- et post-orogéniques fluviatiles et lacustres. L'articulation avec la ZSDP est marquée par les chevauchements de la couverture Crétacé à Eocène qui glissent sur les niveaux évaporitiques du Trias.

3. HISTOIRE GÉOLOGIQUE ET GÉODYNAMIQUE DES PYRÉNÉES

a) Généralités

La complexité structurale du massif Pyrénéen est aussi soulignée par l'organisation des dépôts sédimentaires et de leur évolution au cours des cycles hercynien et alpin et constitue un enregistrement stratigraphique de premier ordre pour les reconstitutions paléogéographiques. Ainsi, les étapes essentielles de l'histoire géologique des Pyrénées présentées sur la figure 76.3 illustre à travers la nature et l'origine des dépôts (magmatiques, volcaniques et sédimentaires continentaux et marins) toutes les spécificités et les mécanismes mis en jeu lors de la mobilité crustale.

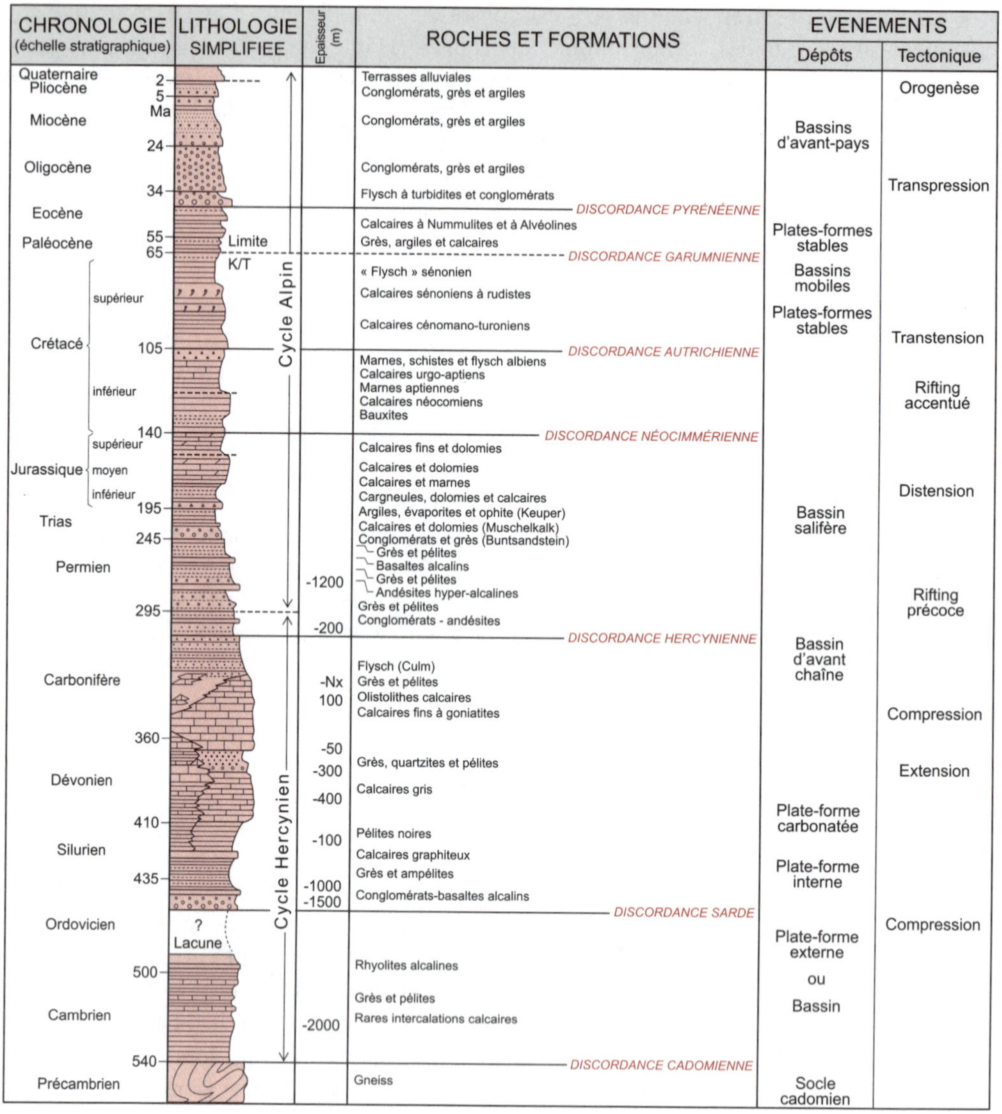

Figure 76.3 – Histoire géologique simplifiée des Pyrénées.

b) Formation de la chaîne pyrénéenne

Le domaine pyrénéen tire ses spécificités par la succession de trois régimes de contraintes agissant sur les plaques Européenne et Ibérique (figure 76.4). Une première phase de **distension** lente du Trias (début de l'éclatement de la Pangée hercynienne) au Crétacé moyen (Aptien) aboutit à la création de bassins sédimentaires nourris sur une croûte continentale amincie sans mise en place d'un véritable plancher océanique. Une seconde phase de **coulissage** du bloc ibérique vers le sud-est au début du Crétacé supérieur (Albien) voit le domaine pyrénéen occupé par un sillon marin profond, rempli par une sédimentation de type **Flysch** soulignant une tentative d'ouverture océanique en liaison avec l'ouverture progressive de l'Océan Atlantique et vers l'Ouest du golfe de Gascogne. La dernière phase de **convergence**, commençant dès la fin du Crétacé par un régime transpressif NE-SW senestre, se poursuivant par un régime compressif globalement N-S du Paléocène à l'Actuel, aboutit à la fermeture en ciseau et au comblement progressif d'Est en Ouest du sillon méso-Crétacé et à la mise en place dans un premier temps d'un bourrelet pyrénéen axial puis à l'édification de l'orogène actuelle.

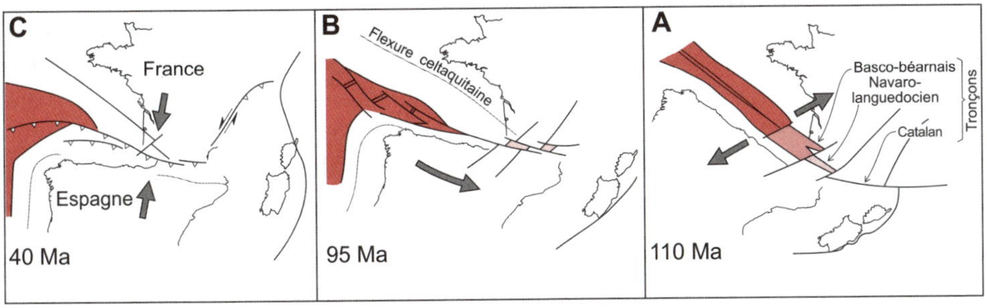

Figure 76.4 – Cartes paléogéographiques des Pyrénées au Crétacé et au Tertiaire : A) Fin de l'Extension ; B) Coulissage ; C) Compression

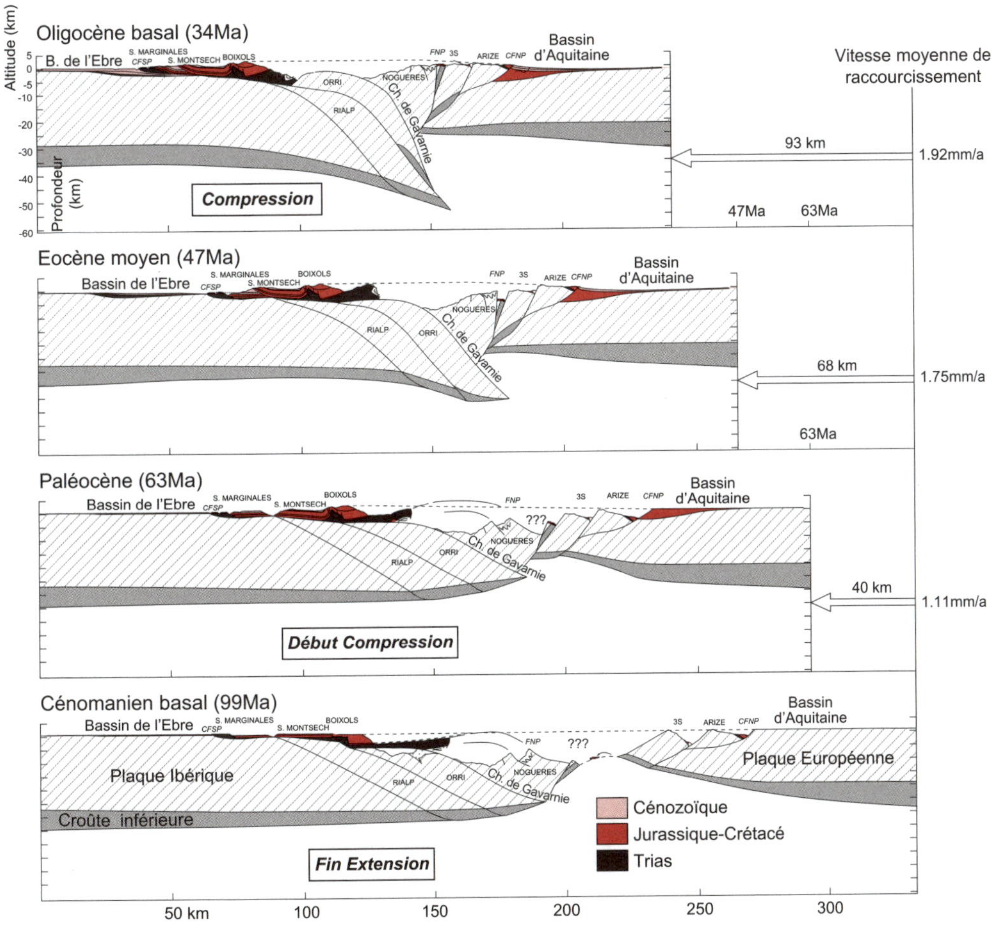

Figure 76.5 – Évolution paléostructurale des Pyrénées au Crétacé et au Tertiaire.

La dernière phase de déformation et l'état actuel de la chaîne sont visibles sur la figure 76.2.

4. CONCLUSIONS

Les traits essentiels de la structure des Pyrénées et d'un style tectonique qui leur est propre résultent d'une longue histoire géologique qui prend racine dans un domaine précédemment affecté par l'orogenèse varisque. Toutefois, la morphologie actuelle de la chaîne pyrénéenne ne se manifeste que lors de la dernière phase orogénique du cycle alpin au cours du Tertiaire. Les éléments à prendre en considération sont : l'héritage hercynien, la présence de dépôts évaporitiques du Trias qui favoriseront les décollements de couverture et initieront les bassins chevauchants tertiaires par propagation de la déformation, une lente évolution d'un domaine d'abord soumis à la transtension au cours du Mesozoïque, puis à la transpression durant le Paléogène. Ce processus d'inversion tectonique qui correspond à une des spécificités majeure de la chaîne pyrénéenne ne doit pas faire oublier que le domaine pyrénéen est aussi le siège d'une sédimentation extrêmement diversifiée (présentant des faciès qui témoignent d'environnements de dépôts continentaux jusqu'aux zones pélagiques les plus profondes en passant par le milieu fluviatile, le domaine littoral côtier, les domaines de plates formes parfois bioconstruites et les zones de talus) sous influence permanente de fluctuations climatiques qui contrôlent donc les interactions entre la tectonique, le climat et la sédimentation. Cette évolution tectono-sédimentaire particulière fait de la chaîne pyrénéenne, un objet géologique de tout premier plan qui pourrait s'inscrire à terme comme un témoin privilégié de la disparition du domaine méditerranéen dans un schéma d'évolution géodynamique à plus grande échelle.

77 Le cycle des roches

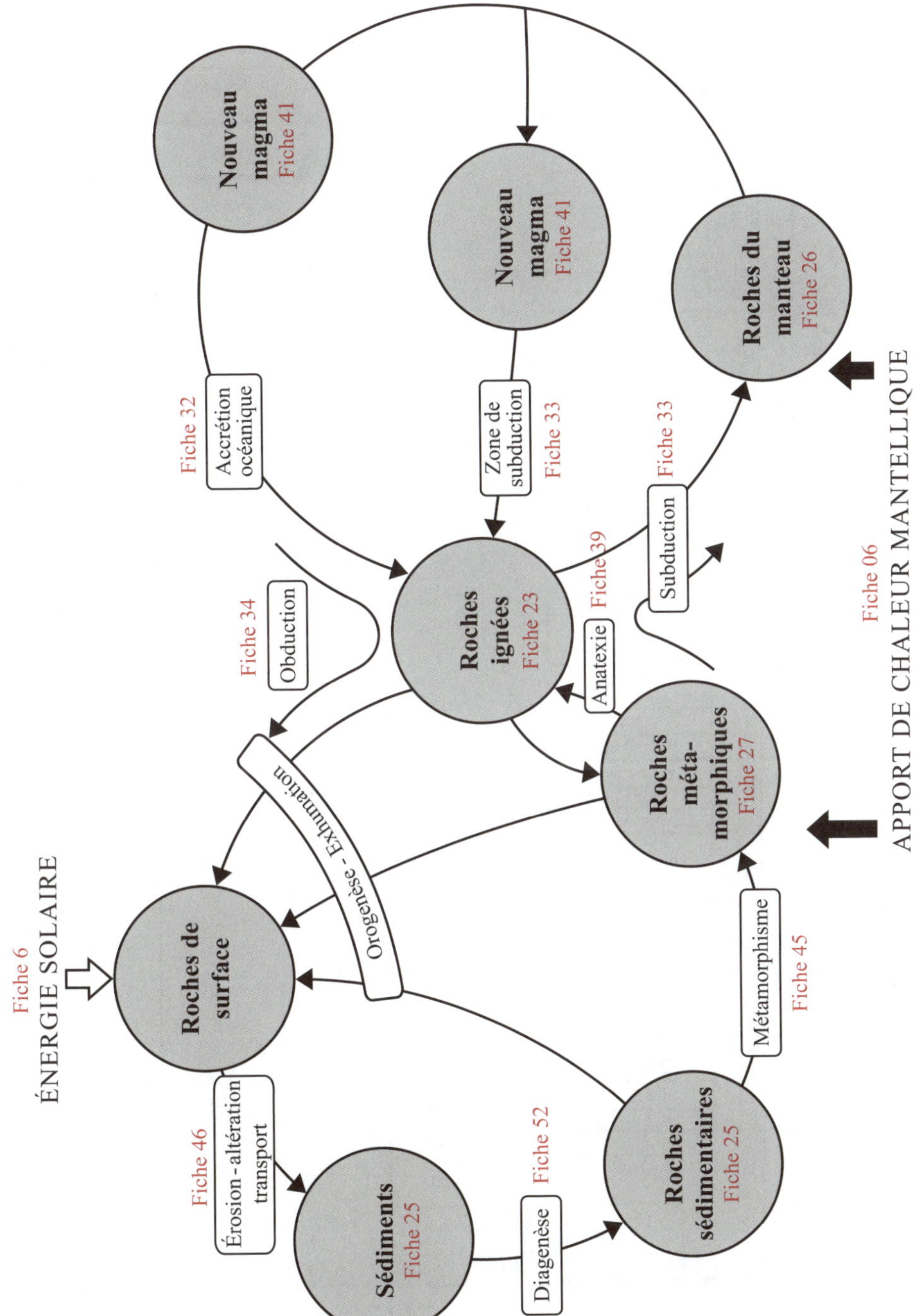

78 L'échelle stratigraphique

Âge Ma	Ère	Système	Sous-système Époque	Étages		Les grands événements de l'histoire de la Terre – Cycles orogéniques	Phases orogéniques	Grandes étapes de la vie sur Terre
	QUATERNAIRE					CYCLE ALPIN		10 000a *Homo sapiens sapiens* moderne
1,8	CÉNOZOÏQUE TERTIAIRE	NÉOGÈNE	PLIOCÈNE	Gélasien			• valache	
				Plaisancien			• rhodanienne	
5				Zancléen				
			MIOCÈNE sup.	Messinien			• attique	
				Tortonien				8 Ma Premiers Hominidés
11			MIOCÈNE moy.	Serravallien				
				Langhien			• styrienne	
16			MIOCÈNE inf.	Burdigalien				
				Aquitanien				
24		PALEOGENE (NUMMULITIQUE)	OLIGOCÈNE	Chattien			• save	
				Stampien				
34			ÉOCÈNE s.	Priabonien				
37			ÉOCÈNE moy.	Bartonien (s.str.)				
				Lutétien			• pyrénéenne	60 Ma Premiers Primates
49			ÉOCÈNE inf.	Yprésien				
55			PALÉOCÈNE	Thanétien				
				Montien				
				Danien				
65	MÉSOZOÏQUE = SECONDAIRE	CRÉTACÉ	SUPERIEUR – Sénonien	Maastrichtien			• laramienne	65 Ma Crise Crétacé / Tertiaire Diversification des Mammifères
				Campanien				
				Santonien				
				Coniacien				
89			SUPERIEUR	Turonien				
				Cénomanien				
100			INFERIEUR	Albien			• autrichienne	100 Ma 21% d'O_2 atmosphérique
				Aptien				
125			INFERIEUR – Néocomien	Barrémien				
				Hauterivien				
				Valanginien				
				Berriasien				
145		JURASSIQUE	SUP. – Malm	Tithonien			• néo-cimmérienne	
				Kimméridgien				
				Oxfordien				150 Ma Premiers Oiseaux
161			MOY. – Dogger	Callovien				
				Bathonien				
				Bajocien				
175			INF. – Lias	Aalénien				
				Toarcien				
				Domérien				
				Carixien				200 Ma Premiers Mammifères et premiers Angiospermes
				Sinémurien				
				Hettangien				
200		TRIAS	SUP. – Trias alpin	Rhétien	Trias germanique – Rhétien			
				Norien	Keuper		• éo-cimmérienne	
				Carnien				
228			MOY.	Ladinien	Muschelkalk			250 Ma Crise Permo-Trias Supercontinent Pangée
				Anisien				
245			INF.	Scythien	Buntsandstein			

Âge Ma	Ère	Système	Sous-système Époque		Étages		Cycles orogéniques	Phases orogéniques
250	PALÉOZOÏQUE = PRIMAIRE	PERMIEN	SUP.		Thuringien		C. HERCYNIEN (ou varisque)	• palatine
270			INF.		Saxonien			
275					Autunien			• saalienne
300		CARBONIFÈRE	SUP.	Silésien	Stéphanien			• asturienne
					Westphalien			
					Namurien			• sudète
325			INF.	Dinantien	Viséen			
					Tournaisien			• bretonne
360		DÉVONIEN	SUP.		Famennien			
					Frasnien			
385			MOY.		Givétien			
					Couvinien			
400			INF.		Emsien		CYCLE CALÉDONIEN	
					Siegénien			
					Gedinnien			• ardennaise
415		SILURIEN	SUP.		Ludlewien			
425			INF.		Wenlockien			
					Llandovérien			• taconique
445		ORDOVICIEN	SUP.		Ashgillien			
					Caradocien			
460			INF.		Llandeillien			
					Llanvirnien			
					Arenigien			
					Trémadocien			• sarde
490		CAMBRIEN	SUP.		Postdamien			
500			MOY.		Acadien			
510			INF.		Géorgien			• cadomienne
540	PRÉCAMBRIEN	Syst./Pér.			Sous Syst./Époque	*France*		*Nombreuses Phases Orogéniques*
		PROTÉROZOÏQUE			Néoprotérozoïque	Briovérien		
1000					Mésoprotérozoïque	Pentévrien		
1600					Paléoprotérozoïque			
2500		ARCHÉEN			Néoarchéen	Icartien		
2900					Mésoarchéen			
					Paléoarchéen			
					Eoarchéen			
3800	HADÉEN							
4560								

Les grands événements de l'histoire de la Terre — Grandes étapes de la vie sur Terre

Âge	Grandes étapes de la vie sur Terre
280 Ma	Premiers Reptiles
370 Ma	Premiers Amphibiens et Batraciens Premiers Gymnospermes
460 Ma	Premiers Végétaux terrestres
540 Ma	Tous les embranchements sont présents. Premiers Arthropodes et premiers Vertébrés (Poissons)
630 Ma	Faune d'Ediacara
1 Ga	Premières organismes pluricellulaires Métazoaires et Métaphytes
1,5 Ga	Premières Eucaryotes
1,7 Ga	Début de l'accumulation d'O_2 atmosphérique
2,5 Ga	Premières molécules caractéristiques d'Eucaryotes et de Cyanobactéries
3 Ga	Apparition des sphéroïdes issus des coccoïdes et premiers sols et croûtes bactériennes en milieu émergé
3,5 Ga	Apparition de la photosynthèse et des premiers stromatolithes
4 Ga	Apparition de la Vie
4,6 Ga	Formation de la Terre

79 Carte de la sismicité mondiale

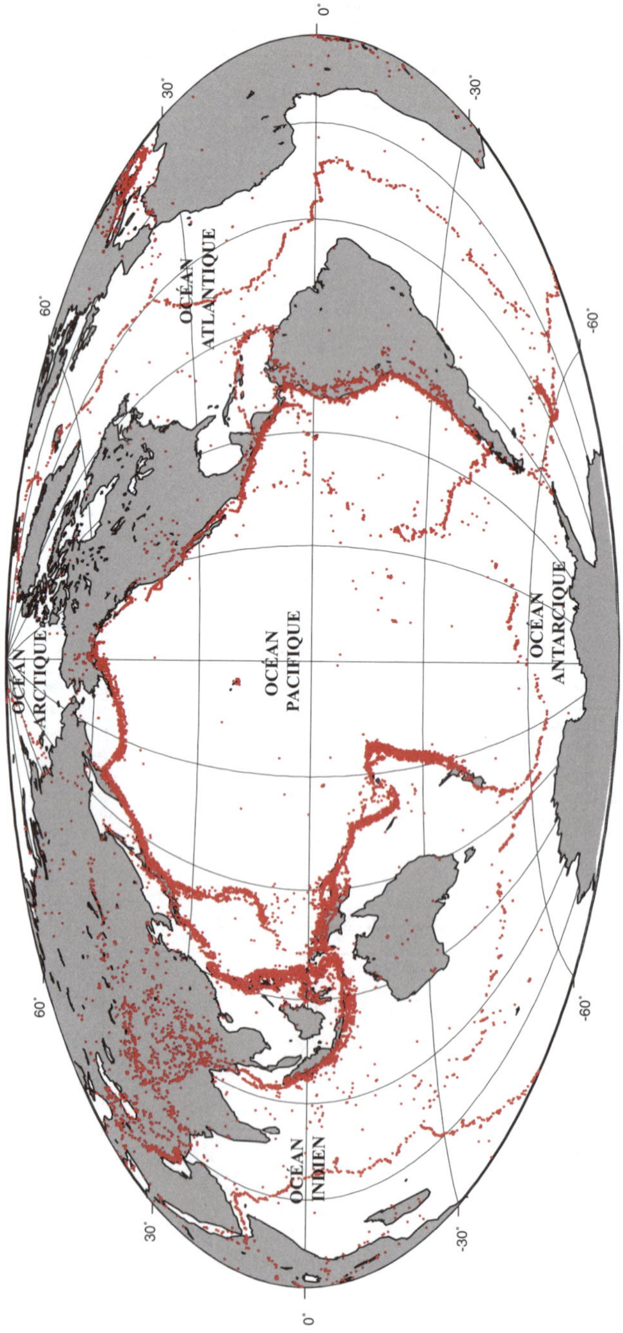

80 Les principales plaques et types de marges

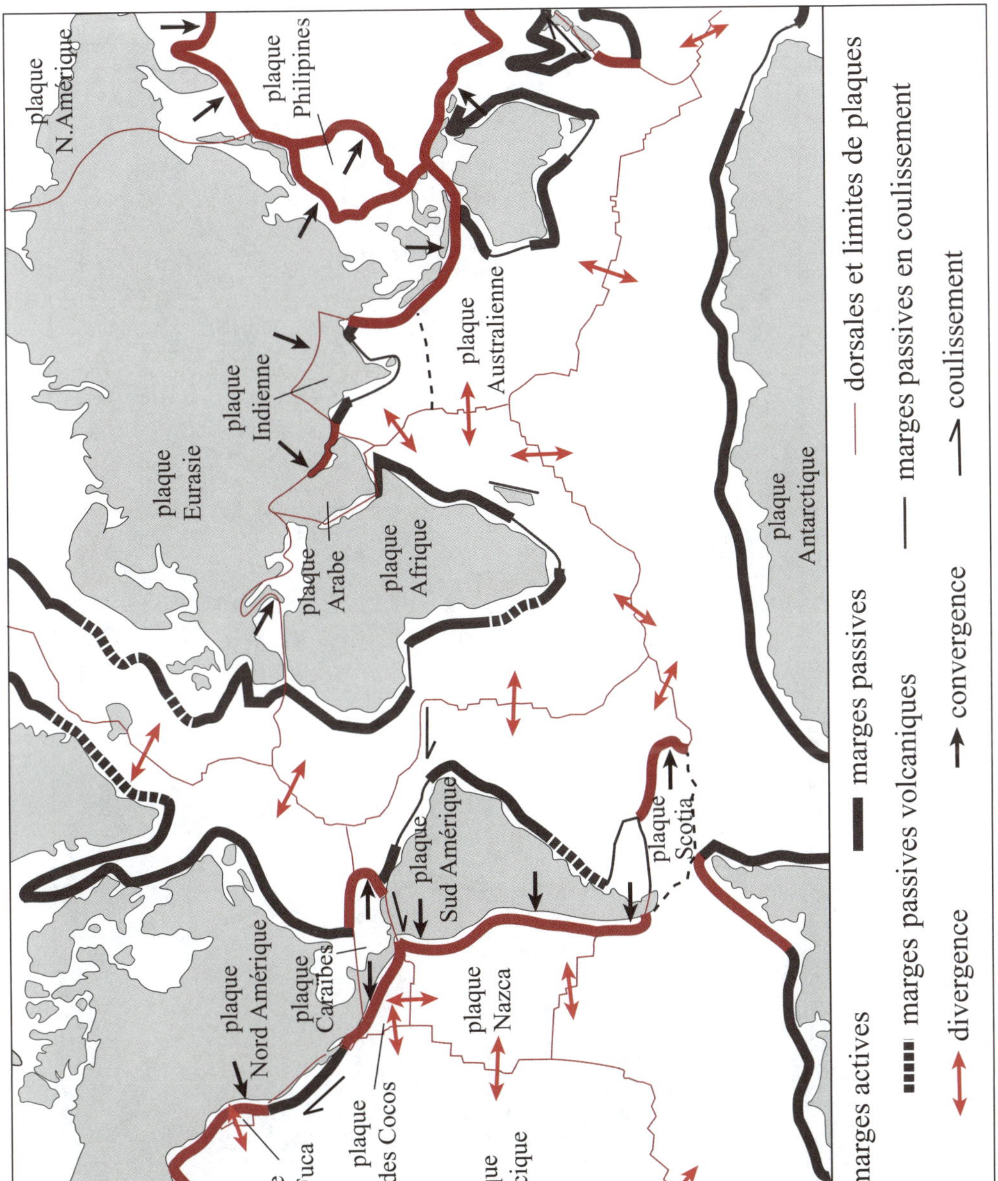

81 Carte des âges des fonds océaniques déduits des anomalies magnétiques

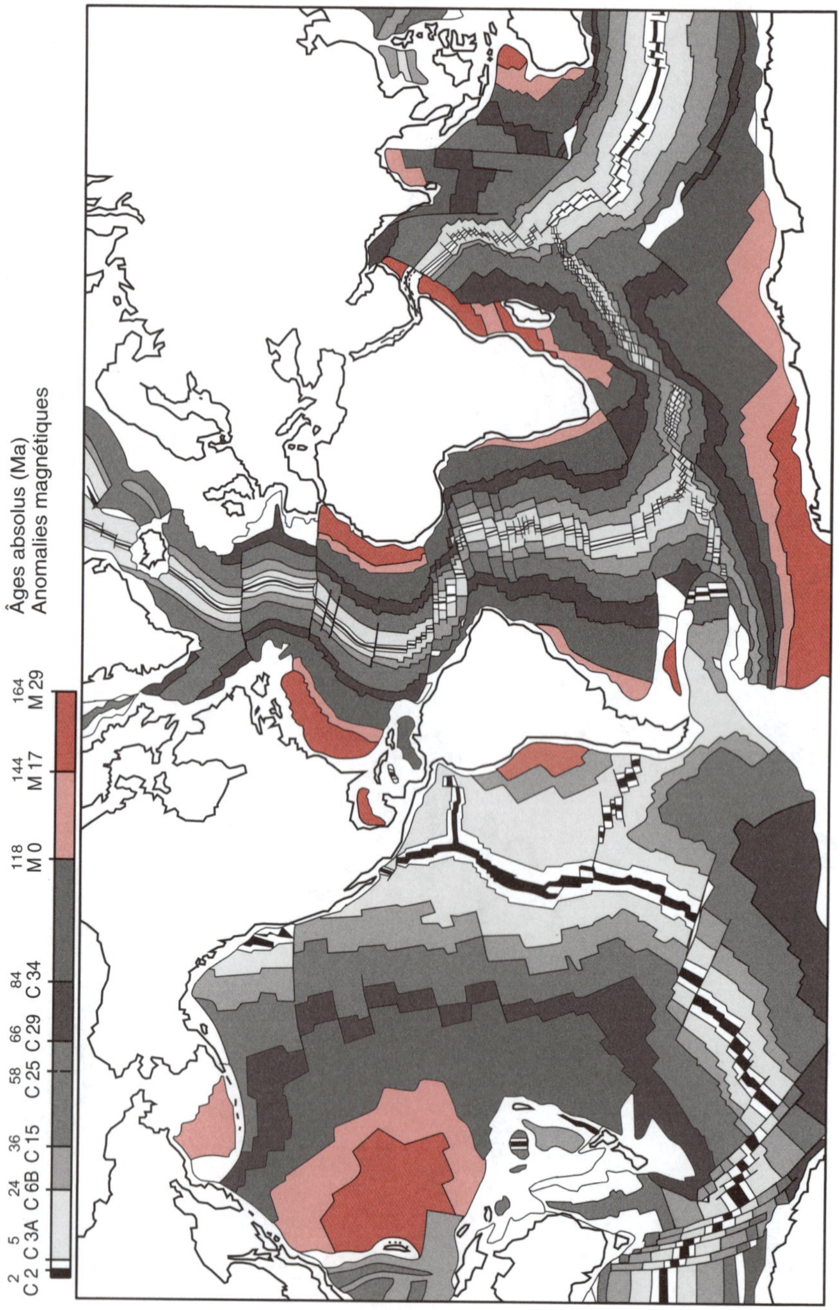

82 Carte des déplacements des plaques

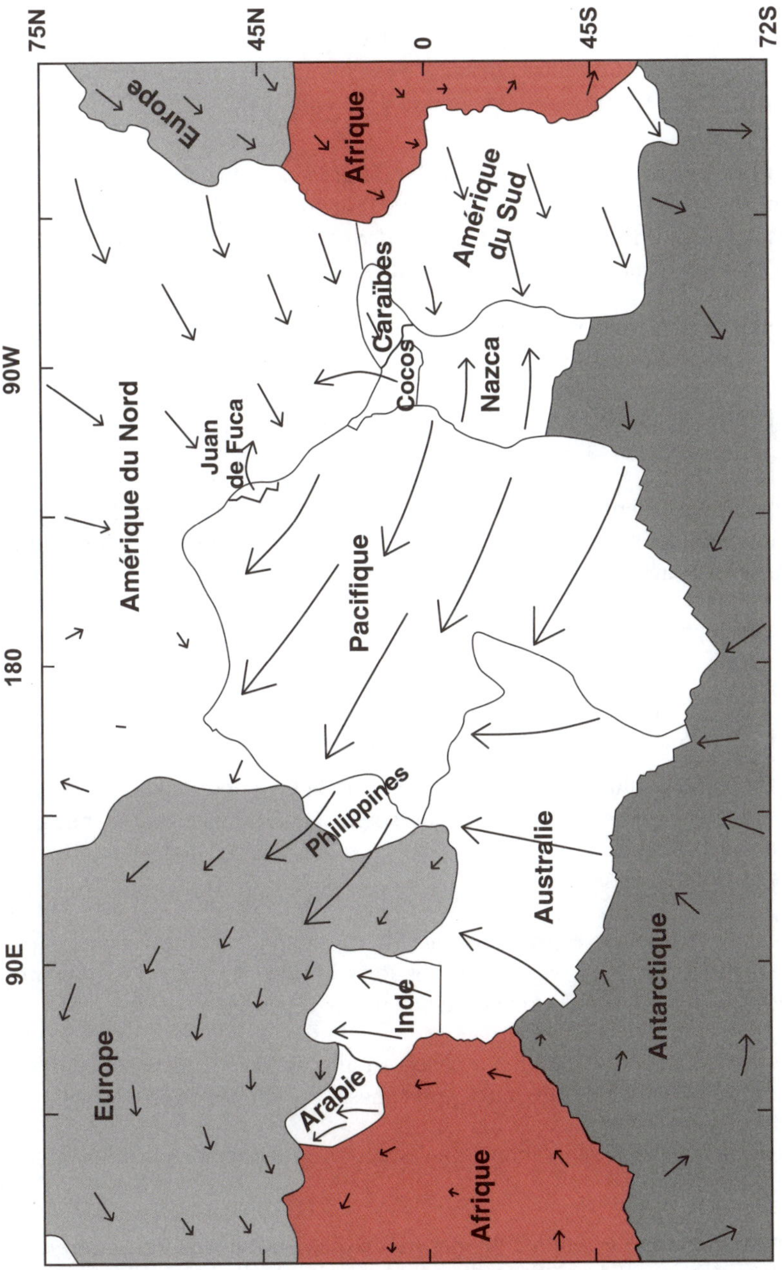

83 Les méthodes d'analyses en géosciences

La recherche en sciences de la terre repose sur l'utilisation de méthodes analytiques (de laboratoire et de terrain) issues de la chimie, de la physique, des mathématiques… Nous ne présentons ici qu'une liste de certaines techniques d'investigation des objets géologiques et leur champ d'utilisation. Le lecteur pourra consulter des ouvrages spécialisés pour obtenir des précisions sur l'aspect théorique ou la mise en œuvre de ces méthodes.

Analyses de terrain : mesures de terrain des différentes données de la tectonique (plan de faille, stries, pitchs, axes de pli), de la stratigraphie (plan de stratification), du métamorphisme (plan de schistosité) et de la sédimentologie (sens des paléocourants)… Réalisation de panoramas, de coupes, de log sédimentologique, analyse de facies, échantillonnage.

Diffraction des rayons X (DRX) : technique spectrométrique permettant d'identifier les différentes phases minérales qui composent un échantillon.

Spectrométrie de masse : technique de dosages des isotopes stables contenus dans les échantillons géologiques par la détection de masses caractéristiques.

Spectrométrie élémentaire (absorption ou émission atomique) : techniques de dosages des éléments chimiques présents dans les roches. Elles permettent le dosage d'éléments en concentrations parfois très faibles (< 1 ppb).

Microscopie optique en lumière polarisée-analysée : méthode d'observation et de reconnaissance des minéraux et autres constituants formant une roche. L'échantillon est préparé sous forme de lame mince ou de frottis et les objectifs classiquement utilisés vont d'un grossissement ×5 à ×100 (Fiche 21).

Microscopie électronique à balayage (MEB) : méthode d'observation à très fort grossissement (objets d'une dimension < 100 nm) d'objets géologiques. L'image est obtenue grâce au balayage par un faisceau d'électrons d'un objet géologique. Au-delà de l'imagerie, cette technique permet également l'analyse élémentaire.

Microscopie électronique en transmission (MET) : méthode d'observation comparable au MEB mais l'échantillon est observé en transmission (ou transparence) et le pouvoir grossissement est encore plus important (résolution de quelques angströms).

Cathodoluminescence : technique d'observation sous microscope d'échantillons géologiques permettant d'identifier les minéraux, leurs phases et rythmes de croissance.

Tamisage : technique de séparation granulométrique des constituants d'échantillons non indurés de type sables.

Granulométrie laser : technique de mesure du diamètre moyen des différentes particules ou grains composant un échantillon sédimentaire.

Pyrolyse : technique de destruction thermique des échantillons permettant d'identifier les composés organiques des roches sédimentaires.

Datation par traces de fission : permet de dater et de reconstituer l'histoire thermique d'un échantillon géologique en dénombrant, au microscope optique, les traces de fission laissées dans l'échantillon au cours de la fission spontanée d'un isotope de l'uranium.

Forages et carottages : technique de prélèvements d'échantillons à de grandes profondeurs, à terre et en mer.

Diagraphies : techniques d'analyses en continu des propriétés pétro-physiques (résistivité, radioactivité, porosité, perméabilité…) des roches par l'utilisation de détecteurs descendus puis remontés dans des puits de forages.

Sismique réflexion: méthode d' « imagerie » à grande échelle des géométries, discontinuités et des formations géologiques.

Tomographie sismique : permet d'établir des coupes du globe terrestre par une analyse des vitesses de propagation des ondes sismiques.

Modélisation numérique : simulation du comportement d'un système naturel à partir de systèmes d'équations ou de données chiffrées.

Modélisation analogique : reproduction dynamique mais à l'échelle réduite d'un système naturel dont les différentes composantes sont remplacées par des matériaux aux propriétés mécaniques similaires.

Séparation par liqueurs denses : méthode de séparation densimétrique par décantation dans une liqueur dense, le bromoforme par exemple, des minéraux lourds (densité > 2,87) comme le zircon, la tourmaline, les grenats…

Radiochronologie: datation des échantillons en dosant la quantité d'un couple d'isotopes, l'un étant radioactif (le père), l'autre radiogénique (le fils) (Fiche 5).

Télédétection : regroupe toutes les techniques d'acquisition et de mesures aériennes ou spatiales (altimétrie, GPS, imagerie, radar…) (Fiche 70).

84 Mars, éléments de géologie martienne

Mots clés

Mars, Planète, Planétologie, Volcanisme, Atmosphère, Datation relative, Champ magnétique, Eau

1. INTRODUCTION

La planète Mars, quatrième planète du système solaire, est de plus petite taille que la Terre (Fiche 1). Son diamètre est la moitié du diamètre terrestre. Elle possède deux satellites naturels, Phobos et Deimos. De nombreuses missions à destination de Mars ont permis une cartographie très précise de la surface et font de Mars l'un des objets les mieux connus du système solaire. L'histoire de Mars permet de mieux comprendre les premières étapes de la formation de la Terre.

2. L'EXPLORATION MARTIENNE

Distance au soleil	228 106 km 1,52 UA
Excentricité	1,85°(1,381 et 1,666 UA)
Période de révolution	686,71 jours
Période de rotation	24,62 heures
Inclinaison de l'axe de rotation	25°19
Diamètre	6 779 km
Masse	6,42 10^{23} kg
Satellites	Phobos et Deimos
Gravité (à l'équateur)	3,71 $m.s^{-2}$
Température en surface	–130 °C à +27 °C (équateur) Moyenne – 53 °C

Figure 84.1 : Données caractéristiques de la planète Mars

Mars et la Terre sont très proches lorsque Mars est en opposition. Compte tenu de l'excentricité des orbites, la distance entre les deux planètes varie à chaque opposition, elle est minimale environ toutes les 7 oppositions[1].

Mission	Date de lancement		Mission	Date de lancement
MARINER 4 (USA)	1964		Mars Pathfinder USA	1996
MARINER 6 USA	1969		MARS ODISSEY (USA)	2001
MARINER 7 USA	1969		SPIRIT	2003
MARINER 9 USA	1971		OPPORTUNITY	2003
VIKING 1 et 2 USA	1975		Mars Express (U.E.)	2003
GLOBAL SURVEYOR USA	1996			

1. Le 27 août 2003, à 9 h 51 mn et 14 s UTC, la distance Terre-Mars était seulement de 55,758 millions de kilomètres

La plupart des 41 missions vers Mars se sont soldées par des échecs. Néanmoins, les quelques missions qui ont réussi ont collecté une énorme quantité d'informations sur l'atmosphère, la composition chimique et minéralogique ainsi que sur l'histoire martienne.

3. ATMOSPHÈRE MARTIENNE

	Composition (%)
Dioxyde de carbone CO_2	95,32
Azote N_2	2,7
Argon Ar	1,6
Oxygène O_2	0.13
Monoxyde de carbone CO	0.07
Vapeur d'eau H_2O	0.03
Monoxyde d'azote NO	0.013

Figure 84.2 – Composition atmosphérique martienne

L'atmosphère martienne contient à l'état de traces du Néon (Ne), du Krypton (Kr), du méthanal HCHO, du Xénon (Xe), de l'ozone O_3 et du méthane CH_4 irrégulièrement réparti. On y détecte aussi des traces de formaldéhyde.

La pression atmosphérique est très faible (7,3 millibars) et varie de façon saisonnière selon la quantité de CO_2 précipitée au niveau des calottes polaires. Dans ces conditions de pression, l'eau sur Mars ne peut exister qu'à l'état de vapeur ou de glace (figure 84.3).

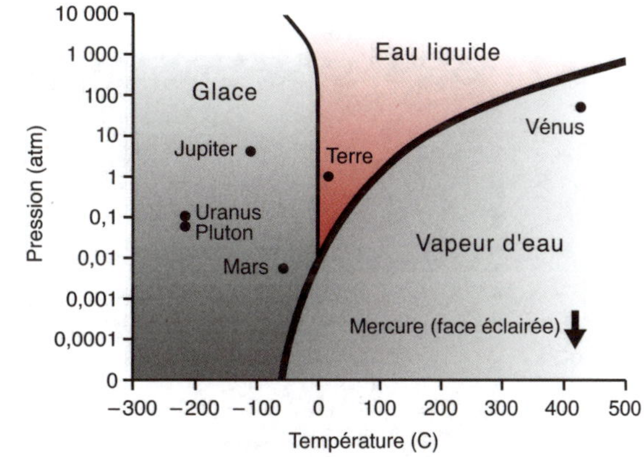

Figure 84.3 – Diagramme de phase de l'eau en fonction de la température et de la pression et position des différentes planètes du système solaire (Pomerol *et al.*, 2005)

La structure thermique de l'atmosphère martienne est sensiblement différente de celle de la Terre. La troposphère s'étend jusqu'à 50 km, il n'y a pas de stratosphère. La mésosphère, limitée par la mésopause, s'étend jusqu'à 110 km. Au-delà, jusqu'à une altitude de 200 km c'est la thermosphère puis l'ionosphère de 200 à 800 km. Le vent solaire pénètre très profondément dans l'atmosphère martienne. Les U.V. ne sont pas arrêtés par l'ozone, et donc photolysent CO_2 en CO et O et H_2O en OHx et H. Les radicaux hydroxyles ainsi formés catalysent la régénération de CO_2. Ainsi, paradoxalement, la richesse et la stabilité de la teneur en CO_2 est due à la présence d'eau dans l'atmosphère martienne.

Une autre caractéristique de cette atmosphère est la présence d'importantes quantités de poussière, agitées par des tempêtes saisonnières. Ces tempêtes, qui peuvent durer plusieurs semaines et se ressentir jusqu'à 50 km d'altitude modifient sensiblement l'albedo, la quantité d'énergie reçue et donc la température au sol.

4. STRUCTURE EXTERNE, GÉOMORPHOLOGIE

Le niveau de référence des altitudes et conventionnellement fixé au niveau correspondant à 6,1 millibars. La topographie martienne est très contrastée et montre une importante dichotomie. L'hémisphère boréal est constitué de grandes plaines à faible altitude et peu cratérisées (donc récentes) alors que l'hémisphère sud est constitué d'un immense plateau très accidenté et fortement cratérisé et donc bien plus ancien. L'hémisphère sud montre aussi deux cratères d'impact de très grande taille, Hellas et Argyre bien visibles sur la carte (figure 84.4). Entre ces deux unités on trouve une frontière très nette et sinueuse, marquée par des escarpements importants, ou des talus en relais. Des ensembles volcaniques jalonnent cette limite. La région de Tharsis comporte de grands volcans boucliers, dont Olympus Mons, qui culmine à plus de 27 000 m.

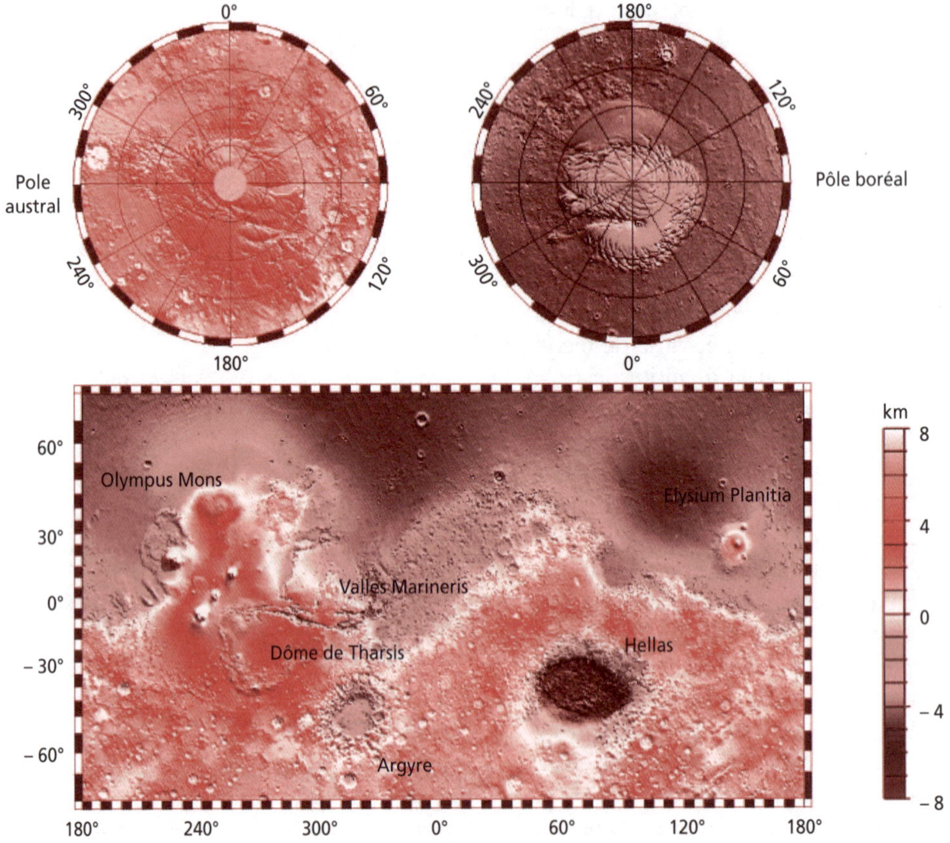

Carte de relief MOLA-Mars Global Surveyor, projections Mercator + polaire - crédit : NASA-JPL

Figure 84.4 – Carte topographique de Mars élaborée à partir des mesures de Mars Orbiter Laser Altimeter (MOLA) de Mars Global Surveyor (crédit NASA-JPL)

Les pôles martiens sont très différents, c'est le pôle boréal qui a été le plus observé jusqu'ici. La surface et le volume des calottes polaires varient avec les saisons. Elles seraient formées par des alternances de glace carbonique, de glace d'eau et de couches de poussière sombre. La calotte australe a un diamètre de 400 km, alors que la calotte boréale a un diamètre de l'ordre de 1 000 km.

Sur la carte (Figure 84.4), on voit les structures obliques des Valles Marineris, l'immense bombement des Tharsis Montes les différents édifices volcaniques. et les grands cratères d'Hellas et Argyre.

5. STRUCTURE ET ACTIVITÉ INTERNE

a) Structure interne

La structure interne de Mars montre un noyau métallique d'un rayon de 1 300 km, un manteau silicaté (olivine) et une croûte d'épaisseur variable. La dichotomie crustale se retrouve au niveau du MOHO qui, dans l'hémisphère boréal est situé à une profondeur de 30 km, alors qu'il est à plus de 80 km de profondeur dans l'hémisphère boréal au cours de l'histoire martienne.

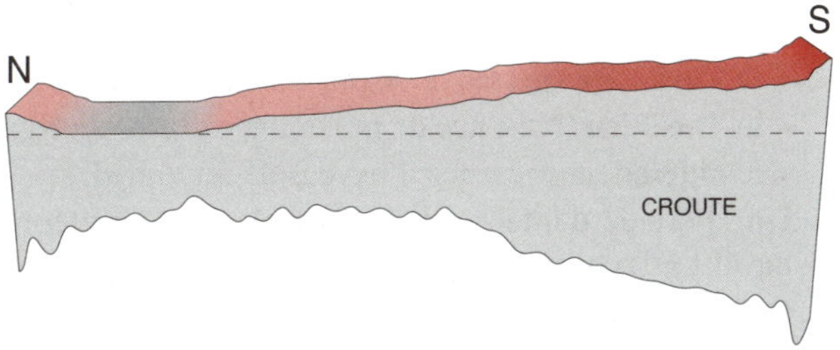

Figure 84.5 : Position du MOHO et dichotomie crustale (Pomerol *et al.*, 2005)

La sonde Mars Global Surveyor a révélé en 1998 l'existence d'un champ magnétique affectant les roches les plus anciennes, et qui serait donc très précoce dans l'histoire de la planète. Le champ montre des bandes qui traduisent des inversions de polarité. Pour l'instant, aucune symétrie ne permet d'affirmer l'existence de phénomènes d'expansion ou de tectonique des plaques. Les terrains de l 'hémisphère nord ne montrent pas de traces de champ magnétique, ainsi que les deux grandes dépressions d'Hellas et Argyre. Le magnétisme semble donc avoir disparu très rapidement, avant l'épisode qui a abouti à la formation de ces deux immenses cratères d'impact.

b) Activité interne et volcanisme

Les analyses montrent des roches volcaniques, basaltes et andésites. Ici encore, on retrouve une importante dichotomie entre l'hémisphère boréal, où les roches seraient plutôt andésitiques, et l'hémisphère austral, basaltique. D'immenses volcans boucliers, comme Olympus Mons ou encore Elysium Mons ont produit d'énormes quantités de lave pendant de très longues périodes, ce qui semble exclure la possibilité de mouvements des plaques.

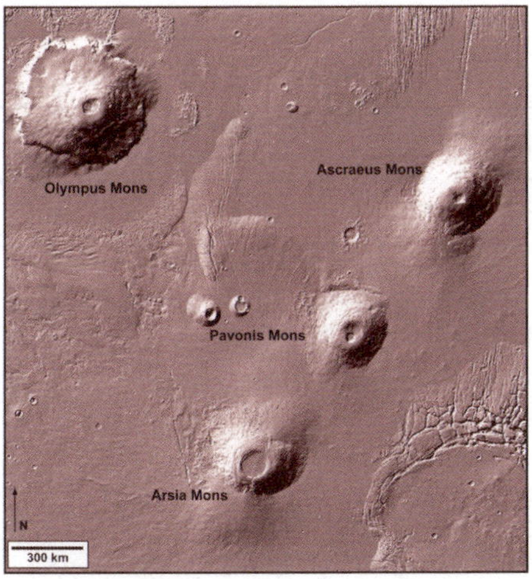

Figure 84.6 – Ensemble volcanique martien. En haut, à gauche, Olympus Mons, le plus grand volcan du système solaire (21 229 m), et plus au sud, le bombement de Tharsis, avec l'alignement NE SW des trois volcans Arsia Mons (17 400 m), Pavonis Mons (14 120 m) et Aescreus Mons (18 200 m).

6. HISTOIRE MARTIENNE

a) Éléments de datation

L'histoire martienne est marquée par trois époques bien distinctes. Deux échelles temporelles ont été bâties, l'une basée sur la fréquence des cratères d'impact (échelle de Hartmann, puis Hartmann & Neukumm) en extrapolant les chronologies lunaires. Une nouvelle échelle bâtie sur des données minéralogiques recueillies par l'équipe de J.P. Bibring montre aussi trois éons :

- le **Phyllosien** (présence de phyllosilicates formés en présence d'eau) – 4.2 10^9 a
- le **Theiikien** (présence de minéraux sulfurés d'origine volcanique) – 3,6 10^9 a
- le **Siderikien** (présence d'oxydes de fer anhydres)

Une période d'intenses bombardements de météorites (analogue au grand bombardement tardif LHB constaté sur la Lune) se situe entre le Phyllosien et le Theiikien.

Les deux échelles de datation ne correspondent pas et les datations obtenues ne sont pas très précises. Il faudrait pour cela des données de chronologie absolue, qui ne pourront être obtenues que sur des échantillons ramenés sur Terre.

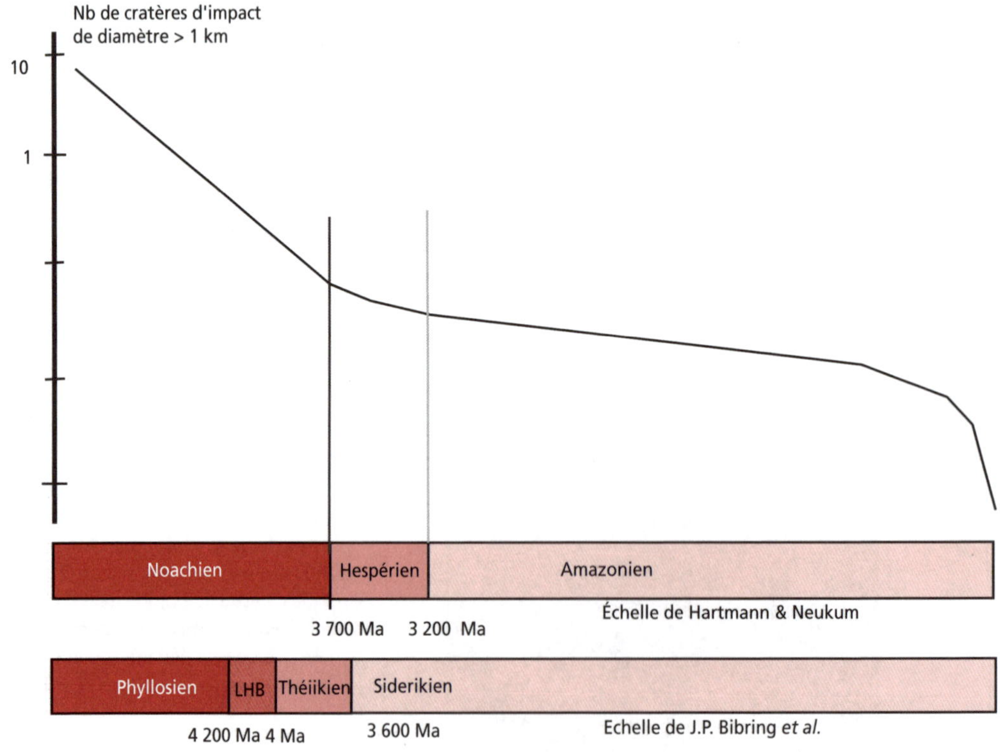

Figure 84.7 – Éléments de chronologie martienne

b) L'eau sur Mars

Les missions martiennes ont recherché la présence d'eau sur Mars, ainsi que des traces de vie ou de fossiles. Aucune forme de vie n'a été trouvée pour l'instant. Le méthane et le formaldéhyde de l'atmosphère, qui sur terre témoignent d'activités biochimiques peuvent provenir de réactions chimiques et non d'activité bactérienne. Par contre, l'eau à l'état liquide, a existé sur Mars, comme le montrent les gisements d'hématite, les dépôts de sulfates hydratés (gypse, jarosite, kieserite) de Valles Marineris et des régions circumpolaires de l'hémisphère boréal et l'existence de minéraux argileux (phyllosilicates) formés au cours du Phyllosien et révélés par le spectro-imageur OMEGA de Mars Express. Les figures de ravinement et d'écoulement repérées sur les photographies correspondraient donc à des écoulements aqueux. La sonde Mars Odissey a identifié la présence de K (potassium) dans les plaines de l'hémisphère boréal.

La faible masse de la planète, l'érosion atmosphérique et la disparition du champ magnétique martien ont appauvri l'atmosphère et très rapidement l'eau liquide a disparu en surface. Actuellement, il existe des quantités importantes de glace aux pôles, dans les calottes glaciaires ainsi que dans des sols gelés. Si la vie s'est développée sur Mars, c'est probablement dans ce contexte qu'on en trouvera des traces.

7. CONCLUSION

Mars, la quatrième planète du système solaire, a une histoire complexe. Il y a quatre millions d'années, la planète avait un champ magnétique important, et une atmosphère primitive épaisse. Dans ces conditions, l'eau liquide a pu exister à la surface de la planète. Les conditions étaient semblables à celle qu'a connue la Terre à la même époque. Avant 3 milliards d'années, les conditions se sont dégradées, par la perte progressive de l'atmosphère et la disparition du champ magnétique martien.

QCM

Pour chaque question, une ou plusieurs réponses correctes sont possibles.

1. En astronomie, une Unité Astronomique (notée UA) correspond à :

❒ **a.** une Unité Arbitraire sans grandeur.
❒ **b.** la distance Terre-Soleil.
❒ **c.** la distance Terre-Lune.
❒ **d.** la vitesse de la lumière dans le vide.

2. L'âge du système solaire est :

❒ **a.** 4,5 Ma.
❒ **b.** 4,5 Ga.
❒ **c.** équivalent à celui des chondrites.
❒ **d.** calculé par effet Doppler.

3. Lequel de ces corps sont dits « telluriques » ?

❒ **a.** Vénus.
❒ **b.** Saturne.
❒ **c.** Io (satellite de Jupiter).
❒ **d.** Uranus.

4. Le champ magnétique terrestre :

❒ **a.** est d'intensité constante sur toute la surface du globe.
❒ **b.** se mesure en kT (kiloTesla).
❒ **c.** varie en intensité et inclinaison au cours du temps.
❒ **d.** peut être fossilisé dans les roches volcaniques.

5. Dans les hautes latitudes (régions polaires, Lat. > 60°) :

❒ **a.** le bilan radiatif est déficitaire.
❒ **b.** la salinité océanique est plus élevée que dans les zones tropicales.
❒ **c.** les eaux marines sont denses.
❒ **d.** le flux solaire incident est plus élevé qu'à l'équateur.

6. Un bon fossile stratigraphique :

❒ **a.** doit avoir une large répartition géographique.
❒ **b.** est avant tout un joli fossile.
❒ **c.** doit correspondre à une espèce ayant une évolution lente.
❒ **d.** permet la datation relative.

7. La période d'un élément radioactif :

- ❐ **a.** correspond au temps nécessaire pour qu'il se désintègre totalement.
- ❐ **b.** est également appelée demi-vie.
- ❐ **c.** est liée à la constante de désintégration.
- ❐ **d.** est de l'ordre de 5,57 Ka pour le 14C.

8. En minéralogie, des silicates sont :

- ❐ **a.** des minéraux ayant tous la même densité.
- ❐ **b.** des minéraux précipitant tous dans le même réseau cristallin.
- ❐ **c.** tous composés principalement de $(SiO_4)^{4-}$.
- ❐ **d.** les minéraux les plus abondants de l'écorce terrestre.

9. La croûte océanique :

- ❐ **a.** est globalement plus dense que la croûte continentale.
- ❐ **b.** est de nature granitique.
- ❐ **c.** est épaisse d'une centaine de kilomètres.
- ❐ **d.** prend naissance au niveau des dorsales océaniques.

10. Les failles normales :

- ❐ **a.** sont caractéristiques de zones en extension.
- ❐ **b.** séparent deux blocs de l'écorce terrestre suivant des mouvements horizontaux.
- ❐ **c.** sont nombreuses dans les vallées axiales des dorsales océaniques.
- ❐ **d.** sont aussi appelées failles transformantes.

11. En domaine océanique, la CCD :

- ❐ **a.** est la profondeur à partir de laquelle commence la dissolution des carbonates.
- ❐ **b.** est située au-dessus de la lysocline.
- ❐ **c.** est la profondeur sous laquelle aucun dépôt de calcite n'est possible.
- ❐ **d.** est identique en tout point du domaine océanique.

12. Dans un diagramme de phase, le solidus est :

- ❐ **a.** la limite entre les domaines « tout liquide » et « tout solide ».
- ❐ **b.** la limite entre les domaines « tout liquide » et « liquide + solide ».
- ❐ **c.** la limite entre les domaines « solide + liquide » et « liquide + solide ».
- ❐ **d.** la limite entre les domaines « tout solide » et « solide + liquide ».

13. La couche D'' :

- ❐ **a.** est le lieu de formation de certains points chauds.
- ❐ **b.** est situé à la transition entre le manteau et le noyau externe.
- ❐ **c.** est localisé à environ 3 000 km de profondeur.
- ❐ **d.** est aussi appelée discontinuité de Lehman.

14. Le plan de Wadati-Benioff :

❒ **a.** se situe à la limite entre croûte continentale et croûte océanique.

❒ **b.** est défini par la répartition des foyers sismiques en profondeur dans une zone de subduction.

❒ **c.** permet de définir le pendage de panneau plongeant.

❒ **d.** est la limite inférieure de l'activité sismique en zone de subduction.

15. Les différentes limites de plaques sont :

❒ **a.** les failles transformantes, les zones d'accrétion océanique, les zones de subduction.

❒ **b.** les failles inverses et les failles normales.

❒ **c.** les zones d'obduction, de collision et de subduction.

❒ **d.** les transitions continents/océans, les points chauds, les plaines abyssales.

16. Le géoïde :

❒ **a.** passe par le niveau moyen des océans.

❒ **b.** est une surface confondue avec l'ellipsoïde de référence.

❒ **c.** est aussi appelé surface de compensation isostatique.

❒ **d.** correspond à la surface équipotentielle de pesanteur.

17. La fusion des roches du manteau sous une dorsale océanique est due :

❒ **a.** à l'augmentation de température.

❒ **b.** à une diminution de pression sans changement de température.

❒ **c.** à la présence d'eau.

❒ **d.** au recoupement du géotherme avec le solidus des péridotites.

18. Sous une montagne, la transition croûte/manteau (Moho) :

❒ **a.** remonte.

❒ **b.** disparaît.

❒ **c.** s'enfonce.

❒ **d.** entre en subduction.

19. Dans un océan, le talus se localise :

❒ **a.** entre la fosse et les plaines abyssales.

❒ **b.** entre le plateau continental et les plaines abyssales.

❒ **c.** au niveau d'une marge passive.

❒ **d.** aux limites de plaques.

20. Les roches dites ultrabasiques sont :

❒ **a.** pauvres en silices.

❒ **b.** sous-saturées.

❒ **c.** riche en minéraux ferro-magnésiens.

❒ **d.** très simples.

Questions de révisions

Fiche 1

La loi de Wien (1883) démontre que la longueur d'onde de la radiation énergétique maximale émise par un corps noir est inversement proportionnelle à sa température de surface :

$$\lambda = 0{,}0029 / T° \text{ (en kelvin)}$$

En considérant que la longueur d'onde λ d'intensité maximale est émise par le Soleil aux alentours de 500 nm, calculez la température de surface de cette étoile.

Fiche 2

À partir de la figure 2.2, calculer l'intensité **B** du champ magnétique terrestre à Paris sachant que D = – 0,904°, I = 64° et h = 20 906 nT.

Fiche 3

1) Une coupe de sables d'âge oligocène montre un niveau de conglomérats à galets de silex noirs roulés et contenant des fossiles d'oursins silicifiés et roulés. Les oursins sont-ils d'âge Oligocène ?
2) Dans une coulée de rhyolites d'âge permien, on trouve des anciennes cavités de dégazage à remplissage silicaté de type géodique, ou lithophyses. Le schéma suivant montre une de ces lithophyses dans la position qu'elle occupait au moment de sa découverte *in situ*.
   La lithophyse est-elle en position normale ?
   Quelle hypothèse peut-on formuler sur la position de la coulée de rhyolite ?

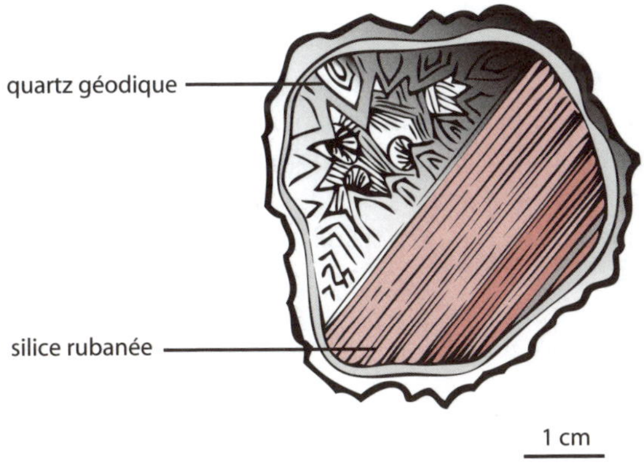

Fiche 10

1) Quel rôle peut jouer la Lune dans cette théorie astronomique du climat ?
2) Pourquoi l'étoile polaire est-elle fixe ?

Fiche 11

Combien de molécules d'eau peuvent se lier autour d'une autre molécule d'eau par des liaisons hydrogènes ?

Fiche 15

Les techniques récentes d'imagerie sismiques (tomographie) ont révélé une certaine hétérogénéité des températures dans le manteau. Quel est le phénomène observé ?

Fiche 18

Calculez le bombement (P_2-P_1) observé à l'axe d'une dorsale océanique en utilisant l'égalité des pressions en **a** et en **b** à la profondeur de compensation P_3.

On utilisera les masses volumiques suivantes : $\rho_{eau} = 1{,}00$ g/cm^3 ; $\rho_C = 2{,}90$ g/cm^3 ; $\rho_L = 3{,}28$ g/cm^3 ; $\rho_M = 3{,}15$ g/cm^3 ; $\rho_A = 3{,}40$ g/cm^3.

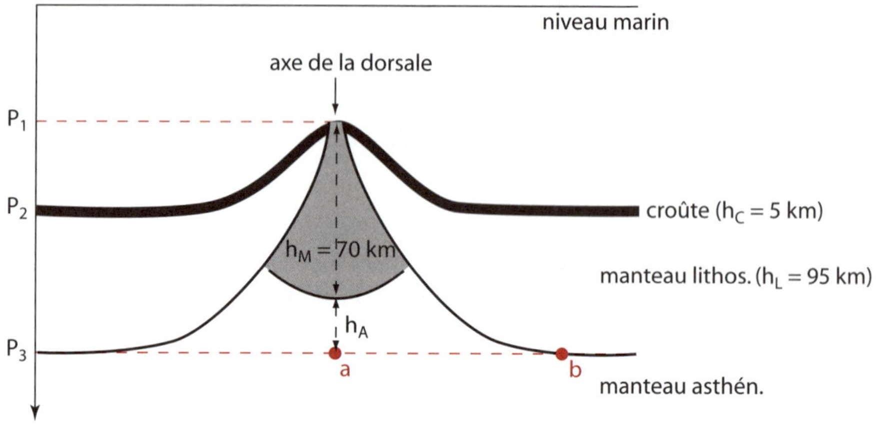

Fiche 19

Quelles différences y a-t-il entre deux espèces minérales *isotypes* d'une part et *polymorphes,* d'autre part ?

Fiche 20

1) Proposer une méthode permettant de séparer des minéraux métalliques (sulfure de plomb densité 7,5 et sulfosels d'argent) en grains présents dans un sable alluvial.
2) Un étudiant en géologie part en stage de terrain : que doit-il emporter dans son sac pour reconnaître et identifier les minéraux des roches et les formations qu'il va devoir étudier ?

Fiche 23

1) Selon la classification de Cox, quel est le pourcentage en SiO_2 d'une diorite ? Peut-on y trouver du quartz ?
2) La classification de Streckeisen (figure 23.2) est basée sur les proportions relatives de quatre minéraux.
   a) Placez sur le diagramme la roche dont la composition serait :
   Q = 50 %, P = 25 % et F = 25 % ? Quelle est le nom de cette roche plutonique ?
   b) Quel est le pourcentage en quartz d'une essexite ?

Fiche 27

1) Un échantillon récolté dans les Alpes montre au microscope une paragenèse à grenat et omphacite. Autour du grenat se développe une auréole d'amphibole, la glaucophane.

L'échantillon est recoupé par des filonnets vert tendre à actinote et épidote. Quelle peut être l'histoire de cette roche ?

2) Une lame mince dans une roche grenue trouvée dans une chaîne de montagne montre les paragenèses suivantes :

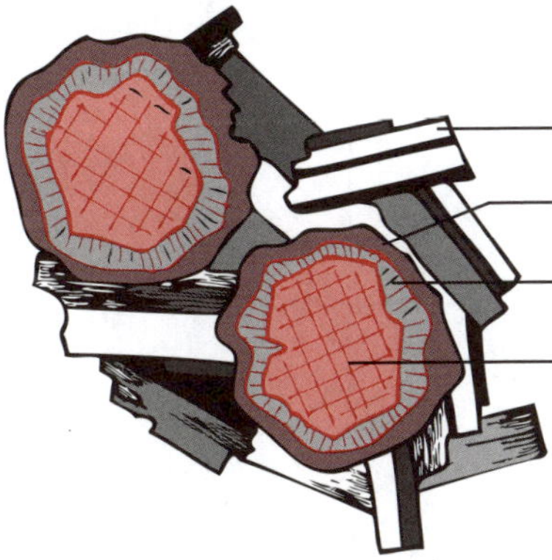

a) Identifiez la paragenèse G1. Quel est le protolithe ?

b) Quelle est la chronologie entre les paragenèses G1, G2 et G3 ? Placez les paragenèses G1, G2 et G3 sur le diagramme PT.

c) Quelle est l'histoire de cette roche ? Dans quel(s) contexte(s) géodynamique(s) s'est elle formée ?

Fiche 32

Supposons une île volcanique, dont le point culminant atteint 700 m au-dessus du niveau de l'océan, qui repose sur une croûte océanique datée de 16 Ma. Combien de temps faudra-t-il pour que cet édifice soit complètement submergé ?

Fiche 33

Quelles sont les informations apportées par l'étude et la localisation des foyers sismiques en arrière des fosses de subductions ? Comment peut être interprétée l'absence de sismicité à des profondeurs supérieures à 600-700 km ?

Fiche 34

Comment dater la fermeture d'un océan matérialisée par une suture ophiolitique ?

Fiche 35

Un chevauchement est une faille plate d'ampleur kilométrique. Dans quel(s) contexte(s) géodynamique(s) peut-il se produire ?

Fiche 36

Dans la charnière d'un pli anticlinal on observe des fentes de tension minéralisées en quartz et calcite. Quelle est la relation entre l'ouverture de la fente et l'axe du pli ?

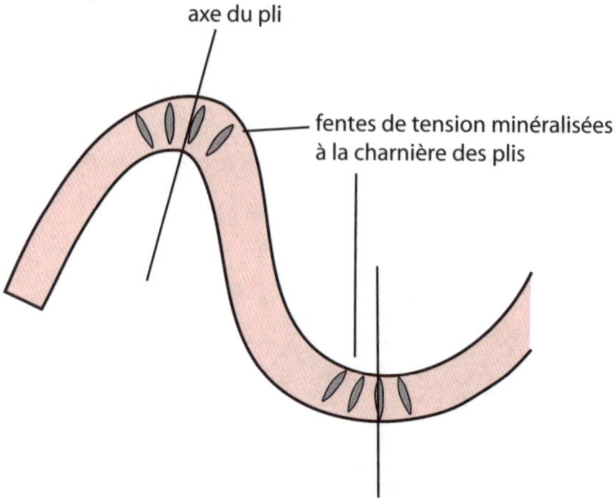

Fiche 37

1) Pourquoi doit-on utiliser un modèle de propagation d'onde pour estimer une distance à l'épicentre plutôt qu'une simple loi d = v/t ?
2) Qu'apporte l'analyse des temps de parcours des différentes ondes sismiques, au-delà de leur utilisation pour la localisation d'un séisme ?

Fiche 38

À quelle profondeur peut-on former du magma dans les zones de subduction ?

Fiche 39

Un batholite de granite leucocrate montre un contact diffus avec les roches encaissantes (paragneiss). Quelle est l'origine possible de ce granite ?

Fiche 41

1) Le mélange quartz-albite est dit congruent. À partir des données du diagramme de phases du système quartz-albite (Figure 41.2), quelle est la composition relative d'un mélange quartz-albite avec 65 % de SiO_2 après cristallisation ?
2) L'étude d'un cumulat de dunites chromifère montre un litage très marqué avec des figures de sédimentation. Comment une roche magmatique peut-elle montrer de telles figures ?

Fiche 42

L'alignement d'îlots volcaniques de l'Empereur (océan Pacifique) traduit l'existence d'un point chaud (toujours actif à Hawaï). Les basaltes des îles de Détroit (52 °N) et de Suiko (44 °N) ont été datés respectivement à 82 et 65 Ma. En considérant que le trajet séparant ces deux îles volcaniques suit une même longitude, calculer la vitesse (en $cm.an^{-1}$) de déplacement de la plaque Pacifique.

Fiche 55

On trouve dans les dépôts Ordoviciens (370 Ma) des dépôts mal triés, hétérométriques, avec des galets trapezoïdaux striés. De quel type de sédiment s'agit-il et que peut-on en déduire ?

Fiche 56

1) Un forage réalisé dans la Beauce révèle la superposition de strates de roches aquifères. À – 568 m de profondeur, les sables glauconieux d'âge albien renferment environ $4{,}25.10^{11}$ m^3 d'eau faiblement minéralisée dont la température est de 28 °C. L'eau qui alimente cette nappe provient de l'Argonne, on estime sa vitesse d'écoulement à 4 $m.an^{-1}$.
   a) Que se passe-t-il lorsqu'on fore un puits dans cette nappe ?
   b) Sachant que la ville de Paris consomme $6.5.10^5$ m^3 d'eau par jour, en combien de temps la ressource serait épuisée ?
   c) Le trajet de l'eau de pluie avant d'alimenter la nappe est de l'ordre de 100 km. Peut-on considérer qu'il s'agit d'une ressource renouvelable ?
2) Une société de stockage de déchets projette d'installer un centre d'enfouissement technique dans la Beauce, sur un plateau à substratum calcaire. Une série de forages montre que sous 20 m de calcaire lacustre très fracturé on trouve 45 m d'alternances de sables siliceux et carbonatés, puis une couche de calcaires grossiers de 6 m et enfin un niveau d'argiles vertes à traces de lignite. Les vallées proches du projet possèdent des sources permanentes qui sont captées pour alimenter des cressonnières, mais aussi pour alimenter les villages environnants en eau potable.
   a) Le projet de centre d'enfouissement est-il pertinent ?
   b) Quelles précautions doit-on prendre pour réaliser ce type de site ?

Fiche 64

L'activité humaine doit-elle être considérée comme la cause d'une actuelle crise biologique majeure?

Fiche 67

Quelle serait la vitesse de propagation d'un tsunami d'origine tectonique pour une profondeur océanique de 1 000 m ?

Fiche 68

Les centres de surveillance sismique enregistrent un séisme de magnitude 9 dont l'épicentre est situé en bordure du Chili, le long de la fosse d'Atacama (océan Pacifique).

1) Faut-il donner l'alerte ?
2) À quelle heure le tsunami atteindrait-il l'île de Pâques, située à 4200 km des côtes chiliennes ?

Fiche 69

Les diamants ne se trouvent que dans les zones cratroniques stables. Pourquoi ?

Fiche 71

Quelle est l'expression littérale d'un degré de longitude (en kilomètre) à n'importe quelle latitude ? Donner la valeur numérique pour 1° de longitude à la latitude 45 (Nord ou Sud).

Fiche 73

Un carottage vertical a été réalisé à travers une série sédimentaire au fond d'un lac sur les sept premiers mètres de profondeur. L'analyse des inversions du champ magnétique terrestre de ces sédiments a révélé la succession suivante :

Profondeur (cm)	Polarité	Durée des inversions
0-90	Normale	0-0,7 Ma
90-130	Inverse	0,7-0,9 Ma
130-300	Normale	0,9-1,0 Ma
300-520	Inverse	1,0-1,8 Ma
520-700	Normale	1,8-2,0 Ma
700- ?	Inverse	2,0-2,4 Ma

En comparant ces données à celles de l'échelle de référence calibrée par des méthodes radiométriques, donnez le taux de sédimentation pour l'ensemble de la carotte (en mm.1000 ans^{-1}).

Solutions des QCM

Pour chaque question, une ou plusieurs réponses correctes sont possibles.

1. En astronomie, une Unité Astronomique (notée UA) correspond à :

b. la distance Terre-Soleil. ☒

2. L'âge du système solaire est :

b. 4,5 Ga. ☒

c. équivalent à celui des chondrites. ☒

3. Lequel de ces corps sont dits « telluriques » ?

a. Vénus. ☒

c. Io (satellite de Jupiter). ☒

4. Le champ magnétique terrestre :

c. varie en intensité et inclinaison au cours du temps. ☒

d. peut être fossilisé dans les roches volcaniques. ☒

5. Dans les hautes latitudes (régions polaires, Lat. > 60°) :

a. le bilan radiatif est déficitaire. ☒

c. les eaux marines sont denses. ☒

6. Un bon fossile stratigraphique :

a. doit avoir une large répartition géographique. ☒

d. permet la datation relative. ☒

7. La période d'un élément radioactif :

b. est également appelée demi-vie. ☒

c. est liée à la constante de désintégration. ☒

d. est de l'ordre de 5,57 Ka pour le 14C. ☒

8. En minéralogie, les silicates sont :

c. tous composés principalement de $(SiO_4)^{4-}$. ☒

d. des minéraux les plus abondants de l'écorce terrestre ☒

9. La croûte océanique :

a. est globalement plus dense que la croûte continentale. ☒

d. prend naissance au niveau des dorsales océaniques. ☒

10. Les failles normales :

a. sont caractéristiques de zones en extension. ☒

c. sont nombreuses dans les vallées axiales des dorsales océaniques. ☒

11. En domaine océanique, la CCD :

c. est la profondeur sous laquelle aucun dépôt de calcite n'est possible. ☒

12. Dans un diagramme de phase, le solidus est :

d. la limite entre les domaines « tout solide » et « solide + liquide ». ☒

13. La couche D'' :

a. est le lieu de formation de certains points chauds. ☒

b. est situé à la transition entre le manteau et le noyau externe. ☒

c. est localisé à environ 3 000 km de profondeur. ☒

14. Le plan de Wadati-Benioff :

b. est défini par la répartition des foyers sismiques en profondeur dans une zone de subduction. ☒

c. permet de définir le pendage de panneau plongeant. ☒

15. Les différentes limites de plaques sont :

a. les failles transformantes, les zones d'accrétion océanique, les zones de subduction. ☒

16. Le géoïde :

a. passe par le niveau moyen des océans. ☒

d. correspond à la surface équipotentielle de pesanteur. ☒

17. La fusion des roches du manteau sous une dorsale océanique est due :

b. une diminution de pression sans changement de température. ☒

d. au recoupement du géotherme avec le solidus des péridotites. ☒

18. Sous une montagne, la transition croûte/manteau (Moho) :

c. s'enfonce. ☒

19. Dans un océan, le talus se localise :

c. au niveau d'une marge passive. ☒

20. Les roches dites ultrabasiques sont :

a. pauvres en silices. ☒

b. sous-saturées. ☒

Réponses aux questions de révision

Fiche 1

T° = 5 800 °K. En réalité, la lumière émise par le soleil est de couleur blanche et correspond à un spectre large d'émission couvrant toutes les longueurs d'onde du visible à des intensités variables. Sur Terre, le Soleil nous apparaît globalement de couleur jaune car, en traversant l'atmosphère terrestre, la couleur bleue se trouve largement diffusée. Ce « filtre atmosphérique » laisse alors passer un mélange de jaune (dominant), orange et rouge.

Fiche 2

À partir de la figure 2.2, on obtient les expressions suivantes :

$$X = h \cos(D),\ Y = h \sin(D) \text{ et } I = \tan^{-1}(z/h) \text{ et } B = (X^2 + Y^2 + Z^2)^{1/2}$$

Application numérique :

$$X = 20\,903{,}34 \text{ nT} ;\ Y = -329{,}84 \text{ nT et } Z = 42\,878{,}20 \text{ nT}$$

$$\Rightarrow B_{Paris} = 47\,703{,}23 \text{ nT}$$

Fiche 3

1) Les fossiles d'oursin ont été silicifiés et remaniés avant leur dépôt dans le conglomérat intra-oligocène : la silicification et l'érosion sont donc postérieures à la fossilisation de l'oursin et antérieures aux dépôts oligocènes.
2) Le remplissage de cette cavité s'est fait en deux temps : dépôt de silice litée à la base, puis remplissage géodique de l'espace restant. Le litage de silice et calcédoine était horizontal à l'origine, et la partie géodique était au dessus. La géode a donc été basculée d'environ 50° par rapport à sa position initiale. On peut donc supposer que la coulée de rhyolite a été elle aussi basculée de 50° par rapport à sa position initiale.

Fiche 10

1) La Lune, satellite de la Terre, joue un rôle de « modérateur » notamment en stabilisant l'obliquité de la planète (amplitudes de ± 1,30°). Par comparaison, la planète Mars, qui n'est pourvue que de deux petits satellites (Déimos et Phobos), possède une obliquité susceptible de grandes variations (de l'ordre de ± 30°).
2) Parce qu'elle se situe dans le prolongement de l'axe de rotation de la Terre. L'inclinaison de celui-ci étant variable par rapport aux étoiles (précession), l'étoile polaire n'est pas toujours la même : actuellement, il s'agit d'une étoile de la constellation de la Petite Ourse ; il y a 4 000 ans c'était Alpha du Dragon et dans 12 000 ans ce sera Véga, une étoile de la constellation de la Lyre.

Fiche 11

Une molécule d'eau peut être entourée de quatre autres molécules d'eau en créant deux liaisons hydrogènes entre ses atomes d'H et deux O d'autres molécules et deux liaisons hydrogène entre son atome d'oxygène et 2 atomes d'H d'autres molécules.

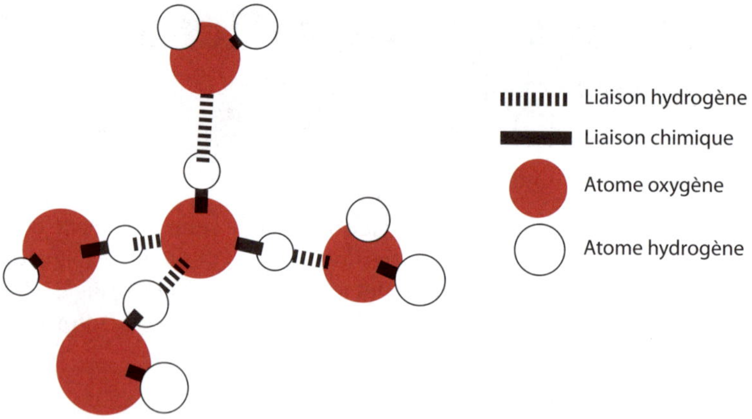

Fiche 15

Les différences de température observées dans le manteau illustrent le phénomène de convection mantellique. Par exemple, les différences thermiques entre la base et le sommet du manteau associées à un comportement plastique amorcent des mouvements de matière dits convectifs. De telles anomalies sont également observables sous les zones de subduction où du matériel froid et dense (la lithosphère) traverse du matériel plus chaud (l'asthénosphère).

Fiche 18

L'équilibre isostatique impose **Pa = Pb** soit :

$$\rho_M h_M + \rho_A (h_C + h_L + (P_2 - P_1) - h_M) = \rho_C h_C + \rho_L h_L + \rho_{eau} (P_2 - P_1)$$

$$\Rightarrow (P_2 - P_1) = [\rho_A (h_M - h_L - h_C) + \rho_L h_L + \rho_C h_C - \rho_M h_M]/(\rho_A - \rho_{eau})$$

Application numérique :

$$\mathbf{(P_2 - P_1) = 1{,}5\ km.}$$

Fiche 19

Deux espèces minérales sont dites *isotypes* lorsqu'elles n'ont pas les mêmes compositions chimiques mais la même structure cristalline, les mêmes polyèdres de coordination et appartiennent au même groupe spatial (ex : halite (NaCl) et sylvite (KCl) du système cubique).

Deux espèces sont dites *polymorphes* lorsqu'elles ont la même formule chimique mais ne s'organisent pas dans le même système cristallin (ex : calcite ($CaCO_3$) dans le système rhomboédrique et l'aragonite ($CaCO_3$) dans le système orthorhombique).

Fiche 20

1) Les sulfures et sulfosels de plomb ont une densité importante. On les sépare des autres grains par gravité, en lavant le sable dans un courant d'eau : les minéraux les plus légers sont éliminés, les minéraux les plus denses restent dans le récipient de lavage. C'est le principe de la prospection alluviale à « la batée ».
2) Une fiole d'acide dilué pour l'identification des carbonates, de l'alizarine pour mettre en évidence la dolomie, une lame de verre pour le test de dureté, son marteau pour savoir si le minéral raye l'acier et pour obtenir une cassure fraîche, une loupe à main pour observer (clivages, éclat, cassure, etc.), des sacs à échantillon pour ramener des roches à étudier au

laboratoire, un feutre marqueur pour numéroter ses échantillons et un carnet pour noter et dessiner ses observations de terrain, le gisement de l'échantillon et son numéro de référence.

Fiche 23

1) Le pourcentage en SiO_2 selon le diagramme de Cox est compris entre 55 et 63 % de $Si0_2$: le quartz sous forme minérale peut exceptionnellement s'y exprimer, mais sa présence n'est pas significative, ce qui n'est pas le cas des diorites quartifères, où le quartz (et l'orthose) sont fréquents.
2) a) C'est un granite.
   b) Les essexites contiennent des feldspathoïdes et donc ne contiennent pas de quartz.

Fiche 27

1) La paragenèse grenat-omphacite est caractéristique d'un faciès éclogite. La roche est un metagabbro qui a été subduit. La présence d'auréoles réactionnelles de glaucophane, puis de filonnets sécants d'actinote et épidote signe une remontée relativement rapide vers la surface et témoigne d'une collision.
2) a) G1 comporte des reliques de pyroxène magmatique et des cristaux de plagioclase. Le protolithe est une roche grenue : c'est un gabbro.
   b) Au contact entre les minéraux de G1 se développe une auréole réactionnelle de hornblende G2. G2 est postérieure à G1 et antérieure à G3 (auréole de glaucophane).
   c) Le protolithe s'est formé dans la lithosphère océanique par refroidissement lent d'un magma de type basaltique (G1). Un refroidissement de ce gabbro au contact de l'eau de mer a formé une nouvelle paragenèse G2. G3 montre que les conditions de pression et de température ont varié et correspondent à une subduction de la lithosphère océanique dans le manteau.

Fiche 32

Schématiquement, la lithosphère océanique s'enfonce en vieillissant selon la loi :

$$P = 2\,500 + 350 \cdot t^{0,5}$$

Il faut commencer par calculer la profondeur actuelle de la croûte océanique âgée de 16 Ma supportant l'îlot volcanique :

$$P = 2\,500 + 350 \cdot (16)^{0,5} = 3\,900 \text{ m.}$$

Pour submerger totalement l'île, il faut donc un approfondissement total de :

$$P = 3\,900 + 700 = 4\,600 \text{ m.}$$

Cette profondeur sera atteinte en :

$$4\,600 = 2\,500 + 350 \cdot t^{0,5} \Leftrightarrow t = 36 \text{ Ma}$$

Fiche 33

Les foyers sismiques localisés en profondeur dans les zones de subduction permettent de « visualiser » le plan de Wadati-Benioff. Ce plan traduit les contraintes subies par la lithosphère plongeante au contact de l'asthénosphère.

Au-delà d'une certaine profondeur, l'absence de sismicité peut traduire :

- une rupture de la plaque plongeante,
- une baisse de rigidité de la plaque plongeante et/ou un changement des conditions mécaniques, la déformation devenant plastique donc asismique.

Il est intéressant de remarquer que la profondeur maximale de localisation des séismes se situe souvent aux alentours de 670 km soit à la transition entre le manteau supérieur et inférieur. Dans le cas de la subduction lente d'une plaque relativement jeune (subduction au Sud du japon), la sismicité disparaît rapidement (40-60 km) car le panneau plongeant a le temps de se rééquilibrer thermiquement avec l'asthénosphère environnante.

Fiche 34

Les ophiolites correspondent à des fragments de lithosphère océanique charriés sur les continents au cours de l'obduction. On les retrouve classiquement dans les chaînes de montagne illustrant ainsi la cicatrice (ou suture) d'un océan fermé. L'âge de la fermeture océnaique peut être connu :

- par la datation des sédiments reposant en discordance directement sur les ophiolites,
- par la datation du métamorphisme ayant potentiellement affecté les ophiolites,
- par la datation du métamorphisme de la marge continentale engendré par l'obduction.

Fiche 35

Un chevauchement aboutit à un raccourcissement important et à un épaississement vertical. Il se produit dans un contexte en compression, dans des chaînes de montagne, lorsque la pression des roches surincombantes est faible, donc dans la partie supérieure de la chaîne.

Fiche 36

Dans la charnière d'un pli, les contraintes sont telles que $\sigma 1$ et $\sigma 2$ sont contenues dans le plan axial. L'ouverture se fait selon $\sigma 3$, perpendiculairement au plan axial. Il s'ouvrira donc une série de fentes où des fluides et pourront migrer cristalliser.

Fiche 37

1) Utiliser une loi simple du type $V = d/t$ impliquerait une Terre de composition et de densité homogène. Cette approximation étant fausse, il faut une loi plus complexe qui tienne compte des hétérogénéités des milieux traversés par les ondes sismiques.
2) L'analyse des temps de parcours des ondes sismiques nous renseigne sur la nature et la composition des différentes enveloppes du globe terrestre. Les ondes de volume (P et S) nous renseignent sur les structures profondes alors que les ondes de surface (L), qui circulent dans la partie solide en surface, permettent par exemple de différencier la croûte océanique ($V_p = 5{,}4\ \text{km} \cdot \text{s}^{-1}$) de la croûte continentale ($V_p = 6{,}5\ \text{km} \cdot \text{s}^{-1}$).

Fiche 38

Le géotherme recoupe le solidus des péridotites hydratées en deux points, qui correspondent à 80 et 200 km, c'est-à-dire à une pression comprise entre 25 et 80 kbar.

Fiche 39

Le contact est diffus, il n'y a donc pas de différence thermique entre le granite et l'encaissant métamorphique. Le granite résulte donc de l'anatexie des paragneiss d'origine sédimentaire, lorsque les roches franchissent le solidus du granite. Si le granite avait été intrusif, on aurait remarqué, au contact des deux formations, une auréole de métamorphisme de contact.

Fiche 41

1) Le quartz et l'albite ne sont pas miscibles : la fusion d'une roche contenant ces deux espèces minérales donne un liquide de composition identique à celle de la roche de départ.

2) Dans une chambre magmatique, les premiers cristaux qui se forment par cristallisation fractionnée sont l'olivine et les oxydes (CrO_2, TiO_2...). Les courants de convection et la gravité séparent le magma liquide des premiers cristaux formés. Les minéraux vont sédimenter sur les parois de la chambre magmatique et leur dépôt montre les traces du courant qui les a transportés. On parle de sédimentation magmatique.

Fiche 42

La distance **d** séparant les deux îles est de 8° de latitude :

$$d = (8\pi/180) \cdot R_{Terre} = 889{,}4 \text{ km}$$

En supposant la vitesse de déplacement de la plaque constante entre 82 et 65 Ma (soit 17 Ma), on obtient :

$$V = d/T = 889{,}4 \cdot 10^5/17 \cdot 10^6 = 5{,}23 \text{ cm} \cdot \text{an}^{-1}$$

Fiche 55

Ces dépôts sont caractéristiques d'un till, contenant des galets portant des stries glaciaires. On parle de tillites pour désigner ces roches. Cela suppose l'existence d'importants glaciers à l'Ordovicien, il y a 370 Ma.

Fiche 56

1) a) L'eau du forage est sous pression : elle doit donc jaillir du puits (puits artésien).
   b) $4{,}25.10^{11}$ $m^3/6{,}5.10^5$ $m^3 \cdot j^{-1} = 6{,}53 \cdot 10^5$ jours, et donc moins de 2000 ans (1789 ans).
   c) L'eau doit parcourir 100 km à une vitesse de 4 m · an^{-1}, donc $t = 10^5/4$.
   Donc $t = 2{,}5 \cdot 10^4$ ans. À l'échelle humaine, cette ressource n'est pas renouvelable.
2) a) Le calcaire fracturé est très perméable, et l'eau superficielle s'enfonce tr ès rapidement dans les niveaux sableux sous-jacents. L'eau d'infiltration est retenue par le niveau d'argiles imperméables et forme une nappe dont l'exutoire se situe au niveau des sources qui jalonnent les vallées proches. Une pollution due aux déchets du centre d'enfouissement polluerait cette nappe et menacerait aussi bien la santé des populations tributaires des captages que l'activité économique liée aux exploitations de cresson : le projet ne semble donc pas pertinent.
   b) Ce type de site doit être implanté sur des roches imperméables et très peu poreuses. Il faut prévoir en outre des systèmes de bâches et de films isolants pour éviter un contact avec le sous-sol et imaginer des bassins de collecte et de traitement des eaux de lessivage, très polluantes.

Fiche 64

Vaste débat mais malheureusement d'actualité ! La difficulté réside dans la discrimination de ce qui est dû à un processus naturel de ce qui résulte de l'activité anthropique (pollution, déforestation...). Mais un constat s'impose : le nombre d'espèces disparaissant actuellement semble être du même ordre de grandeur que celui observé au cours de la crise K/T.

Fiche 67

Pour une profondeur de 1000 m, la vitesse d'un tsunami d'origine tectonique est donnée par la relation $v \approx \sqrt{g} \cdot h$, et donc ici, $v \approx 95 \text{ km} \cdot h^{-1}$.

Fiche 68

1) Un séisme d'une telle magnitude dû à la subduction sous la plaque Sud-américaine est potentiellement très dangereux (voir séisme de 1960). Il faut donc déclencher une alerte immédiate qui s'étend à tous les pays ou îles du Pacifique.
2) On estime la vitesse d'un tsunami d'origine tectonique à 870 km/h. Les 4200 km sont donc parcourus en moins de 5 heures.

Fiche 69

La localisation des diamants est liée à son mode de gisement, dans des pipes de kimberlite. Les zones cratoniques n'ayant jamais été subduites, seules les kimberlites des zones stables ont pu être préservées. On trouve aussi des diamants de placers, là où l'érosion a démantelé les kimberlites, dans des sédiments préservés.

Fiche 71

À n'importe quelle latitude α, il est possible de définir un cercle, parallèle au plan de l'équateur, de circonférence :

$$\mathbf{C = 2 \cdot \pi \cdot r = 360° \text{ de longitude}}$$

et $\mathbf{r = R \cos \alpha}$ où R le rayon de la terre

La circonférence de ces cercles augmente donc en se rapprochant de l'équateur, c'est-à-dire lorsque la latitude diminue.

$$\text{Donc, } \mathbf{1° \text{ longitude} = (2 \cdot \pi \cdot R \cdot \cos \alpha)/360}$$

À 45° de latitude (Nord ou Sud), 1° de longitude correspond environ à 85 km (pour mémoire et comme ordre de grandeur maximum, on retiendra que 1° de longitude à l'Équateur vaut environ 111 km).

Fiche 73

Le taux de sédimentation (T_x) correspond à l'épaisseur de sédiment déposée par unité de temps. Il s'agit donc bien d'une vitesse. À l'échelle de la carotte étudiée, ce taux peut se calculer de deux manières simples :

a) On fait un calcul « moyen » en se limitant aux extrémités de la carotte :

$$T_x = 7\,000/2 \cdot 10^3 = 3{,}5 \text{ mm} \cdot \text{ka}^{-1}$$

b) Les données d'inversions des champs magnétiques permettent de subdiviser la série en intervalles de plus courtes durées bien contraintes dans le temps. On calcule alors le taux de sédimentation pour chacun des intervalles (T_i) avant de faire la moyenne :

$$T_i = ep_i/\text{durée}_i$$

$$T_x = \Sigma(T_i)/ni \Rightarrow T_x = 6{,}4 \text{ mm} \cdot \text{ka}^{-1}$$

Orientation bibliographique

Les fiches offrent une vision extrêmement synthétique des différents sujets abordés. Pour élargir et approfondir ses connaissances, le lecteur devra s'orienter vers des ouvrages au format et au contenu plus classiques. Voici quelques-unes des orientations que nous proposons, à la fois généralistes et spécialisées.

BABIN C., *Principes de paléontologie*. Armand Colin, 449 p., 1997.

BARDINTZEFF J.-M., *Volcanologie*, 4/e. Dunod, 320 p., 2011.

BOILLOT G., HUCHON P., LAGABRIELLE Y. et BOUTLER J., *Introduction à la géologie : la dynamique de la lithosphère*, 4/e. Dunod, 228 p., 2008.

BONIN B., MOYEN J.-F., *Magmatisme et roches magmatiques*, 3/e. Dunod, 320 p., 2011.

BRAHIC A., HOFFERT M., LARDEAUX J.M., SCHAAF A. et TARDY M., *Sciences de la Terre et de l'Univers*. Vuibert, 617 p., 2004.

CAMPY M. et MACAIRE J.J., *Géologie de la surface. Érosion, transfert et stockage dans les environnements continentaux*, 2/e. Dunod, 448 p., 2003.

CANEROT J., *Les Pyrénées – Histoire géologique,* Vol. 1. Atlantica, 516 p., 2008.

CARON J.M., GAUTHIER A., LARDEAUX J.M., SCHAAF A., ULYSSE J., WOZNIAK J., *Comprendre et enseigner la planète Terre*. Ophrys, 303 p., 2004.

COJAN I. et RENARD M., *Sédimentologie*, 2/e. Dunod, 444 p., 2006.

DEBELMAS J. et MASCLE G., *Les grandes structures géologiques*, 5/e. Dunod, 336 p., 2008.

DERCOURT J., LANGLOIS C., PAQUET J. et THOMAS P., *Géologie : objets, méthodes et modèles*, 12/e. Dunod, 534 p., 2006.

DE WEVER P., LABROUSSE L., RAYMOND D. et SCHAAF A., *La mesure du temps dans l'histoire de la Terre*. Vuibert, 132 p., 2005.

FOUCAULT A., *Climatologie et paléoclimatologie*. Dunod, 320 p., 2009.

GILLI E., MANGAN C., et MUDRY J., *Hydrogéologie*, 2/e. 352 p., Dunod, 2008.

POMEROL C. et coll., *Stratigraphie : méthodes, principes et applications*. Doin, 283 p., 1987.

POMEROL C., LAGABRIELLE Y. et RENARD M., *Éléments de géologie*, 14/e. Dunod, 762 p., 2011.

LETHIERS F., *Évolution de la biosphère et événements géologiques*. Gordon Breach, 321 p., 1998.

REY J. et coll., « Stratigraphie terminologie française ». *Bull. Centres Rech. Explor. Prod. Elf Aquitaine*, Mem. 19, 164 p., 1997.

SOREL D., VERGELY P., *Atlas d'initiation aux catrtes et aux coupes géologiques*, 2/e. Dunod, 120 p., 2010.

Index alphabétique

55401 - (I) - (2,5) - OSB 80° - TYP - MPN
Imprimerie CHIRAT - 42540 Saint-Just-la-Pendue
Dépôt légal de la 1re édition : août 2007 - Dépôt légal : avril 2011
N° 201103.0318

Imprimé en France